大学物理实验

（第 2 版）

主编 邢 凯 丁 琦

主审 徐 行

同济大学 出版社
TONGJI UNIVERSITY PRESS

内 容 提 要

本书是按照 2010 年教育部高等学校物理基础课程教学指导分委员会编制的《高等学校理工科类大学物理实验课程教学基本要求》,并结合西安航空学院大学物理实验教学中心近三年建设及实验教学成果编写而成. 全书结构紧凑,实验内容丰富,设置了"预科实验""基础实验""综合与应用实验"三个层次共 5 章,由低到高以分层次递进模式实施实验教学,以便更好地达到物理实验教学的目的和任务. 书中实验原理叙述清晰、方法内容具体、数据记录表格完善、数据处理要求明确,有利于学生学习、教师教学.

本书可作为高等理工科院校非物理类专业大学物理实验课程的教材或参考书,也可供其他院校师生或社会读者阅读.

图书在版编目(CIP)数据

大学物理实验 / 邢凯,丁琦主编. —2 版. —上海:
同济大学出版社,2019.12
ISBN 978-7-5608-8897-2

Ⅰ. ①大… Ⅱ. ①邢… ②丁… Ⅲ. ①物理学—实验
—高等学校—教材 Ⅳ. ①O4-33

中国版本图书馆 CIP 数据核字(2019)第 278345 号

大学物理实验(第 2 版)

主编 邢 凯 丁 琦
主审 徐 行

责任编辑 张崇豪 　**责任校对** 徐春莲 　**封面设计** 陈益平

出版发行　同济大学出版社　　www.TongjiPress.com.cn
　　　　　(地址:上海市四平路 1239 号　邮编:200092　电话:021-65985622)
经　销　全国各地新华书店
印　刷　大丰市科星印刷有限责任公司
开　本　787 mm×1092 mm　1/16
印　张　17
字　数　424 000
版　次　2019 年 12 月第 2 版　　2019 年 12 月第 1 次印刷
书　号　ISBN 978-7-5608-8897-2

定　价　48.00 元

前　言

西安航空学院大学物理实验教学中心是陕西省高校实验教学示范中心,实验条件、开设的实验项目、使用的实验仪器设备等,均达到教育部高等学校物理基础课程教学指导分委员会编制的《高等学校理工科类大学物理实验课程教学基本要求》中规定的教学基本内容要求和能力培养基本要求,完全具备了开设基础性实验、综合性实验、设计性实验和部分创新性实验的分层次教学的基本条件,从而构建了多类型、分层次、开放式的大学物理实践教学体系,也为实现学院确立的"基础扎实、能力突出、素质优良、特色鲜明"的人才培养观奠定了坚实的基础.

通过实验观察物理现象、研究物理规律,是大学物理实验课程的定位.按照"加强基础、循序渐进、因材施教、全面提高"的教改思想,同时也为了达到物理实验课程的教学目的,即培养学生自学能力、动手能力、解决问题能力、科学研究能力,本书将大学物理实验内容按课程教学顺序,分为预科实验、基础实验、综合与应用实验三个层次,使学生在做实验时由易到难,能力的培养循序渐进.

全书共分5章,第1章,测量误差、不确定度及数据处理的基础知识;第2章,预科实验;第3章,基础实验;第4章,综合与应用实验;第5章,附录.其中,邢凯编写了绪论,第1章,3.7,3.8,3.9,4.4,4.9,4.13节以及第5章;丁琦编写了4.3,4.7,4.8,4.10,4.11,4.12节;韩鹏斌编写了2.2,2.4,3.4,3.5节;王武军编写了2.3,2.5,3.6,4.2节;王文成编写了2.1,3.1,3.2,3.3节;王玉明编写了4.1,4.5,4.6,4.14节.全书由邢凯、丁琦统稿,徐行担任本书的主审.

本书自2016年2月出版以来,得到了使用本书的教师和学生的肯定和建议,结合教学与学习的实际情况,在保证第1版特色的基础上,对"实验2.2　测定冰的熔解热""实验2.3　示波器的原理与使用""实验4.3　RLC串联电路的谐振""实验4.8　AD590特性测量及应用研究"等内容进行了丰富,同时也对一些实验中的个别叙述不妥之处进行了修订.

本书再版修订,得到了西安航空学院教务处、理学院领导大力支持与帮助;同济大学出版社编辑张崇豪老师为本书的修订创造了积极的条件并付出了辛劳.在此谨致谢忱.

限于编者的学识,错误和不妥之处在所难免,敬请广大读者和同仁指正.

编　者

2019年10月

第1版前言

随着西安航空学院大学物理实验教学中心建设的完成，实验条件得到改善、开设的实验项目有所增加、使用的实验仪器设备也有所更新，达到了教育部高等学校物理基础课程教学指导分委员会编制的《高等学校理工科类大学物理实验课程教学基本要求》规定的教学基本内容要求和能力培养基本要求，初步具备了开设基础性实验、综合性实验、设计性实验和部分研究性实验的分层次教学的基本条件，从而构建了较为完整的大学物理实验教学体系，也为实现学院确立的"基础扎实、能力突出、素质优良、特色鲜明"的人才培养观奠定了坚实的基础。

实验教材作为实践教学的重要载体，就是要将学校的办学宗旨、培养模式、质量标准等有机地结合起来，培养出具有本校特色的高素质应用型人才，以适应社会的需要。本书依据《高等学校理工科类大学物理实验课程教学基本要求》，结合学校学科专业培养目标、理学院建设发展规划以及实验设施等编写。

按照"加强基础、循序渐进、因材施教、全面提高"这一教改思想，考虑到大学物理实验课的定位、特点以及面向本科低年级学生，为了有利学生学习、教师教学，本书将大学物理实验内容按课程中的教学顺序分为预科实验（5个）、基础实验（9个）、综合与应用实验（14个）三个层次，使学生在做实验时由易到难，能力的培养循序渐进。对于每一个实验，实验原理叙述清楚，计算公式推导完整，使学生在实验预习时掌握理论依据；实验内容与方法尽可能具体，以加强对基本实验技能和基本实验方法的训练和指导；为规范学生数据记录及处理，每一实验都有数据记录表格及相应的处理方法、要求；在分析与思考中，有预习思考题、实验思考题，便于学生自查预习，加深对实验的理解以及知识拓展。

本书共分5章，第1章，测量误差、不确定度及数据处理的基础知识；第2章，预科实验；第3章，基础实验；第4章，综合与应用实验；第5章，附录。其中邢凯编写了绪论、第1章，3.7，3.8，3.9，4.4，4.9，4.13节以及第5章；丁琦编写了4.3，4.7，4.8，4.10，4.11，4.12节；韩鹏斌编写了2.2，2.4，3.4，3.5节；王武军编写了2.3，2.5，3.6，4.2节；王文成编写了2.1，3.1，3.2，3.3节；王玉明编写了4.1，4.5，4.6，4.14节。全书由邢凯、丁琦统稿，徐行担任本书的主审工作。

实验教材离不开实验室的建设和发展，本书凝聚了全体实验教师的智慧和劳动。本书在编写过程中，还参考并吸收了许多其他本科院校的相关资料和经验；西安航空学院教务处、理学院相关领导对本书的编写给予了极大的支持和鼓励；同济大学出版社的编辑们为本教材的出版创造了积极的条件和努力。借此表示诚挚的敬意和衷心感谢。

由于编者的学识和教学经验所限，书中定会有一些疏漏或不妥之处，还请使用者指出，以便进一步修改、完善。

编　者

2016年1月

目　录

绪　　论

0.1　物理实验的重要性

物理学是一门实验科学,特别是普通物理学,更与实验密不可分.在物理学的发展过程中,实验是决定性的因素.发现新的物理现象,寻找物理规律,验证物理定律等,都只能依靠实验.离开了实验,物理理论就会苍白无力,就会成为无源之水、无本之木,不可能得到发展.

正是 16 世纪伟大的实验物理学家伽利略,用他出色的实验工作把古代对物理现象的一些观察和研究引上了当代物理学的科学道路,使物理学发生了革命性的变化.力学中的许多基本定律,如自由落体定律、惯性定律等,都是由伽利略通过实验发现和总结出来的.电磁学的研究,也是从库仑发明扭秤并用来测量电荷之间的作用力开始的.

经典物理学的基本定律几乎全部都是实验结果的总结与推广.在 19 世纪以前,没有纯粹的理论物理学家.所有的物理学家,包括对物理理论的发展有重大贡献的牛顿、菲涅耳、麦克斯韦等,都亲自从事实验工作.由于物理学的发展越来越深入、越来越复杂,而人的精力有限,才出现了以理论研究为主和以实验研究为主的分工,出现了"理论物理学家".然而,即使理论物理学家也绝对不能离开物理实验.爱因斯坦无疑是最著名的理论物理学家,而他获得诺贝尔奖是因为他正确解释了光电效应实验.他当初提出的相对论是以"光速不变"的假设为基础的,只是经过长期大量的实验后,相对论才逐渐成为一个被人们普遍接受的理论.

物理学的理论来源于实验又必须最终由物理实验来验证.物理实验不仅对于物理学的研究工作极其重要,对于物理学在其他学科的应用也十分重要.当代物理学的发展已使我们的世界发生了惊人的改变,而这些改变正是物理学在各行各业中应用的结果.

电子物理、电子工程、光源工程、光科学、信息工程等学科都显然是以物理学为基础的,当然有大量物理学的应用.在材料科学中,各种材料的物性测试,许多新材料的发现(如 C_{60}、高温超导材料等)和新材料的制备方法的研究(如离子束注入、激光蒸发等),都离不开物理的应用;在化学中,从光谱分析到量子化学、从放射性测量到激光分离同位素,也无不是物理的应用;在生物学发展史中,离不开各类显微镜(光学显微镜、电子显微镜、X 射线显微镜、原子力显微镜)的贡献,近代生命科学更离不开物理学,DNA 的双螺旋结构就是美国遗传学家和英国物理学家共同建立并为 X 射线衍射实验所证实的,而对 DNA 的操纵、切割、重组也都需要物理学家的帮助;在医学中,从 X 射线透视、B 超诊断、CT 诊断、核磁共振诊断到各种理疗手段,包括放射性治疗、激光治疗、γ 刀等都是物理学的应用.物理学正在渗透到各个学科领域,而这种渗透无不与实验密切相关.显然,实验正是从物理基础理论到其他应用学科的桥梁.只有真正掌握了物理实验的基本功,才能顺利地把物理原理应用到其他学科而产生质的飞跃.

综上所述,要研究与发展物理学,要把物理理论应用到各行各业的实际中去,都必须重视物理实验,学好物理实验.

0.2 物理实验课的要求

物理实验既然那么重要,怎样才能通过物理实验课教学使学生掌握物理实验的基本功,达到培养高素质创新人才的目的呢? 概括起来,应通过物理实验课程达到以下三个基本要求:

1. 在物理学的基本知识、基本方法、基本技能方面(三基)得到严格而系统的训练,这是做好物理实验的基础

基本知识包括实验的原理、各类仪器的结构与工作原理、实验的误差分析与不确定度评定、实验结果的表述方法、如何对实验结果进行分析与判断等.

基本方法包括如何根据实验目的和要求确定实验思路与方案,如何选择和正确使用仪器、如何减少各类误差、如何采用一些特殊的方法获得通常难以获得的结果.

基本技能包括各种调节与测试技术以及查阅文献的能力、自学能力,协作共事能力、总结归纳能力、口头表达能力等.

这三种基本训练体现了最基本的实际动手能力,因而必须首先保证这一要求的实现.没有这种严格的基本训练,很难成为高素质的人才.

2. 学习用实验方法研究物理现象、验证物理规律,加深对物理理论的理解和掌握,并在实践中提高发现问题、分析问题和解决问题的能力

研究物理现象和验证物理定律是进行物理实验的根本目的,进行物理实验也是真正理解和掌握物理理论的重要手段.只有通过实验,才能使抽象的概念和深奥的理论变成具体的知识和经验,变为在解决实际问题中的有力工具.因此,要真正理解和掌握物理理论,是不能只从课堂上学习的,还必须到实验室学习,亲自动手,亲自体会,才能学到真正有血有肉的活生生的物理.

3. 养成实事求是的科学态度和积极创新的科学精神

因为物理学研究"物"之"理",就是从"实事"中去求"是",所以严肃认真的物理学工作者都坚持"实践是检验真理的唯一标准".物理学中的"实践"主要就是物理实验,在物理实验课中最能培养实事求是、严谨踏实的科学态度,实事求是的严谨态度与积极创新

的科学作风是相联系的,在严谨的实验中才能发现真正的问题,而解决这些问题往往就需要坚韧不拔的毅力和积极创新的思维.

0.3 如何进行物理实验

1. 预习

预习是上好实验课的基础和前提,没有预习,或许可以听好一堂理论课,但决不可能完成好一堂实验课. 预习的基本要求是仔细阅读教材,了解实验的目的和要求及所用到的原理、方法和仪器设备. 通过预习,应对将做的实验有一个初步大致的了解,并写好预习报告,预习报告内容包括实验目的、原理、步骤、电路或光路图及数据表格等. 预习报告中,数据表格是很重要的,往往是真正理解了如何做实验才能画好这个表格.

为了帮助同学们更好地预习实验,我们在每一个实验教材之中都列有预习思考题.

2. 实验操作与记录

实验中,不仅要动手而且要动脑,要眼到、心到、手到;要细心、静心、耐心. 做实验是为了学习从事科学研究的工作的能力,学会某些仪器设备的使用方法不仅是目的而更重要的是手段. 只有在实验中认真动手积极动脑,才能触类旁通,掌握实验的真谛,学到从实践中发现问题、分析问题、解决问题的真工夫. 数据记录必须真实,要培养清晰而整洁的记录数据的能力和习惯,决不可任意伪造或篡改,这是一个科学工作者的基本道德素养.

3. 写实验报告

写实验报告是培养实验研究人才的重要一环,研究工作取得的成果,一般都要写成论文形式发表,为了训练这种对实验成果的文字表达能力,要求用自己的语言简要阐明实验目的、原理和步骤,并且详细记录实验条件、实验仪器(型号、参数)、测量数据,对测量数据进行处理,分析和解释实验结果,得出实验结论. 最后,实验报告中还可以谈谈做本实验的体会与思考.

对于本课程的学习,请牢记这句话:我们不是要一个塞满东西的脑袋,而是要一个善于分析的头脑! 我们不仅要有知识,更重要的是将知识转化为能力!

0.4 物理实验课学生守则

为了培养学生良好的实验素质和严谨的科学态度,保证实验顺利进行和进一步提高教学质量,特制定以下学生守则:

(1) 实验课不得迟到早退,迟到 15 分钟以上者不能参加本次实验课,本次实验成绩为零分. 若有事或生病不能来上课,要有班主任签字的证明或病假条. 事后持假条与教师联系,安排补做.

（2）禁止在实验室内喧哗、打闹、抽烟、吃东西、随地吐痰及乱扔纸屑杂物.

（3）课前必须认真预习,明确该次实验的目的和测量内容,教师实验课前作必要的检查. 没有预习者不得进行实验,且本次实验成绩为零分.

（4）实验前仔细清点仪器,如发现缺损及时向教师报告.

（5）正确安排、调整、使用仪器,爱护实验室一切实验设施,不得随意拆卸挪动. 电学实验接线后须自查、互查无误后,经教师检查许可方能通电.

（6）实验中如发生事故,须保护现场,电学实验应立即断开电源,并报告教师. 当事人应如实填写仪器损坏登记表,由教师签署意见. 因违章操作、嬉闹等原因造成仪器人为损坏者,要负责赔偿.

（7）以认真的态度和求实的作风做好每个实验,按时完成实验任务. 测量数据必须当堂交教师审阅签字.

（8）教师审核数据签字认可后,实验者方可进行拆线等整理、摆放仪器工作,并保持实验桌面的整洁. 值日生按教师要求清扫实验室.

（9）按时认真完成实验报告,并于下次实验课前交上本次实验报告.

（10）每次实验成绩实行百分制,预习占 20％,操作占 40％,报告占 40％. 这些将作为实验课平时成绩依据.

（11）学期末实验课的总成绩为"平时成绩（70％）＋考核成绩（30％）".

（12）实验考核不合格、缺课两次或缺交报告二份以上者课程成绩不合格.

第1章 测量误差、不确定度及数据处理的基础知识

1.1 测量及其分类

1.1.1 测量

在科学实验中,一切物理量都是通过测量得到的,其目的是要获得被测量的定量信息.测量是为了确定被测量的量值,使用专用仪器和量具,通过实验和计算而进行的一组操作过程.

1.1.2 直接测量和间接测量

按测量方式的不同,测量可分为直接测量和间接测量两类.

1. 直接测量

用测量仪器或仪表直接读出测量值的测量称为直接测量,相应的待测量称为直接测量量.例如用米尺、游标卡尺、千分尺测长度,用秒表测时间,用天平称质量,用电流表测量电流等均为直接测量,相应的被测量——长度、时间、质量、电流等称为直接测量量.

2. 间接测量

在实际测量中,许多物理量没有直接测量的仪器,需要根据某些原理得出待测量与直接测量量的函数关系,先测出直接测量量,代入函数关系计算出待测量,这种测量称为间接测量,相应的被测量称为间接测量量.例如用单摆测量某地重力加速度 g,用秒表、米尺分别直接测量周期 T、摆长 L,然后由公式 $g = \dfrac{4\pi^2 L}{T^2}$ 算出重力加速度 g. 因此,g 是间接测量量,而 T,L 是直接测量量.

当然,一个物理量是直接测量量还是间接测量量并不是绝对的,要由具体测量的方法和仪器来确定.例如用伏安法测电阻,电流、电压是直接测量量,电阻是间接测量量;用

欧姆表测量时,电阻又成了直接测量量.

1.1.3 等精度测量和非等精度测量

根据测量条件的不同,测量又分为等精度测量和非等精度测量.

1. 等精度测量

等精度测量是指在相同测量条件下对同一物理量所做的重复测量.例如,在相同的环境下,由同一个测量人员,用同样的仪器和方法,对同一个待测量,作相同次数的重复测量.由于各次测量的条件相同,测量结果的可靠性是相同的,没有理由认为哪次测量更精确些或不精确些,所以每次测量的值是等精度的.这种情况下,通常取多次重复测量的平均值作为测量结果的最佳值.

应该指出,要使测量条件完全相同、绝对不变是难以做到的,一般测量实践中(包括物理实验),一些条件变化很小,或某些次要条件变化后对测量结果影响甚微,一般可按等精度测量处理.

2. 非等精度测量

在科学研究和其他高精度测量中,为了得到更精确更可靠的结果,特意要在不同的条件下,用不同的仪器、不同的测量方法、不同的测量人员对同一个待测量进行测量和研究.此时,由于测量条件全部或部分发生了明显变化,每次测量的可靠性、精确度显然不同,这种测量即为非等精度测量.而最后的测量结果,是通过对待测量的各次非等精度测量结果作加权处理来获得.

1.2 误差及其分类

1.2.1 误差的定义

在一定的条件下,任何一个物理量的大小都是客观存在的,都有一个确定的客观量值,这个值在测量上称为物理量的真值.在测量过程中,测量者总是希望准确地测出待测物理量的真值.然而,任何测量总是在一定环境下,依据一定的理论和方法,使用一定的仪器,由一定的人员进行的.由于测量环境不稳定,测量理论、方法不完善,仪器设备的灵敏度和分辨力的局限性,测量人员技术、经验和能力等因素的限制,测量值与待测量的真值之间总有一些差异,这种差异称为测量误差.若某一物理量 x 的测量值为 x_i,真值为 μ,则测量误差定义为该量的测量值 x_i 与真值 μ 之差,即

$$\varepsilon_x = x_i - \mu \tag{1-1}$$

式中,等式左边 ε 为误差符号,角标 x 为待测物理量符号.由式(1-1)可知,误差可正($x_i >$ μ),也可负($x_i < \mu$),它反映了测量值偏离真值的大小和方向,误差愈小,二者越接近.

误差按其表达方式的不同,可分为绝对误差和相对误差.

由于误差的大小标志着测量结果的可靠程度或可信程度的大小,所以计算误差时式(1-1)等号右边常取绝对值来表示测量值偏离真值的绝对大小,此时 ε_x 称为绝对误差.

一般来说,绝对误差 ε_x 并不能反映误差的严重程度,需要引入相对误差 E_x,同样,E 是相对误差符号,角标 x 为物理量.比如用最小格值为 mm 的米尺测量两个不同长度的物体,一个 500.0 mm,一个 50.0 mm,两者绝对误差相同,均为 0.5 mm,但相对误差不同.相对误差定义为

$$E_x = \frac{\varepsilon_x}{\mu} \times 100\% \tag{1-2}$$

它表示误差所占真值的百分比.

误差存在于一切科学实验和测量过程的始终,在实验的设计、仪器本身的精度、环境条件以及实验数据处理中都可能存在误差.因此分析测量中可能产生的各种误差,尽可能消除其影响,并对最后结果中未能消除的误差作出估计,是物理实验和许多科学实验中不可缺少的工作.为此,必须进一步研究误差的性质和来源.

1.2.2 误差的分类

根据误差的来源、性质和特点,一般将误差分为系统误差、随机误差和粗大误差.

1. 系统误差

在相同的条件下,对同一物理量进行多次测量,测量值总是向一个方向偏离真值,误差的大小和正负保持恒定;或者误差按一定规律变化,这种误差称为系统误差.实验中的系统误差主要来源于以下几个方面:

(1)仪器误差.仪器误差是由仪器本身的缺陷、校准不完善或使用不当引起的.如天平的不等臂、刻度不均匀、砝码实际质量与标称值不等、电表刻度盘与指针转轴安装偏心等属于仪器缺陷,在使用时可采用适当的测量方法加以消除.而仪器和量具不在规定的使用状态,如不垂直、不水平、零点不准、电表要求水平放置但却垂直放置测量等使用不当的情况则应尽量避免.

(2)理论或方法误差.理论或方法误差是由测量所依据的理论公式近似或实验条件达不到理论公式所规定的要求等引起的.例如,用单摆测重力加速度时,公式 $g = \frac{4\pi^2 L}{T^2}$ 仅适用于 $\sin\theta \approx \theta$ 的近似条件,当摆角较大时会产生较大的误差;用伏安法测电阻时,忽略了电表内阻的影响等.

(3)环境误差.由于仪器所处的外界环境如温度、湿度、光照、气压、电磁场等与仪器

要求的环境条件不一致引起的误差. 例如, 20 ℃时标定的标准电池在 30 ℃时使用.

（4）人员误差. 这是由于观测者心理、生理条件以及其他个人因素造成的误差. 它跟个人的反应速度、分辨能力、固有习惯以及实验技能有关. 例如, 按停秒表时总是超前或滞后; 读数时头总是偏向一边.

从理论上讲, 系统误差可以通过分析研究其产生的原因, 采取一定的方法减小或消除, 或按其规律对测量结果进行修正. 但事实上, 发现和消除系统误差是一个极其复杂的问题, 常常成为实验结果是否可靠的主要矛盾. 因此, 这是实验者应努力去解决的问题.

2. 随机误差

在测量中, 即使系统误差消除后, 对同一物理量在相同条件下进行多次重复测量, 仍然不会得到完全相同的结果, 其测量值分散在一定的范围之内, 所得误差时正、时负, 绝对值时大、时小, 呈显无规则的涨落, 这类误差称为随机误差.

随机误差的产生, 一方面是由测量过程中一些随机的未能控制的可变因素或不确定的因素引起的. 如人的感官灵敏度及仪器精密度限制, 判断平衡点或估读数有起伏; 不可控制的周围环境的干扰导致读数的微小变化以及随测量而来的其他不可预测的随机因素的影响等. 另一方面是由被测对象本身的不确定性引起的. 如一根金属细丝, 其横截面并非均匀存在微小差异, 各处所测细丝直径不尽相同, 从而导致随机误差的产生.

从一次测量来看, 随机误差是随机的, 没有确定的规律, 也不能预知. 但当测量次数足够多时, 随机误差服从一定的统计分布, 因此可以用统计方法估算其对测量结果的影响.

3. 粗大误差

凡是明显超出规定条件下预期的、且又无法根据测量的客观条件作出合理解释的误差, 称为粗大误差, 简称粗差. 它是由于实验者使用仪器的方法不正确, 测量者缺乏经验、粗心大意或过于疲劳而造成测错、读错、记错、算错等过失, 或实验条件突变等原因造成的.

含有粗差的测量值称为坏值（异常值）, 在实验测量中要极力避免过失错误, 在数据处理中要尽量剔除坏值.

1.3　随机误差的分布规律

原则上讲, 系统误差可以分析其产生的原因加以消除或减小, 而随机误差不可避免, 所以必须对其大小进行估算. 为了简化问题, 在分析随机误差时假定系统误差已经完全消除.

随机误差的特点是不可预见和不可控制. 但研究表明, 当等精度测量次数足够多时, 测量值和随机误差服从统计规律. 影响随机误差的因素是多种多样的, 因此随机误差有多种分布形式, 但无论哪一种分布形式, 一般都有两个重要参数, 即平均值和标准误差.

在物理实验中,常见的有正态分布和均匀分布.

1.3.1　正态分布(高斯分布)

1. 测量值的正态分布

在同一条件、无限多次测量的情况下,测量值 x 的正态分布函数如图 1-1 所示.图中横坐标 x 表示该物理量的测量值,纵坐标表示测量值的概率密度函数 $f(x)$.

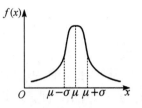

图 1-1　测量值的正态分布

$$f(x) = \frac{1}{\sigma\sqrt{2\pi}} e^{-\frac{(x-\mu)^2}{2\sigma^2}} \qquad (1\text{-}3)$$

式中,μ 和 σ 是正态分布的两个参量,μ 与分布曲线的峰值相对应,是待测量的真值;$\mu-\sigma$, $\mu+\sigma$ 是曲线拐点处的横坐标,σ 称为标准误差,简称标准差,它的大小只说明在一定的条件下等精度测量量随机误差的概率分布情况;x 为随机变量(实验测量值).当 μ 和 σ 给定后,这个正态分布就完全确定了.

2. 测量值误差的正态分布

根据误差的定义式(1-1),$x-\mu=\varepsilon$ 是误差,所以,误差 ε 的正态分布(图 1-2)为

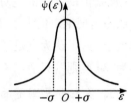

图 1-2　误差的正态分布

$$\psi(\varepsilon) = \frac{1}{\sigma\sqrt{2\pi}} e^{-\frac{\varepsilon^2}{2\sigma^2}} \qquad (1\text{-}4)$$

式中,$\psi(\varepsilon)$ 是误差 ε 的概率密度函数,它表示误差出现在 ε 附近单位区间的概率.根据概率密度的归一化条件,$\psi(\varepsilon)$ 曲线下的面积是 1(误差在 $[-\infty, +\infty]$ 区间的概率是 1).所以,σ 越小,曲线越陡,峰值越高,说明随机误差比较集中,绝对值小的误差占优势,也说明测量值的离散性小,重复性好.因而 σ 的大小反映了测量值的集中程度,也反映了误差的大小.

从图 1-2 可知,服从正态分布的随机误差有如下特征:

(1) 单峰性.绝对值小的误差出现的概率大于绝对值大的误差出现的概率,误差为零处的概率密度最大.

(2) 对称性(抵偿性).绝对值相等的正、负误差出现的概率相等,代数和是零.

(3) 有界性.在一定的测量条件下,误差的绝对值不超过一定限度,也就是说绝对值很大的误差出现的概率趋近于零.

3. 置信区间、置信概率

误差在区间 $[-\sigma, +\sigma]$ 内出现的概率为

$$p = \int_{-\sigma}^{+\sigma} \frac{1}{\sigma\sqrt{2\pi}} e^{-\frac{\varepsilon^2}{2\sigma^2}} \mathrm{d}\varepsilon = 0.683$$

误差在区间 $[-2\sigma, +2\sigma]$ 内出现的概率为

$$p = \int_{-2\sigma}^{+2\sigma} \frac{1}{\sigma\sqrt{2\pi}} e^{-\frac{\varepsilon^2}{2\sigma^2}} \mathrm{d}\varepsilon = 0.954$$

误差在区间 $[-3\sigma, +3\sigma]$ 内出现的概率为

$$p = \int_{-3\sigma}^{+3\sigma} \frac{1}{\sigma\sqrt{2\pi}} e^{-\frac{\varepsilon^2}{2\sigma^2}} \mathrm{d}\varepsilon = 0.997$$

通常,把 σ 称为一倍标准差,2σ,3σ 分别称为二、三倍标准差. 这样,区间 $[-\sigma, +\sigma]$ 称为一倍置信区间;区间 $[-2\sigma, +2\sigma]$ 称为二倍置信区间;区间 $[-3\sigma, +3\sigma]$ 称为三倍置信区间. 测量误差在置信区间出现的概率称为置信概率. 置信概率随置信区间的变化而改变,增大置信区间,测量误差出现的置信概率也增大,当置信区间增大到对应的置信概率为 1 时,说明误差一定出现在该置信区间内,把它称为极限误差,简称误差限.

4. 测量坏值的剔除

测量误差在 $[-3\sigma, +3\sigma]$ 区间内出现的概率为 0.997,说明在 1 000 次测量中,只有 3 次测量值的误差的绝对值可能超过 3σ. 物理实验中,测量次数一般不超过 10 次,所以可以认为出现绝对值大于 3σ 的误差的可能性极小. 若发现测量值中某个值的误差的绝对值大于 3σ,则认为它是某种非正常因素产生的"坏值",应予剔除. 这种判别"坏值"的方法称为"3σ 准则",只适用于正态分布.

5. 多次重复测量的最佳估计值——算术平均值

一个物理量的真值是未知的,测量者总是想得到真值,但实际上是不可能的. 当对物理量 x 进行 n 次重复测量时,若测量值 x_i 服从正态分布,则其误差也服从正态分布. 这样正、负误差出现的概率相等,代数和近似为零,测量值的算术平均值和真值 μ 近似相等,是真值的最佳估计值. 换句话说,对相同条件下的多次重复测量量,是以其算术平均值来代替真值的. 算术平均值计算公式为

$$\bar{x} = \frac{1}{n} \sum_{i=1}^{n} x_i \tag{1-5}$$

6. 标准误差的计算

理论计算得到,当测量次数 $n \to \infty$ 时,标准差 σ 为

$$\sigma = \sqrt{\frac{1}{n} \sum_{i=1}^{n} (x_i - \mu)^2} \quad (n \to \infty)$$

而实际的测量次数是有限的,且真值未知,所以,σ 也无法计算. 理论研究表明,在有限的 n 次测量中,某次测量值的标准偏差 s_x,亦即 σ 的估计值为

$$s_x = \sqrt{\frac{1}{n-1} \sum_{i=1}^{n} (x_i - \bar{x})^2}$$

算术平均值 $\bar{x}$ 比每一个测量值都接近真值,是真值的最佳估计值,它的标准偏差为

$$s_{\bar{x}} = \sqrt{\frac{1}{n(n-1)} \sum_{i=1}^{n} (x_i - \bar{x})^2} \qquad (1-6)$$

以算术平均值 $\bar{x}$ 代替真值 μ,以其标准偏差 $s_{\bar{x}}$ 代替标准误差 σ,相同条件下多次重复测量的误差在 $[-s_{\bar{x}}, +s_{\bar{x}}]$ 区间内的出现的概率接近 68.3%,而真值落在 $[\bar{x}-s_{\bar{x}}, \bar{x}+s_{\bar{x}}]$ 区间内的概率同样接近 68.3%.

1.3.2 均匀分布

误差的均匀分布如图 1-3 所示,其概率密度为

$$\psi(\varepsilon) = \begin{cases} \dfrac{1}{2\Delta} & -\Delta \leqslant \varepsilon \leqslant +\Delta \\ 0 & \varepsilon < -\Delta, \ \varepsilon > +\Delta \end{cases}$$

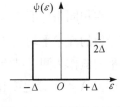

图 1-3 误差的均匀分布

式中,Δ 是均匀分布的误差限.设在区间 $[-\Delta', +\Delta']$ 的概率是 0.683,则有 $2\Delta : 2\Delta' = 1 : 0.683$,即

$$\Delta' = 0.683\Delta = \frac{\Delta}{1.46} \qquad (1-7)$$

上式说明,在均匀分布中,将误差限 Δ(对应概率为 1)除以常数 $C = 1.46$,即得到对应概率为 0.683 的误差 Δ'.

1.4 测量结果及其不确定度

1.4.1 不确定度的概念

由于误差无法按照其定义式准确求知,现实可行的办法就只能根据测量数据和测量条件进行推算,求得误差的估计值.误差的估计值应采用一个专门名称,这个名称就是不确定度.

定义:不确定度表示由于测量误差的存在而对被测量值不能确定的程度,它是被测物理量的真值在某个量值范围的一个评定.

不确定度反映了可能存在的误差分布范围,包含多个分量,在可修正的系统误差修正以后,将余下的全部误差按产生原因及计算方法不同分为两类

A 类不确定度:在同一条件下的多次测量值,按统计方法计算的误差分量,用 s_A

表示.

B类不确定度:由测量仪器、测量条件、环境等其他原因产生的误差分量,用 u_B 表示.

由于 A 类不确定度、B 类不确定度相互独立且不相关,测量结果不确定度是上述两类不确定度采用方和根合成,即

$$u = \sqrt{s_A^2 + u_B^2} \tag{1-8}$$

1.4.2 直接测量量不确定度计算及结果表示

在相同条件下,对物理量 x 进行 n 次等精度重复测量,测量值 x_i 服从正态分布,多次测量值的算术平均值和真值近似相等.此种情况下,通常用算术平均值作为测量结果.算术平均值作为测量结果的可靠程度如何,是由其不确定度来评价的.算术平均值的不确定度由 A 类不确定度和 B 类不确定度合成而来.

1. A 类不确定度的估算

A 类不确定度是由统计方法估算的,用 s 表示.本课程为了教学上的方便,认为相同条件下的多次重复测量,测量值、误差服从正态分布.

设对 x 进行了 n 次测量,以算术平均值 $\bar{x}$ 作为测量结果,其 A 类不确定度由式(1-6)计算,即

$$s_A = \sqrt{\frac{1}{n(n-1)}\sum_{i=1}^{n}(x_i - \bar{x})^2} \tag{1-9}$$

2. B 类不确定度的估算

B 类不确定度是非统计方法计算的误差分量,由于测量总要使用仪器,仪器误差是引起不确定度的一个基本来源.从物理实验教学的实际出发,在计算 B 类不确定度时只考虑仪器误差这一因素,它由测量仪器的误差限和该误差的分布来决定.估算方法及步骤为:

(1) 根据仪器的说明书、国家标准、或由测量条件合理的估计测量误差限 Δ(对应的置信概率为1).

(2) 确定该误差的分布形式,在不能确定分布的情况下,近似按均匀分布处理.

(3) 将误差限 Δ 除以置信因数 C 换算成一倍标准偏差对应的置信概率下的误差($P=0.683$),即 B 类不确定度为

$$u_B = \frac{\Delta}{C} \tag{1-10}$$

对于正态分布 $C=3$;均匀分布 $C=1.46$.

为了统一教学,便于使用,本课程教学中的几种常用仪器误差服从均匀分布,其误差

限取为：

① 螺旋测微器(千分尺)：根据国家标准，在正确使用条件下，一级千分尺在测量范围 $0\sim100$ mm 内，误差限 $\Delta=0.004$ mm.

② 游标卡尺：根据国家标准，在测量范围 $0\sim300$ mm 内，误差限 $\Delta=$ 分度值，如 50 分度的卡尺，$\Delta=0.02$ mm. 角游标也仿此方法处理.

③ 米尺：考虑到测量者的读数误差，取 $\Delta=0.5$ mm.

④ 物理天平：根据不同的测量精度，天平分为 10 级，物理实验室常用的 WL-1 型物理天平为 9 级，其感量为 0.05 g. 天平所用砝码分为 5 个等级，一般与 WL-1 配用的砝码为 4 等. 严格来讲，B 类不确定度既要考虑天平的误差，也要考虑使用的每个砝码的误差. 教学中综合取为 $\Delta=0.05$ g.

⑤ 秒表：常用的电子秒表可以测量到 0.01 s，但测量者在起始和末了的两次按表时会产生从判断到动作的人为误差，考虑该因素，取 $\Delta=0.2$ s.

⑥ 电表：实验室所用的电流表和电压表，根据其测量精度不同，分为 7 个等级，每个电表的等级标在表盘的右下角，若电表级别为 a，$\Delta=$ 量程$\times a\%$.

⑦ 电阻箱：电阻箱分为 5 个级别，若级别为 a，一般 $\Delta=$ 示值$\times a\%$. 实验室常用的 ZX-21 电阻箱为 0.1 级，ZX-35 电阻箱为 0.2 级.

3. 测量结果不确定度

A 类不确定度和 B 类不确定度相互独立，且在同一置信水平，则 x 的不确定度为

$$u_x=\sqrt{s_A^2+u_B^2}\tag{1-11}$$

4. 直接测量结果的表示

直接测量结果表示为

$$\begin{cases}x=\bar{x}\pm u_x(单位)\\ E_x=\dfrac{u_x}{\bar{x}}\times100\%\end{cases}\tag{1-12}$$

式中，第一个等式的物理意义表示被测量的真值在 $[\bar{x}-u_x,\ \bar{x}+u_x]$ 置信区间内出现的概率接近 68.3%；第二个等式表示结果不确定度占真值的百分比，反映不确定度的严重程度.

综上所述可知，直接测量量的数据处理过程如下：

(1) 同一条件下多次重复测量时

① 修正系统误差.

② 计算 $\bar{x}$、标准偏差 $s_{\bar{x}}$. 用 $3s_{\bar{x}}$ 检验测量数据中有无坏值. 若有，剔除坏值后重新计算 $\bar{x}$.

③ 计算 A 类不确定度 $s_{\bar{x}}$，置信概率按 0.683.

④ 计算 B 类不确定度，置信概率按 0.683.

⑤ 计算结果不确定度,测量结果表示.

(2) 一次测量时

在实际测量中,有些物理量由于条件的限制不可能进行多次重复测量;或待测量很规范,其 A 类不确定度几乎为零,多次测量意义不大;或有些量不必要进行多次重复测量. 此时测量一次即得到结果,其数据处理过程为

① 修正系统误差.

② 计算 B 类不确定度,置信概率按 0.683. 将 B 类不确定度作为一次测量结果的不确定度.

③ 测量结果表示.

说明:绝对不确定度 u_x 一般取 1 位有效数字,相对不确定度 E_x 取 2 位有效数字,按宁大勿小(只进不舍)原则. 测量结果平均值的末位与不确定度末位对齐,对齐时的末位按四舍六入,逢五凑偶(尾数凑偶法)的原则取舍.

1.4.3 间接测量量不确定度计算及结果表示

在物理实验中,绝大部分是间接测量,每个直接测量量的不确定度均要传递给间接测量量. 设间接测量量为 $N = f(x, y, z)$,x, y, z 是相互独立的直接测量量,并且有 $x = \bar{x} \pm u_x$,$y = \bar{y} \pm u_y$,$z = \bar{z} \pm u_z$,u_x, u_y, u_z 是每个直接测量量的不确定度.

1. 间接测量量结果的最佳值

把直接测量量的最佳值 $\bar{x}, \bar{y}, \bar{z}$ 代入函数关系中,得到 N 的最佳值为

$$\bar{N} = f(\bar{x}, \bar{y}, \bar{z}) \tag{1-13}$$

2. 间接测量量结果不确定度计算

间接测量结果的不确定度是由各直接测量量的不确定度传递产生的,其大小可以根据数学上的偏微分求出来,N 的不确定度为

$$u_N = \sqrt{\left(\frac{\partial f}{\partial x}\right)^2 u_x^2 + \left(\frac{\partial f}{\partial y}\right)^2 u_y^2 + \left(\frac{\partial f}{\partial z}\right)^2 u_z^2} \tag{1-14}$$

相对不确定度可用下式求得

$$E_N = \sqrt{\left(\frac{\partial \ln f}{\partial x}\right)^2 u_x^2 + \left(\frac{\partial \ln f}{\partial y}\right)^2 u_y^2 + \left(\frac{\partial \ln f}{\partial z}\right)^2 u_z^2} \tag{1-15}$$

从式(1-14)、式(1-15)可知,间接测量量不确定度不仅与直接测量量的不确定度有关,而且与其不确定度的传递系数有关.

常用函数的不确定度传递公式如表 1-1 所示. 表中看出,对于和差函数,用式(1-14)计算绝对不确定度简便;而乘、除、乘方等函数用式(1-15)先计算相对不确定度,然后再

计算绝对不确定度简便.

为了避免利用数学上的偏微分推导不确定度传递公式出现错误,一般采用如下步骤

(1) 两边取自然对数;

(2) 微分、合并同类项(以直接测量量的不确定度为公因子),将微分符号换为不确定度符号;

(3) 各项平方相加、再开方,计算出相对不确定度;

(4) 计算绝对不确定度.

表 1-1 　　　　　　　　　　　常用函数的不确定度传递公式

函数	绝对不确定度	相对不确定度
$N = x \pm y$	$u_N = \sqrt{u_x^2 + u_y^2}$	$E_N = \dfrac{u_N}{N} = \dfrac{\sqrt{u_x^2 + u_y^2}}{N}$
$N = xy$	$u_N = \sqrt{y^2 u_x^2 + x^2 u_y^2}$	$E_N = \dfrac{u_N}{N} = \sqrt{\left(\dfrac{u_x}{x}\right)^2 + \left(\dfrac{u_y}{y}\right)^2}$
$N = \dfrac{x}{y}$	$u_N = \dfrac{x}{y}\sqrt{\left(\dfrac{u_x}{x}\right)^2 + \left(\dfrac{u_y}{y}\right)^2}$	$E_N = \dfrac{u_N}{N} = \sqrt{\left(\dfrac{u_x}{x}\right)^2 + \left(\dfrac{u_y}{y}\right)^2}$
$N = kx$(k 为常数)	$u_N = k u_x$	$E_N = \dfrac{u_x}{x}$
$N = x^a$	$u_N = a x^{a-1} u_x$	$E_N = \dfrac{a}{x} u_x$
$N = \ln x$	$u_N = \dfrac{1}{x} u_x$	$E_N = \dfrac{1}{x \ln x} u_x$

3. 间接测量结果的表示

间接测量结果的表示与直接测量结果的表示类似,物理意义相同,表示方式为

$$\begin{cases} N = \overline{N} \pm u_N（单位） \\ E_N = \dfrac{u_N}{\overline{N}} \times 100\% \end{cases} \tag{1-16}$$

说明

1. u_N 一般取 1 位有效数字,E_N 取 2 位有效数字,按只进不舍原则.$\overline{N}$ 有效数字最后一位与 u_N 有效数字所在位对齐,对齐时 $\overline{N}$ 的末位按尾数凑偶法则.

2. 在中间运算过程中,各直接测量量结果、不确定度可多取一位有效数字,防止过早舍入造成误差的扩大或缩小.

3. 结果表达式中的 E_N 应用取位后的绝对不确定度 u_N 和测量值 $\overline{N}$ 计算获得,使得结果表示中的数学计算前后一致.

例题 1 物像法测薄透镜焦距公式为

$$f = \frac{uv}{u+v}$$

式中,u,v 分别为物距、像距,是两个相互独立且不相关的直接测量量,试推导出焦距 f 的不确定度计算公式.

解 两边取自然对数

$$\ln f = \ln u + \ln v - \ln(u+v)$$

微分、合并同类项,将微分符号换为不确定度符号

$$\frac{u_f}{f} = \frac{1}{u}u_u + \frac{1}{v}u_v - \frac{1}{u+v}u_u - \frac{1}{u+v}u_v = \frac{v}{u(u+v)}u_u + \frac{u}{v(u+v)}u_v$$

各项平方相加、再开方:

$$\frac{u_f}{f} = \sqrt{\left[\frac{v}{u(u+v)}u_u\right]^2 + \left[\frac{u}{v(u+v)}u_v\right]^2}$$

计算绝对不确定度:

$$u_f = f \times \sqrt{\left[\frac{v}{u(u+v)}u_u\right]^2 + \left[\frac{u}{v(u+v)}u_v\right]^2}$$

例题 2 测量圆柱体的密度,直径 D 用千分尺测量,长度 L 用 50 分度的游标卡尺测量,质量 M 用 WL-1 物理天平测量,且 D 多次测量,L 和 M 各为一次测量.求待测圆柱体的密度,并完整表示测量结果.

实验数据如下

L:45.24 mm;M:10.85 g;

D:10 次测量值如下表(单位:mm),千分尺的零读数为 +0.006 mm.

6.253	6.250	6.249	6.251	6.252	6.254	6.251	6.250	6.248	6.253

解 (1)各直接测量量结果及不确定度的计算

L,M 均为一次测量,只考虑 B 类不确定度.

对于 50 分度的游标卡尺,误差限 $\Delta = 0.02$ mm,$u_L = \frac{0.02}{1.46} \approx 0.014$ mm $\approx$ 0.02 mm. 有

$$L = 45.24 \pm 0.02 \text{ mm}, \quad E_L = 0.044\%$$

对于 WL-1 物理天平,误差限 $\Delta = 0.05$ g,$u_M = \frac{0.05}{1.46} \approx 0.034$ g $\approx$ 0.04 g. 有

$$M = 10.85 \pm 0.04 \text{ g}, \quad E_M = 0.37\%$$

D 测量 10 次,修正零读数后各次测量值为

6.247	6.244	6.243	6.245	6.246	6.248	6.245	6.244	6.242	6.247

平均值为 $\bar{D}=6.245$ mm,其 A 类不确定度为

$$s_A = \sqrt{\frac{1}{10 \times 9} \sum_{i=1}^{10} (D_i - \bar{D})^2} = 0.001 \text{ mm}$$

千分尺误差限 $\Delta = 0.004$ mm, B 类不确定度 $u_B = \dfrac{0.004}{1.46} = 0.002\,7 \approx 0.003$ mm

D 不确定度为 $\qquad u_D = \sqrt{0.001^2 + 0.003^2} \approx 0.003$ mm

所以 $\qquad\qquad D = 6.245 \pm 0.003$ mm, $E_D = 0.048\%$

(2) 密度 ρ 的计算

密度的计算公式为

$$\rho = \frac{4M}{\pi D^2 L}$$

相对不确定度传递公式为

$$E_\rho = \frac{u_\rho}{\bar{\rho}} = \sqrt{\left(\frac{u_M}{M}\right)^2 + \left(2\,\frac{u_D}{D}\right)^2 + \left(\frac{u_L}{L}\right)^2}$$

将各有关量代入上两式有

$$\bar{\rho} = 7.830 \times 10^3 \text{ kg/m}^3 \quad E_\rho = 0.003\,8$$

$$u_\rho = \bar{\rho} \times E_\rho = 7.830 \times 10^3 \times 0.003\,8 = 0.029 \times 10^3 \approx 0.03 \times 10^3 \text{ kg/m}^3$$

最后结果为

$$\begin{cases} \rho = (7.83 \pm 0.03) \times 10^3 \text{ kg/m}^3 \\ E_\rho = \dfrac{0.03}{7.83} \times 100\% = 0.39\% \end{cases}$$

1.5　有效数字及其运算规则

任何一个待测量,既然其测量结果都包含有误差,该待测量的数值就不应该无限制地写下去. 因此,在测量中,必须按照下面介绍的"有效数字"的表示方法和运算规则来正确表达和计算测量结果.

1.5.1 测量结果的有效数字

1. 有效数字的定义及基本性质

任何测量仪器都存在仪器误差,在使用仪器对被测量进行测量读数时,就只能读到仪器的最小分度值,然后在最小分度值以下还可再估读一位数字.从仪器刻度读出的最小分度值的整数部分是准确的数字,称为可靠数字;而在最小分度以下估读的末位数字,一般也就是仪器误差或相应的仪器不确定度所在的那一位数字,其估读数会因人而异,通常称为可疑数字.据此定义:测量结果中所有可靠数字加上末位的可疑数字统称为测量结果的有效数字,而有效数字的个数即为该测量结果有效数字位数.

如图1-4(a)所示,用一把最小分度值为厘米的尺子测一长度 L,可得 $L=31.4$ cm.其中,"31"从尺子上可以准确读出,是准确数字,而末位的"4"则是靠实验者估计,换一个实验者可能估读为3或5,表明这一位数有一定误差.测量结果中的准确数"31"和一位估计数"4",合称为测量值的"有效数字","31.4"是三位有效数字.但是,若用最小刻度为毫米的尺子测这个长度,如图1-4(b)所示,则有 $L=31.44$ cm,有效数字就变为四位了,其中"31.4"是准确数,百分位上的"4"是估计数.

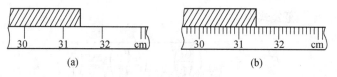

图1-4 测量值的有效数字

由上可知,有效数字具有以下基本性质:

(1) 测量结果有效数字的位数与仪器精度(最小分度值)有关,也与被测量的大小有关.直接测量结果有效数字的最后一位可反映出测量仪器的精度.

(2) 单位换算不影响有效数字位数.

$L=31.44$ cm$=314.4$ mm$=0.314\,4$ m,都是四位有效数字.采用不同单位时,小数点的位置移动而使测量值的数值大小不同,但测量值的有效数字位数不变.必须注意的是:用以表示小数点位置的"0"不是有效数字,"0"在数字中间或数字后面都是有效数字.

2. 有效数字与不确定度的关系

测量结果有效数字的末位是估读数字,存在不确定性.为此在前述表征测量结果时,规定结果的绝对不确定度只取一位有效数字,结果有效数字的最后一位应与绝对不确定度所在的那一位对齐.如在上节测量圆柱体的密度例题2中, $\rho=(7.83\pm0.03)\times10^3$ kg/m^3,测量值的末位"3"刚好与不确定度0.03的"3"对齐;如果写成 $\rho=(7.830\pm0.03)\times10^3$ kg/m^{3}或 $\rho=(7.83\pm0.029)\times10^3$ kg/m^{3}都是错误的.

有效数字的最后一位是不确定度所在位,而不确定度则是对有效数字中最后一位数字不确定程度的定量描述.有效数字位数多少大致反映了相对不确定度的大小,位数越多,相对不确定度越小.

3. 数值的科学表示法

由于单位的选取不同,测量值的数值有时很大或很小但有效数字位数又不多,这时数值的大小与有效数字位数就可能发生矛盾,例如2.6 A,写为2 600 mA就错了.为了解决这个矛盾,通常采用科学表示法,即用有效数字乘以10的幂指数的形式来表示,且小数点前只取一位有效数字.如2.6 A$=2.6\times10^3$ mA, 1.250 m$=1.250\times10^3$ mm$=1.250\times10^6$ μm.又如,利用迈克尔逊干涉仪测量激光波长为6 330 nm,不确定度为20 nm,这个结果写成$(6\ 330\pm20)$ nm显然是不妥的,应写成$(6.33\pm0.02)\times10^3$ nm,表示不确定度取一位,测量值有效数字为三位,测量值的最后一位与不确定度对齐.

1.5.2 有效数字的运算规则

1. 测量量的不确定度已知

当给出(或求出)不确定度时,测量结果的有效数字由不确定度来确定.由于不确定度本身只是一个估计值,不确定度有效数字只取一位,测量值的最后一位要与不确定度的有效数字位取齐.这也就是说,不确定度是解决结果有效数字问题的前提和依据.

一次直接测量结果的有效数字可以由仪器误差限或估计的不确定度来确定;多次直接测量结果(算术平均值)的有效数字,由计算得到的算术平均值的不确定度来确定;对于间接测量结果的有效数字,也是先算出结果的不确定度,再由不确定度来确定.

2. 测量量的不确定度未知

参与运算的直接测量量的不确定度未知时,可按下面的运算规则.

(1)加减运算

当几个有效数字参与加、减或加减混合运算时,所得结果在小数点后所保留的位数与诸数字中小数点后位数最少者相同.

例如 $201.2+5.65-1.514=205.3$,201.2小数点后只有一位,所以结果的有效数字小数点后保留一位.同理,$135-45.2+12.893=103$.

(2)乘、除运算

两个有效数字相乘,一般情况下,结果的有效数字位数与有效数字位数最少者相同.当两个有效数字的首位数相乘向前进位时,应再多取一位.

例如 $32.45\times1.23=39.9$, $32.45\times4.23=137.3$

当几个数字相乘时,可按上述规则逐步连乘.

两个数相除,结果的有效数字位数与有效数字位数最少者相同.

例如 $\dfrac{44.28}{3.61}=12.3$

（3）函数运算

函数的形式多种多样,有三角、对数、指数、幂函数,其运算较为复杂,一般对于各类函数,有效数字的运算规则为:自变量（直接测量量）的最后一位是存疑位（估计位）,在该位上取一个变化单位,按不确定度传递公式计算函数的变化量,函数有效数字最后一位与变化量的有效数字位对齐.

例如 $y=\sin x=\sin 45°36'$

解 x 的估计位在分上,取一个单位 $dx=1'=2.9\times 10^{-4}$ rad,

$dy=\cos 45°36'\times dx=0.000\ 2$.所以,$y$ 的最后一位应在小数点后第四位,

即 $y=\sin 45°36'=0.714\ 4$.

注意:以上运算规则是粗略的,只是对有效数位的一种估计.只有不确定度才是决定有效数字位数的严格依据.

在运算中,遇到一些物理常数和纯数学数字,如 $\sqrt{2}$,$\dfrac{1}{4}$,π,e,c 等,可以认为其有效数字是无限的,计算时一般取与各测量值位数最多的相同或多取一位,不影响最后结果的有效数字.

有效数字的概念容易理解,计算也不复杂,但往往在实验中极易出错,关键是对其重视不够.必须在每个实验中坚持正确的有效数字记录和运算,养成良好的习惯.

1.6 实验数据处理的常用方法

数据处理是从测量的数据到得出所需结果的整个过程.要想从实验数据中得到科学的、达到一定准确度要求的实验结果,必须对数据进行科学的分析和处理.所以数据处理方法是实验方法不可分割的一部分.

不同的测量对象,不同的函数关系,不同的测量目的,所采用的数据处理方法不同.在物理实验中,常用的数据处理方法有列表法、作图法、逐差法、线性回归法等.

1.6.1 列表法

直接测量量的数据是从仪器上读到的,没有经过任何数学处理,是实验的宝贵资料,是获得实验结果的依据.所以全面、正确、完整地记录原始数据是获得实验成功的保证.

在记录数据时,把数据列成表格形式,既可以简单而明确地表示出有关物理量之间的对应关系,便于分析和发现数据的规律性,也有助于检验和发现实验中的问题.

列表的具体要求如下:

1. 一般表的上方应有表的编号名称,标明是什么数据表.

2. 简单明了,设计合理,易于看出有关量之间的关系,便于数据处理.

3. 要标清表中各符号代表的物理意义,并在符号后写明单位.单位及数据的量级写在标题栏内,不要重复记在数据的后面.

4. 记录的数据必须正确反映测量结果的有效数字.

例如,测量非线性电阻的伏安特性数据表格如表 1-2 所示.

表 1-2   非线性电阻伏安特性数据

序号 / 项目	1	2	3	4	5	6	7	8
U/V								
I/mA								

1.6.2 作图法

作图法是将两列数据之间的关系或其变化情况用图线直观地表示出来,是科学实验中最常用的数据处理方法.

1. 作图法的作用和优点

(1) 形象直观地反映物理量之间的规律和关系,特别在函数形式未知的情况下,其优点更突出.

(2) 不必知道函数关系,可以直接由图线求斜率、截距、微分(切线)、积分(面积)、极值,或采用内插、外推、渐近线等方法求出某些物理量的数值.

(3) 描绘光滑曲线有平均效果,可以减小随机误差,并能帮助发现和分析系统误差.

(4) 根据图线上物理量之间的变化趋势,帮助建立经验公式.

2. 作图方法与规则

(1) 选用合适的坐标纸.作图必须用坐标纸.根据需要选择合适的坐标纸,一般常用的坐标纸有直角坐标纸、单对数坐标纸、双对数坐标纸、极坐标纸等.

(2) 坐标轴的比例和标度.选取坐标纸的大小、坐标轴比例和标度时,应根据测量数据的有效数字位数及测量结果的需要来确定.原则上,数据中的可靠数字在图中也是可靠的;数据中有误差的一位(有效数字的最后一位),即不确定度所在位,在图上也应是估计的,即坐标纸的最小格代表测量值中可靠数字的最后一位,而估计值在两最小格值之间.这样,可以避免因标度不当带来的精度的夸大或减小.

作图时,一般以横轴代表自变量,纵轴代表因变量.轴线的末端加箭头,并标明所代表的物理量的名称(或符号)和单位.

按简单和便于读数的原则选择图上的读数与测量值之间的比例,一般选用 1∶1, 1∶2,1∶5,2∶1 等.用选好的比例,在轴上等间距地、按图上所能读出的有效数字位数表示分度(坐标轴所代表的物理量数值).

为使图线布局合理、对称地充满整个图纸,而不是缩在一角或偏在一边,应当合理选取比例.此外,纵轴和横轴的比例不一定相同,坐标轴的起点也不一定从零开始.

(3) 标点与连线.实验数据点一般用符号+、×、。、△等在坐标纸上明确标出,一条图线用一种符号,几条不同的图线画在同一张坐标纸时,用不同的符号以示区别.

连线(拟合图线)一定要用直尺或曲线尺等作图工具,根据不同情况把数据点连成光滑的直线或曲线.由于测量存在误差,所作直线或曲线并不一定要通过所有的点,而是要求数据点均匀地分布在所作直线、曲线两旁.这相当于在数据处理中取平均值.若有个别点偏离过大,应仔细分析后决定取舍.连线要细而清晰,连线过粗会造成因作图带来的附加误差.

(4) 标明图线名称.作完图后,一定要在横轴的下方标明图线的名称,并注明获得图线的实验条件(如温度、压强等).

在用作图法处理数据时,为使所画图线能真实地反映测量值之间的关系,实验时应根据图线的大致形状合理选取测量点.若是直线,自变量可以等间距变化;若是曲线,则斜率变化大的地方测量点应取得密一些,否则所作曲线会"失真".

3. **图解法**

图解法就是从图线上求出待测量或得出经验方程的方法.物理实验中常从直线上求斜率和截距,或内插、外推求某些实验无法测得的物理量.

(1) 求斜率和截距.在所拟合的直线上选取两点 $A(x_1, y_1)$,$B(x_2, y_2)$,A,B 两点应相距远一点(对称占据整个图线的 $\frac{2}{3}$),决不能选数据点(实验中测量点).

设所拟合的直线方程为 $y = a + bx$,将 A,B 的坐标代入得斜率为

$$b = \frac{y_2 - y_1}{x_2 - x_1} \tag{1-17}$$

若 x 轴的起点为零,则直线与 y 轴的交点的对应值即为截距 a.当 x 轴的起点不为零时,把 A 点(或 B 点)的坐标值和式(1-17)代入直线方程有

$$a = \frac{y_1 x_2 - y_2 x_1}{x_2 - x_1} \tag{1-18}$$

当图线是非线性关系时,可以改直作图后再求值.

例如

若 $y = a + bx^2$,y 与 x^2 是线性关系,作 $y \sim x^2$ 图,可求得 a,b 值.

若 $y = a + \dfrac{b}{x}$,y 与 $\dfrac{1}{x}$ 是线性关系,作 $y \sim \dfrac{1}{x}$ 图,可求得 a,b 值.

若 $y = bx^a$,两边取自然对数有 $\ln y = \ln b + a \ln x$,$\ln y$ 与 $\ln x$ 是线性关系,作 $\ln y \sim \ln x$ 图,可求得 a,$\ln b$ 值,反对数可求出 b.

若 $y = a^x$,两边取自然对数有 $\ln y = x \ln a$,$\ln y$ 与 x 是线性关系,作 $\ln y \sim x$ 图,可求得 $\ln a$ 值,反对数可求出 a.

(2) 内插、外推. 测量的数据点是有限的, 利用内插方法可以求出两测量点之间的坐标值. 内插有非线性内插和线性内插两种, 非线性内插是直接从所拟合的曲线上找坐标值(当已知的两点距离很近时可按线性处理). 当是线性关系时, 可以进行计算, 如图 1-5 所示, 已知 $A(x_1, y_1)$, $B(x_2, y_2)$ 两点, 在 A, B 之间已知坐标 x_0, 求对应的坐标 y_0. 由图可得

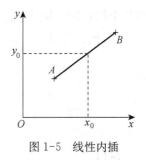

图 1-5 线性内插

$$y_0 = \frac{y_1 x_2 - y_2 x_1 + (y_2 - y_1) x_0}{x_2 - x_1}$$

例如 在温度变化范围不大时, 可以认为水的比热容与温度是线性关系, 从手册上查得 20 ℃, 30 ℃时水的比热容分别是 $4.185\,0 \times 10^3$ J/(kg·℃)和 $4.179\,5 \times 10^3$ J/(kg·℃), 则用线性内插法可求出温度是 27 ℃时比热容为 $c = 4.181\,2 \times 10^3$ J/(kg·℃).

外推是根据实验所能达到条件下测得的数据, 由作图外求出无法实现条件下的物理量. 如在比热容实验中, 可以根据温度随时间的变化图线, 作图外推求出混合时刻的温度.

例 某金属的电阻 R 随温度 t 变化的关系为 $R = R_0(1 + \alpha t)$, 其中 α 是电阻温度系数, R_0 是 0 ℃时的阻值. 实验测量数据如下, 用作图法求 R_0 和 α 值.

项目 \ 序号	1	2	3	4	5	6
t/℃	20.0	30.0	40.0	50.0	60.0	70.0
R/Ω	10.50	11.02	11.53	12.06	12.60	13.11

解 (1) 选用坐标纸. 由于作图研究的金属电阻与温度为线性关系, 选用直角坐标纸.

(2) 坐标轴的比例和标度. 由测量数据所知, 温度的变化范围是 50.0 ℃, 阻值的变化范围是 2.61 Ω. 根据作图规则, 在直角坐标纸上, 横轴应选取最小格代表 1 ℃, 纵轴应选取最小格代表 0.1 Ω. 这样, 才能保证测量数据的最后一位在作图时是估计的. 画出纵、横坐标轴及箭头, 写明物理量符号、单位, 按作图规则选择坐标轴比例, 等间距标出坐标标度. 为方便求出有关物理量, 纵轴起点可以不从零开始. 如图 1-6 所示.

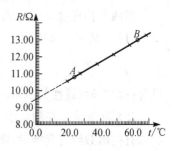

图 1-6 金属电阻与温度关系

(3) 标点与连线. 在直角坐标纸上标出各实验测量点, 拟合直线, 并注意使数据点均匀地分布在所作的直线两边. 如图 1-6 所示.

(4) 标明图线名称. 所作的图是金属电阻与温度的关系, 故名称为"金属电阻与温度的关系".

(5) 根据图线求值. 所求的物理量是 R_0, α, 由题可知直线的斜率是 αR_0, 截距是 R_0. 截距的求法有两种, 一是沿直线外推, 由图外推得 $R_0 = 9.50$ Ω; 二是由式(1-18)计算, 在

直线上取点时,为便于计算,分母最好是整数.两点取为 $A(25.0, 10.80)$, $B(65.0, 12.89)$,代入式(1-17),式(1-18),斜率和截距分别为

$$k = \alpha R_0 = \frac{12.89 - 10.80}{65.0 - 25.0} = 0.052\ 2\ \Omega/℃$$

$$R_0 = \frac{10.80 \times 65.0 - 12.89 \times 25.0}{65.0 - 25.0} = 9.49\ \Omega$$

所以有

$$\alpha = \frac{k}{R_0} = \frac{0.052\ 2}{9.49} = 5.50 \times 10^{-3}\ ℃^{-1}$$

作图法简单、明了、直观,但用绘图工具描绘曲线时,有一定的随意性,不是唯一的,所以由图所计算的数据有一定的误差.

1.6.3 逐差法(差数平均值法)

若一物理量(自变量)作等间隔改变时测得另一物理量(因变量)一系列的对应值,为了从这一组实验数据中合理地求出自变量改变所引起的因变量的改变,通常把这一组数据前后对半分成一、二两组,用第二组的第一项与第一组的第一项相减,第二项与第二项相减,……,然后取平均值求得结果,称为一次逐差法.把一次逐差值再做逐差,然后再计算结果称为二次逐差法,依次类推.

1. 逐差法使用的条件

当两个物理量 y 和 x 满足下面两个条件时,可用逐差法处理数据.

(1) y 是 x 的多项式

$$y = a_0 + a_1 x + a_2 x^2 + \cdots$$

只有一次方时(线性关系),用一次逐差;二次方时用两次逐差.

(2) 自变量 x 在测量中是等间距变化的,且有偶数组数据.

有些函数经过变换后,能满足上面两个条件,也可以用逐差法处理.如指数函数

$$y = a e^{bx}$$

两边取对数有

$$\ln y = \ln a + bx \tag{1-19}$$

$\ln y$ 与 x 是线性关系,x 等间距变化时也可用逐差法处理.

2. 逐差法处理数据的过程

在物理实验中,一般用一次逐差,即 y 与 x 是线性关系

$$y = a_0 + a_1 x$$

满足以上条件的 n 组(n 为偶数,设 $n=2m$)测量数据如下:

$$y_1 = a_0 + a_1 x,\ y_2 = a_0 + a_1(2x),\ y_3 = a_0 + a_1(3x),\ \cdots,\ y_m = a_0 + a_1(mx)$$

$$y_{m+1} = a_0 + a_1(m+1)x,\ y_{m+2} = a_0 + a_1(m+2)x,\ \cdots,\ y_n = a_0 + a_1(nx)$$

把 n 个数据按测量顺序分为前 m 个和后 m 个两组,对应项相减有

$$\delta_1 = y_{m+1} - y_1$$
$$\delta_2 = y_{m+2} - y_2$$
$$\vdots$$
$$\delta_m = y_n - y_m$$

δ_i 表示自变量 x 变化了 m 个时 y 的变化量. 由于是线性关系,从理论上讲 $\delta_1 \sim \delta_m$ 的值应是相同的,可以取平均:

$$\bar{\delta} = \frac{1}{m} \sum_{i=1}^{m} \delta_i$$

自变量改变一个 x 时 y 的变化量的平均值为

$$\bar{\delta}_y = \frac{\bar{\delta}}{m} = \frac{1}{m^2} \sum_{i=1}^{m} \delta_i \tag{1-20}$$

3. 逐差法处理数据的不确定度计算

在逐差法处理数据中,m 个 δ_i 相当于 m 次重复测量值,其平均值为 $\bar{\delta}$,不确定度的计算应从此入手.

$\bar{\delta}$ 的 A 类不确定度为

$$s_{\bar{\delta}} = \sqrt{\frac{1}{m(m-1)} \sum_{i=1}^{m} (\delta_i - \bar{\delta})^2}$$

$\bar{\delta}$ 的 B 类不确定度由所用仪器的误差限确定,若仪器误差限为 Δ,设近似服从均匀分布,其 B 类不确定度为

$$u = \frac{\Delta}{1.46}$$

δ 的不确定度为

$$u_\delta = \sqrt{s_{\bar{\delta}}^2 + u^2}$$

根据不确定度传递公式,δ_y 的不确定度为

$$u_{\delta_y} = \frac{u_\delta}{m} \tag{1-21}$$

例 在"钢丝杨氏模量的测定"实验中,金属钢丝在拉力的作用下,用光杠杆系统在望远镜中测量的伸长量数据如下. 试计算受 1 N 拉力时,在望远镜中测得的钢丝的伸长量.

项目 \ 序号	1	2	3	4	5	6	7	8
载荷(×9.8)/N	0.00	1.00	2.00	3.00	4.00	5.00	6.00	7.00
伸长量/cm	0.00	1.34	2.72	4.06	5.43	6.80	8.16	9.51

解 已知钢丝的伸长与拉力在弹性限度内是线性关系,实验中用每次加 9.8N(1kg 砝码)载荷拉伸钢丝,保证了等间距变化,所测数据是连续的 8 个,可以用逐差法处理数据,在此例中,$n=8$,$m=4$.把数据分为前 4 个和后 4 个两组,对应项相减得

L_1	L_2	L_3	L_4	$\bar{L}$/cm
5.43	5.46	5.44	5.45	5.44

$\bar{L}$ 的 A 类不确定度为

$$s_{\bar{L}} = \sqrt{\frac{1}{4(4-1)}\sum_{i=1}^{4}(L_i-\bar{L})^2} = 0.009 \text{ cm}$$

所用标尺是 mm 尺,考虑到望远镜的放大,十字叉丝很细及视差等因数,取读数的误差限 $\Delta=0.5$ mm. $\bar{L}$ 的 B 类不确定度为

$$u = \frac{\Delta}{1.46} = 0.04 \text{ cm}$$

L 的不确定度为

$$u_L = \sqrt{s_{\bar{L}}^2 + u^2} = \sqrt{0.009^2 + 0.04^2} = 0.05 \text{ cm}$$

受 1 N 拉力的伸长量平均值为

$$\bar{l} = \frac{\bar{L}}{4 \times 9.8} = 0.139 \text{ cm}$$

l 的不确定度为

$$u_l = \frac{u_L}{4 \times 9.8} = 0.002 \text{ cm}$$

所以,在望远镜中测得的钢丝受 1 N 拉力伸长量的结果表示为

$$\begin{cases} l = 0.139 \pm 0.002 \text{ cm/N} \\ E_l = \frac{0.002}{0.139} \times 100 \times \% = 1.5\% \end{cases}$$

1.6.4 最小二乘原理及线性回归法处理数据

在作图法中,对于一组测量数据,通过作图可以得到一条"最佳"曲线. 该曲线是由目

测拟合而来,不同的人去拟合,并从图线上求值,会得到不同的结果.那么有没有一种方法,不同的人拟合同一组数据,所得的结果是唯一的,同时也是最佳的?答案是肯定的.这里着重介绍在处理实验数据,特别是在曲线拟合方面得到广泛应用的一种方法——最小二乘法.因为它是一种代数方法,故用此法拟合同一组实验数据时,不管是谁,只要不发生错误,结果均相同.这是一种更为客观,结果也更为准确的方法.

1. 最小二乘原理

最小二乘原理的产生是为了解决从一组测量数据中寻求最可信赖值的问题.

最小二乘原理表述为:有一组等精度测量数据,由这些数据所得的最佳值应为使各测量数据与最佳值的差的平方和为最小.

设一组测量数据为:$x_1,x_2,x_3,\cdots,x_n$.若x_0是该组数据的最佳值,则x_0应满足

$$\sum_{i=1}^{n}(x_i-x_0)^2 = 最小$$

对$\sum_{i=1}^{n}(x_i-x_0)^2$求$x_0$的一阶和二阶导数有

一阶导数 $\quad \sum_{i=1}^{n}2(x_0-x_i)=2\sum_{i=1}^{n}(x_0-x_i)$

二阶导数 $\quad \sum_{i=1}^{n}2=2n>0$

令一阶导数等于零,可得

$$x_0=\frac{1}{n}\sum_{i=1}^{n}x_i=\bar{x} \tag{1-22}$$

即最佳值就是算术平均值.这一结果与前面的结论是一致的.

2. 线性回归

回归法的作用有两个

(1)由测量的一系列数据拟合直线或曲线,求经验方程.

(2)在已知函数关系的情况下,可以由测量数据求出函数中的参数.

若是一元线性函数,则称为一元线性回归.

设自变量x和因变量y的一组测量数据为

$$x_1,x_2,x_3,\cdots,x_n$$
$$y_1,y_2,y_3,\cdots,y_n$$

若y与x是线性关系,设其最佳直线方程为

$$y=a_0+a_1x \tag{1-23}$$

只要参数a_0和a_1确定,则函数关系确定.当然,只有a_0,a_1是由测量数据确定的最佳参数,式(1-23)才是拟合的最佳直线方程.若实验没有误差,把(x_1,y_1),(x_2,y_2),$\cdots$代入

式(1-23)时，方程的两边应该相等．但测量总有误差，设 x 的误差与 y 的误差相比可以忽略，把 x_i 代入式(1-23)，所求的 y_i' 与测量值 y_i 之间总有误差(图 1-7)．

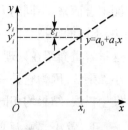

图 1-7　最小二乘法

令这一误差为 ε_i，即有

$$y_1 - y_1' = y_1 - a_0 - a_1 x_1 = \varepsilon_1$$
$$y_2 - y_2' = y_2 - a_0 - a_1 x_2 = \varepsilon_2$$
$$\vdots$$
$$y_n - y_n' = y_n - a_0 - a_1 x_n = \varepsilon_n$$

根据最小二乘原理，最佳值应使误差的平方和为最小．令

$$E = \sum_{i=1}^{n} \varepsilon_i^2 = \sum_{i=1}^{n} (y_i - a_0 - a_1 x_i)^2 \tag{1-24}$$

使式(1-24)取最小值的 a_0，a_1 就是最佳值．

将式(1-24)对 a_0，a_1 求偏导数，得

$$\frac{\partial E}{\partial a_0} = -2 \sum_{i=1}^{n} (y_i - a_0 - a_1 x_i)$$

$$\frac{\partial E}{\partial a_1} = -2 \sum_{i=1}^{n} (y_i - a_0 - a_1 x_i) x_i$$

且 E 对 a_0，a_1 的二阶导数均大于零．令上式等于零，有

$$\begin{cases} \sum_{i=1}^{n} y_i - n a_0 - a_1 \sum_{i=1}^{n} x_i = 0 \\ \sum_{i=1}^{n} y_i x_i - a_0 \sum_{i=1}^{n} x_i - a_1 \sum_{i=1}^{n} x_i^2 = 0 \end{cases} \tag{1-25}$$

给上式两边均除以 n，且令

$$\bar{x} = \frac{1}{n} \sum_{i=1}^{n} x_i \quad x \text{ 的平均值}$$

$$\bar{y} = \frac{1}{n} \sum_{i=1}^{n} y_i \quad y \text{ 的平均值}$$

$$\overline{x^2} = \frac{1}{n} \sum_{i=1}^{n} x_i^2 \quad x^2 \text{ 的平均值}$$

$$\overline{xy} = \frac{1}{n} \sum_{i=1}^{n} x_i y_i \quad xy \text{ 的平均值}$$

将上面四式代入式(1-25)，有

$$\bar{y} - a_0 - a_1 \bar{x} = 0$$

$$\overline{xy} - a_0 \bar{x} - a_1 \overline{x^2} = 0$$

解方程组得

$$\begin{cases} a_1 = \dfrac{\overline{x}\,\overline{y} - \overline{xy}}{\overline{x}^2 - \overline{x^2}} \\[3mm] a_0 = \overline{y} - a_1 \overline{x} \end{cases} \qquad (1\text{-}26)$$

由式(1-26)计算的斜率 a_1 和截距 a_0 就是最佳参量,代入式(1-23)就是最佳拟合直线.

3. 非线性函数的线性回归

在作图法中已经介绍,对于一些非线性函数,适当做变量替换,即可化为线性关系,按线性回归处理. 如指数函数 $y = ae^{bx}$,两边取对数有

$$\ln y = \ln a + bx$$

$\ln y$ 与 x 是线性关系. 用线性回归即可求出 $\ln a$ 和 b,反对数即可求出 a.

4. 相关系数

用回归法处理同一组实验数据,不同的人可能取不同的函数形式,从而得出不同的结果. 从式(1-26)可知,只要有一组数据,即就是非线性关系,同样能求出 a_0,a_1,这显然是不合理的. 为了判断所选函数是否合理,在待定常数确定后,还须计算相关系数 γ. 一元线性回归的 γ 值为

$$\gamma = \frac{\overline{xy} - \overline{x}\,\overline{y}}{\sqrt{(\overline{x^2} - \overline{x}^2)(\overline{y^2} - \overline{y}^2)}} \qquad (1\text{-}27)$$

可以证明 $|\gamma| \leqslant 1$,$\gamma > 0$ 为正相关,说明一个物理量随另一个的增大而增大,$\gamma = 1$ 称为完全正相关;$\gamma < 0$ 为负相关,说明一个物理量随另一个的增大而减小,$\gamma = -1$ 是完全负相关. $\gamma = 0$ 说明两个物理量无关. γ 的绝对值越接近 1,表明实验数据越接近所求的直线,用线性回归较合理;γ 的绝对值远小于 1,表明实验数据相对于求得的直线非常离散.

习　题

1. 解释下列名词

(1)测量;(2)直接测量;(3)间接测量;(4)等精度测量;(5)非等精度测量;(6)误差;(7)随机误差;(8)系统误差;(9)粗差;(10)极限误差;(11)不确定度.

2. 举例说明系统误差产生的原因以及消除或修正的方法.

3. 根据测量不确定度和有效数字的概念,改正以下测量结果表达式,写出正确答案.

(1) $U = 1.515 \pm 0.03$ (V);

(2) $L = 31.44 \pm 0.500$ (mm);

(3) $m = 56\,780 \pm 100$ (kg);

(4) $R = 25\,836.9 \pm 6 \times 10$ (Ω);

(5) $U = 6.653 \times 10^4 \pm 0.053 \times 10^3$ (mV);

(6) $D = 20.661 \pm 0.6 (\text{mm})$.

4. 推导下面函数的不确定度传递公式.

(1) $g = 4\pi^2 \dfrac{L}{T^2}$;　　　　　　　　　　　　(2) $N = \dfrac{x-y}{x+y}$;

(3) $f = \dfrac{L^2 - d^2}{4L}$;　　　　　　　　　　　　(4) $n = \dfrac{\sin i}{\sin r}$.

5. 计算下列各式的值和不确定度, 并完整表示结果.

(1) $N = A + B - \dfrac{1}{3}C$, 式中: $A = 0.5768 \pm 0.0002 \text{ cm}$, $B = 85.07 \pm 0.02 \text{ cm}$, $C = 3.247 \pm 0.002 \text{ cm}$.

(2) 已知 $V = (1.000 \pm 0.001) \times 10^3$, 求 $N = \dfrac{1}{V}$.

(3) $g = 4\pi^2 \dfrac{L}{T^2}$, 式中: $L = 101.00 \pm 0.05 \text{ cm}$, $T = 2.01 \pm 0.01 \text{ s}$.

6. 下面是用千分尺测量钢球直径的一组数据

序　数	1	2	3	4	5	6	7	8	9	10
D/mm	5.499	5.498	5.501	5.500	5.502	5.502	5.500	5.497	5.503	5.498

要求:

(1) 求出直径的完整结果表示.

(2) 求出钢球体积的完整结果表示.

7. 测量弹簧劲度系数时, 伸长量与所加砝码的数据如下.

序数 项目	1	2	3	4	5	6	7
砝码/g	0.0	10.0	20.0	30.0	40.0	50.0	60.0
伸长量/cm	0.00	1.15	2.31	3.43	4.63	5.75	6.92

要求:

(1) 用作图法求劲度系数;

(2) 用逐差法求劲度系数, 完整表示结果;

(3) 用线性回归法求劲度系数, 并计算相关系数.

第2章 预科实验

2.1 固体密度的测量

密度是反映物质特性的物理量,用来表征物质的成分及其组成.每种物质都具有确定的密度,密度与物质的纯度有关,工业上常通过对物质密度的测定来做成分分析和纯度鉴定.本实验利用游标卡尺、螺旋测微器、天平等基本测量仪器对规则物体的密度进行测量.

2.1.1 实验目的

1. 学习游标卡尺和螺旋测微器的测量原理与使用方法;
2. 学习测量规则固体的密度;
3. 学习如何记录测量数据、处理数据及用不确定度表示测量结果.

2.1.2 实验原理

物体的密度是单位体积中所含物质的量.若物体的质量为 m、体积为 V、密度为 ρ,则根据密度定义有

$$\rho = \frac{m}{V} \tag{2-1}$$

可见,只要测知物体的质量和体积,就可以确定其密度.

当待测物体是规则的空心圆柱体时,设其质量为 m、外径为 D、内径为 d、高度为 h,则空心圆柱体的密度公式为

$$\rho = \frac{4m}{\pi(D^2 - d^2)h} \tag{2-2}$$

当待测物体是规则的球形时,假设其质量为 m、直径为 d,则球形物体的密度公式为

$$\rho = \frac{6m}{\pi d^3} \tag{2-3}$$

2.1.3 实验仪器

游标卡尺,螺旋测微器,电子天平,待测空心圆柱体,待测小钢球.

1. 游标卡尺

一般米尺的分度值为 1 mm,即一个小分格的长度是 1 mm. 用米尺测量长度时,毫米以下的读数要靠目测估计. 为了提高测量精度,就在米尺上再附加一个可以滑动的游标,这就构成了游标卡尺.

游标卡尺主要由两部分构成,如图 2-1 所示,一部分是与量爪 A, A' 相连的主尺 D,另一部分是与量爪 B, B' 及深度尺 C 相连的游标 E,游标可紧贴着主尺滑动. 量爪 A, B 用来测量厚度和外径,量爪 A', B' 用来测量内径,深度尺 C 用来测量筒的深度,它们的读数值都是由游标的"0"线与主尺的"0"线之间的距离表示出来的,F 为固定螺钉.

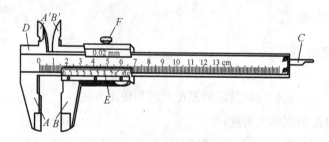

图 2-1　游标卡尺

游标卡尺是利用主尺的单位刻度与游标的单位刻度之间固定的微量差值来提高测量精度的,其在构造上的特点是:游标上 n 个分度格的总长度与主尺上 $(n-1)$ 个分度格的长度相同. 若主尺上一个分格的长度为 a,游标上一个分格的长度为 b,则有

$$nb = (n-1)a$$

那么主尺与游标上每个分格的差值,即游标尺上可以精确读出的最小数值或游标尺的分度值是

$$\delta = a - b = a - \frac{n-1}{n}a = \frac{1}{n}a$$

常用的游标是五十分度游标($n=50$),即游标上 50 格与主尺上 49 mm 等长,它的分度值为 $\delta = a - b = \dfrac{a}{n} = \dfrac{1}{50} = 0.02$ mm.

当游标上第一条刻线与主尺刻线重合时,就可读出 0.02 mm;当游标上第二条刻线与主尺刻线重合时,就可读出 0.04 mm;依次类推.举例来说,当游标上第十八条刻线与主尺重合时,即可直接读出 0.36 mm.图 2-2 所示 50 分度游标刻有 0,1,2,3,…,9,10 等数字,就是为了便于读数.比如,读数时,当判定游标上数字 6 右边第三条刻线与主尺刻线重合,即可直接读出 0.66 mm,而不必数它是游标上的第多少条刻线,然后再读出 0.66 mm.

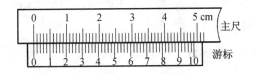

图 2-2　游标卡尺刻度关系

使用游标卡尺时,可一手拿物体,另一手持尺,轻轻把物体卡住即可,如图 2-3 所示.要特别注意保护量爪不被磨损.读数时,毫米以上的读数要从游标"0"刻线在主尺上的位置读出,毫米以下的数由游标读出,即:先从游标卡尺"0"刻线在主尺的位置读出毫米的整数位,再从游标上读出毫米的小数位.如图 2-4,从游标卡尺"0"刻线在主尺上读出 21 mm,游标上数字 6 右边第一条刻线与主尺刻线重合,读出 0.62 mm,合计读数 21.62 mm.

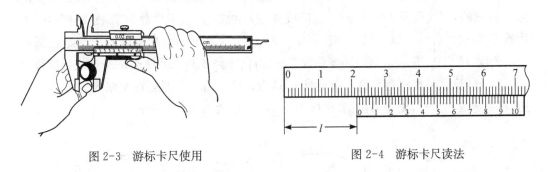

图 2-3　游标卡尺使用　　　　　　图 2-4　游标卡尺读法

游标卡尺的读数误差:用游标卡尺测量结果的读数,根据游标上某一条刻线与主尺刻线重合而定,因而这种读数方法产生的误差由游标刻线与主尺刻线二者接近的程度决定,而两者的不重合度又总小于 $\frac{\delta}{2}$,所以游标的读数误差不会超过 $\frac{\delta}{2}$.例如,五十分度游标 $\delta=0.02$ mm,测量结果所记录的最小值是 0.02 mm.图 2-4 中读数的数据是 21.62 mm,也可能是 21.60 mm,但不是 21.61 mm.因为读数时,要么判定游标数字 6 后的第一条刻线与主尺刻线重合,要么判定游标数字 6 刻线与主尺刻线重合,一般难以再做细微的分辨,所以不取 21.61 mm 这个读数.

游标卡尺的零点校准:在用游标卡尺测量之前,应先把量爪 A,B 合拢,检查游标的"0"刻线是否与主尺的"0"刻线重合.如不重合,应记下零点读数,用它对测量结果加以修正,即待测量 $l=l_1-l_0$,l_1 为未作零点校准的读数值,l_0 为零点读数.l_0 可以正,也可以负.

2. **螺旋测微器(千分尺)**

螺旋测微器是比游标卡尺更精密的长度测量仪器,常用的螺旋测微器量程是

25 mm,分度值 0.01 mm,可估读到 $\dfrac{1}{1\,000}$ mm,故又名千分尺.

螺旋测微器的构造如图 2-5 所示.主要部分是一个测微螺杆,螺距是 0.5 mm,也就是说,当螺杆在螺母中旋一周时,螺杆沿轴线方向移动 0.5 mm.螺杆与螺旋柄相连,在柄上有沿圆周的刻度,共 50 分格,显然,螺旋柄上圆周的刻度走过一分格时,螺杆沿轴线移动 0.01 mm.这就是所谓机械放大原理.

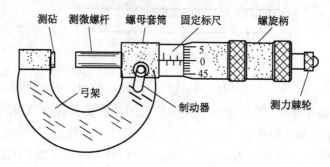

图 2-5　螺旋测微器

螺旋测微器的读数:在图 2-6 中,若螺旋柄的圆周分度读数准线 C(圆周边线)与固定标尺 D 线的"0"线重合且圆周分度的"0"线也与 D 线重合,表示读数为零.图 2-6(a) 中的读数可以这样读出,先以 C 线为准读固定标尺,读出 5.5 mm;然后再以 D 线为准读圆周上的刻度,读出 0.15 mm;最后还要估计下一位,估读为 2,即 0.002 mm;于是最后读数为 5.652 mm.读数时要注意半毫米指示线 E,读数时要看清 C 线是处在半毫米线 E 的哪一边,再判定读多少,否则容易出错.比如图 2-6(b),读数为 5.152 mm.

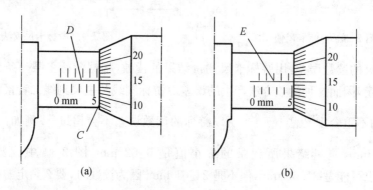

图 2-6　螺旋测微器读数

使用注意事项:

(1) 校准零点.转动螺旋柄推进螺杆使螺杆端面与测砧贴住,再轻轻转动测力棘轮听到发出"喀喀"的声音即可读数.如圆周上的"0"线没有正指着 D 线"0"线,即零点不重合,则需修正零点,顺刻度为正值,反之为负值.比如,D 线指在圆周"3"刻线上,则其零读数为 0.030 mm;又如,D 线距圆周"0线"尚差 3 个分度,零读数为 -0.030 mm.

（2）将待测物放在测砧和测微螺杆之间，转动螺旋柄使三者接触，然后轻轻转动测力棘轮，直到棘轮发出"喀喀"响声后，便可读数. 待测物实际数值为该读数与零读数之差.

通常，校准零点和测量读数时，测力棘轮发出"喀喀"响声一致，说明测砧和测微螺杆之间夹紧程度相同.

（3）制动器是用来锁紧螺杆的，使用时应放松，不得在锁紧的情况下转动螺旋柄.

（4）用完后，应使测微螺杆与测砧间留有空隙，以免热膨胀损坏测微螺杆上的精密螺纹.

3. 电子天平

实验中称量质量采用电子天平，其主要部件是荷重传感器、电子线路和数字显示器等，最大称量 1 000 g，最小分度值为 0.01 g，允差±0.02 g，稳定时间为 3 s.

电子天平的操作规则如下：

（1）天平的负载量不得超过其最大称量.

（2）天平开机后应有一定的预热时间(10 min 左右).

（3）称量时，天平应放置水平台面上，并要防止台面震动.

（4）为确保天平称量正确，使用前应进行校准，并每隔一定时间(2 h 左右)校准一次.

（5）称量时，将待测物置于秤盘中央.

2.1.4　实验内容与方法

1. 空心圆柱体密度的测量

（1）用电子天平一次称量空心圆柱体质量 m. 电子天平误差限 $\Delta=0.01$ g.

（2）用游标卡尺测量空心圆柱体的外径 D、内径 d 及高度 h，在不同方位测量 5 次，列表记录测量数据，计算出各量的平均值和其不确定度.

（3）将各有关量的平均值代入式(2-2)，计算空心圆柱体密度的最佳值.

（4）由式(2-2)推导出空心圆柱体密度的不确定度计算公式，计算密度最佳值的不确定度，完整表示测量结果.

2. 小钢球密度的测量

（1）用电子天平一次称量 10 个小钢球质量 $10m$，将 $10m$ 当做一个整体，计算出其不确定度. 这种测量方法称为累积放大法，利用这种方法可增加待测量有效数字位数，减小测量值的相对误差. 电子天平误差限 $\Delta=0.01$ g.

（2）用螺旋测微器测量 10 个小钢球直径 d，取平均值作为小钢球直径并计算出该值的不确定度. 这就相当于一个小球在不同方向、不同部位 10 次测量，从而减小系统误差对测量结果的影响.

（3）将各有关量的平均值代入式(2-3)，计算小钢球密度的最佳值.

（4）由式(2-3)推导出小钢球密度的不确定度计算公式，计算小钢球密度最佳值的不确定度,完整表示测量结果.

2.1.5 原始数据记录及处理

1. 空心圆柱体密度的测量(表 2-1)

表 2-1　　　　　　　　　　　　　测量空心圆柱体数据记录

项目 ＼ 次数				
m/g				
零读数/mm				
测量 D 读数/mm				
测量 d 读数/mm				
测量 h 读数/mm				
D/mm				
d/mm				
h/mm				

质量 m　　　　　　　　　　　　　　不确定度

外径 D 平均值　　　　　　　　　　　不确定度

内径 d 平均值　　　　　　　　　　　不确定度

高度 h 平均值　　　　　　　　　　　不确定度

密度不确定度传递公式

空心圆柱体密度最佳值 ρ

密度 ρ 相对不确定度

密度 ρ 不确定度

结果表示

2. 小钢球密度的测量(表 2-2)

表 2-2　　　　　　　　　　　　　测量小钢球数据记录

项目 ＼ 次数						
$10m$/g						
零读数/mm						
测量 d 读数/mm						
d/mm						

小钢球质量 10m 不确定度

小钢球直径平均值

直径不确定度

小钢球密度不确定度传递公式

小钢球密度最佳值

小球密度相对不确定度

小球密度不确定度

结果表示

2.1.6 分析与思考

1. 预习思考题

(1) 比较一下游标卡尺和螺旋测微器,二者的读数方法有什么不同?

(2) 使用螺旋测微器夹紧待测物体时,为什么要轻轻转动测力棘轮,而不允许直接拧转螺旋柄?

2. 实验思考题

(1) 对空心圆柱体的直径、高度等量的测量,为什么要在不同的方位进行多次测量?

(2) 某螺旋测微器的公差为 0.005 mm(即仪器在正常条件下使用时,读数与准确值的允许偏差值为 0.005 mm),如果把测量读数估计到 0.001 mm 有没有意义?

2.2 测定冰的熔解热

在一定的压强下,晶体熔化时的温度称为该晶体在此压强下的熔点. 在熔点温度下, 物质的固态和液态可以平衡共存. 单位质量的晶体物质在熔点时从固态全部变成液态所需要的热量叫做该晶体物质的熔解热. 本实验利用混合量热法测量冰的熔解热.

2.2.1 实验目的

1. 进行热学实验的基本训练;
2. 掌握用混合量热法测定冰的熔解热;
3. 学习合理地选择系统参量和进行实验安排,学会粗略修正散热的方法.

2.2.2 实验原理

混合量热法的基本思想是把 θ_a 温度的已知热容量的系统 A 和一个 θ_b 温度的待测系统 B 混合起来,并设法使它们形成一个与外界没有热量交换的孤立系统 $S(S=A+B)$. 当混合系统达到平衡(温度为 θ)时,A(或 B)所放出的热量等于 B(或 A)所吸收的热量,即

$$Q_{放} = Q_{吸} \tag{2-4}$$

这样,A,B 两系统在混合过程中所交换的热量,可由已知热容量的 A 系统的温度改变 $\Delta\theta=\theta_a-\theta$ 和热容量 c_a,按 $Q=c_a\times\Delta\theta$ 计算出来.

为了使实验系统成为一个孤立系统,采用了图 2-8 所示量热器,在其内筒中放温水、测温探头、搅拌器等,组成平衡温度为 θ_a 的 A 系统;以温度为 $\theta_b(\theta_b<\theta_a)$ 的待测物冰(设在实验室环境下其熔点为 θ_{b0})组成 B 系统. 在 t 时刻将 A,B 系统混合,即将待测物冰倒入量热器内筒,使冰与水混合. 若混合后系统($A+B$)的平衡温度为 θ;待测物冰的质量为 m_0,比热容为 c_0,冰的熔解热为 L;量热器内筒、搅拌器的质量分别为 m_1,m_2,比热容为 c_1,c_2;温水质量为 m_3,水的比热容为 c_3;测温探头浸入水中部分的热容量为 c_m. 则根据热平衡方程(2-4)有

$$(m_1c_1 + m_2c_2 + m_3c_3 + c_m)(\theta_a - \theta) = m_0c_0(\theta_{b0} - \theta_b) + m_0L + m_0c_3(\theta - \theta_{b0})$$

$$\tag{2-5}$$

上式等号左边表示 A 系统中水、量热器内筒、搅拌器和测温探头由平衡温度 θ_a 降到平衡温度 θ 过程中所放出的热量;等号右边表示 B 系统冰从固态熔化为水达到热平衡温

度 θ 整个过程所吸收的热量.

由于冰的熔点 θ_{b0} 近似为 0 ℃,而实验用的待测物冰已在室温环境下放置一段时间,其温度 θ_b 也为 0 ℃.此外,测温探头浸入水中部分的热容量 c_m 计算复杂且其参与热交换的热量与其他量相比极其微小,可忽略.这样,式(2-5)可简化为

$$(m_1c_1 + m_2c_2 + m_3c_3)(\theta_a - \theta) = m_0c_3\theta + m_0L$$

所以,待测物冰的熔解热为

$$L = \frac{(m_1c_1 + m_2c_2 + m_3c_3)(\theta_a - \theta) - m_0c_3\theta}{m_0} \tag{2-6}$$

量热器内筒、搅拌器的材质为铝(或铜),其比热容为 $c_1 = c_2 = 0.905 \times 10^3$ J/(kg·℃) [或 $0.385\ 4 \times 10^3$ J/(kg·℃)];水的比热容 $c_3 = 4.182 \times 10^3$ J/(kg·℃);各有关量的质量 m_1,m_2,m_3,m_0 等可用天平称量.这样,只需测量确定有关系统在混合时刻的温度 θ_a,θ,利用式(2-6)就可求知冰的熔解热.

用混合法测冰的熔解热,必须保证实验系统是一个孤立系统,即系统与外界没有任何热交换.实际上,在混合过程中系统要与外界交换热量,使混合时的系统温度 θ_a,θ_b 无法确定;由于量热器不可能与外界完全没有热交换,所以混合后的系统也不是一个理想的孤立系统.为了尽量减小影响,实验时可以采取以下措施:

(1) A,B 系统的初始温度与外界温度之差不要超过 15 ℃.这样,由牛顿冷却定律知,其温度与时间变化关系近似为线性.

(2) A,B 系统的初温分别处于外界温度两侧,通过适当选择各参量使混合后平衡系统($A+B$)的温度与外界温度基本相同,以期部分抵消系统与外界之间的热交换.

注意:要做到混合系统平衡温度接近外界温度,一次实验往往达不到.需要经过多次实验,结合具体情况,恰当选取有关系统参量(质量、温度).

(3) 用作图外推法对散热作修正,即通过作图用外推方法得到混合时刻 A 系统、B 系统的温度 θ_a,θ_b 及混合后的实验系统($A+B$ 系统)的温度 θ.图 2-7 是系统温度随时间的变化曲线,图中 HJ,AB 分别表示 A 系统、B 系统(0 ℃的待测物冰,温度恒定)在混合前温度随时间的变化曲线;JC 表示待测物冰投入量热器热水中以后,系统混合过程的温度随时间的变化曲线;CD 表示混合后的($A+B$)系统达到热平衡后的温度随时间的变化曲线.

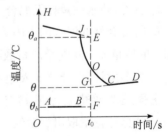

图 2-7 系统温度随时间变化曲线

如果把图中 HJ 向后延长,CD 向前延长,然后垂直于时间轴作一条直线,使它与曲线 JC 所围成的面积 JOE,GOC 大小相等.相对于 O 点而言,面积 JOE,GOC 分别代表系统散热、吸热的大小,面积相等,散热、吸热相等.如此,图 2-7 中的 JOC 过程可等效为 JE,EG 和 GC 三段过程,其中 JE,GC 表示系统向外界散热、吸热导致温度的变化;而 EG 表示系

统混合引起的温度变化,由于混合过程不需要时间,因此系统与外界没有热交换. 这样,E 点、F 点和 G 点所对应的温度 θ_a,θ_b,θ 即为各系统混合时刻的温度.

2.2.3　实验仪器

量热器,电子测温仪,电子天平,量杯,冷水,热水,待测物冰等.

反映物质热学性质的物理量,往往是利用待测系统与已知系统之间的热量交换及温度变化之间的关系来测量的. 为了测量实验系统内部的热交换,要求实验系统为一个"孤立系统",即与外界没有热交换. 量热器(图 2-8)就是为此目的设计的一种最简单的"孤立系统". 它是由热的良导体做成的内筒放在一个较大的外筒中,内外筒之间有一空气层隔开,内筒置于绝热架上,并在外筒上加一绝热盖. 因此,内外筒之间的热传导、系统与外界的空气对流都很小. 同时,内筒外壁和外筒内壁都电镀得很光亮,使得它们发射或吸收辐射热的本领变小,这就使实验系统与外界间因辐射产生的热交换也大大减少. 所以,量热器可使实验系统粗略地成为一个孤立的热学系统.

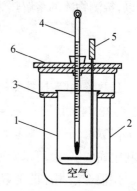

1—内筒；2—外筒；3—绝热架；4—温度计；5—搅拌器；6—绝热盖

图 2-8　量热器

2.2.4　实验内容与方法

由量热器的内筒、温水、搅拌器构成 A 系统,0 ℃的待测物冰构成 B 系统.

1. 调节天平使其达到使用状态；称量内筒、搅拌器的质量 m_1,m_2.

2. 将冷、热水在量杯里混合,使水温为室温＋10 ℃左右.

3. 将混合好的温水倒入内筒中,容积约为内筒容积的一半. 用天平称量出内筒、搅拌器和水的质量 m_A,从这个质量数减去 m_1,m_2 就是水的质量 m_3.

4. 将温度计、搅拌器插入绝热盖,盖好绝热盖,由内筒、温水、搅拌器组成 A 系统.

注意:盖好绝热盖后,要检查一下温度计浸入内筒水中的深浅是否合适.

5. 从盛冰盒中取出少量的冰(约为 15 g),放置在室温环境下,组成 B 系统.

6. 温水倒入内筒中时会与内筒、搅拌器发生热交换. 当热交换完成后,开始记录 A 系统相应的温度与时间的关系,每隔 20 s 记录一个点,至少 6 个点.

7. 将待测物冰(B 系统)上的水擦干,揭开绝热盖将 B 系统倒入内筒与 A 系统混合,然后立即盖上绝热盖,每隔 5 s 一个点记录系统混合过程的温度与时间关系.

8. 当混合系统($A＋B$)达到热平衡后,每隔 20 s 记录混合系统($A＋B$)温度与时间的关系(至少 6 个点).

注意:记录系统温度与时间关系的整个测量过程中,要轻轻搅动搅拌器,使量热器内筒各处温度均匀.

9. 将量热器内筒取出,称量混合系统($A+B$)的质量 $m_{(A+B)}$. 这个质量数减去 m_1, m_2, m_3, 就是待测物冰的质量 m_0.

10. 在坐标纸上作出 A 系统、系统混合过程、混合系统($A+B$)的温度与时间关系图线,确定出混合时刻 A 系统、混合系统($A+B$)的温度值 θ_a, θ, 代入公式(2-6)计算出冰的熔解热,并与参考值($L_{\text{参}}=332.9\times10^3$ J/kg)相比较,计算实验测量值与参考值的百分误差.

注意: 实验结束应将量热器中的水倒掉,并擦干内筒、搅拌器等.

2.2.5 原始数据记录及处理

1. 称量质量(表 2-3)

表 2-3　　　　　　　　　　　　系统各有关质量称量数据记录

m_1/g	m_2/g	m_A/g	m_3/g	$m_{(A+B)}$/g	m_0/g

2. 测量系统温度与时间关系(表 2-4—表 2-6)

表 2-4　　　　　　　　　混合前 A 系统温度与时间关系数据记录

时间 t/s					
温度 θ/℃					

表 2-5　　　　　　　　　系统混合过程温度与时间关系数据记录

时间 t/s					
温度 θ/℃					

表 2-6　　　　　　　　　混合后 $A+B$ 系统温度与时间关系数据记录

时间 t/s					
温度 θ/℃					

混合时刻各系统温度　　$\theta_a=$　　℃；　$\theta_b=$　　℃；　$\theta=$　　℃
冰的熔解热　　　　　　$L=$　　　　　J/kg
实验测量值与参考值相对百分误差

$$E=\frac{|L_{\text{参}}-L|}{L_{\text{参}}}\times100\%=$$

2.2.6 分析与思考

1. 预习思考题

（1）本实验中的"热学系统"是由哪些部分组成的？

（2）用混合量热法必须保证什么实验条件？在本实验中又是如何从仪器安排、实验安排和操作等各方面来保证的？

2. 实验思考题

（1）根据本实验装置及操作的具体情况，分析误差产生的主要因素有哪些？

（2）在本实验中，A，B系统的组成另外还有哪几种方式？测量公式分别是什么？分析它们各自的优缺点？

2.3 示波器的原理与使用

示波器能够显示电信号的波形,一切可以转化为电压的电学量和非电学量及它们随时间的变化过程都可以用示波器来观测.示波器是一种重要的电子测量仪器,在各行各业中广泛使用.目前使用的示波器大致分为示波管双踪示波器及数字存储示波器,本实验对示波管双踪示波器作一介绍,并利用其观测波形,测量有关参数.

2.3.1 实验目的

1. 了解示波器的主要结构和显示波形的基本原理;
2. 学会使用示波器观察波形,测量电压、周期、频率及两同频信号的相位差;
3. 学会使用信号发生器;
4. 用示波器观察李萨茹图形,加深对于相互垂直振动合成理论的理解;
5. 用示波器观察整流滤波波形,加深对整流滤波知识的理解.

2.3.2 实验原理

1. 示波器的基本结构

示波器主要由示波管、放大系统、扫描、触发同步系统和电源系统等组成,示波管是示波器的心脏.

(1) 示波管.示波管的基本结构如图 2-9 所示,由电子枪、偏转系统和荧光屏三部分组成,全部密封在玻璃外壳内,里面抽成真空.电子枪是示波管的核心部件.

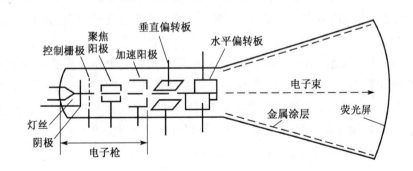

图 2-9　示波管基本机构

① 电子枪.电子枪由灯丝、阴极、控制栅极、聚焦阳极和加速阳极五部分组成,其作用是发射和形成一束聚焦良好的细电子束.灯丝通电后加热阴极,阴极是一个表面涂有氧

化物的金属圆筒,被加热后发射电子;控制栅极是一个顶端有小孔的圆筒,套在阴极外面,它的电位相对于阴极为负,且电位比阴极低,对阴极发射出来的电子起控制作用,只有初速度大于某一定值的电子才能够通过控制栅极顶端的小孔进入阳极.改变控制栅极电位,可以改变射向荧光屏的电子数,从而改变荧光屏上图像的亮度.电位越低,射向荧光屏的电子数越少,荧光屏上图像的亮度越暗.电位越高,射向荧光屏的电子数越多,荧光屏上图像的亮度越亮;阳极电位比阴极电位高很多,且加速阳极电位高于聚焦阳极,聚焦阳极主要对电子起聚焦作用,加速阳极主要对电子起加速作用.

适当调节控制栅极、聚焦阳极与加速阳极的电位,可使电子束在荧光屏上形成一个约零点几毫米直径的小光点.示波器面板上的"亮度"调节,就是改变控制栅极的电位,从而改变荧光屏上图像的亮暗;"聚焦"调节,就是调聚焦阳极电位,使荧光屏上的光斑成为明亮、清晰的小圆点,有的示波器还有"辅助聚焦",实际是调节加速阳极电位.

② 偏转系统.偏转系统由两对互相垂直的 Y 偏转板和 X 偏转板组成.当在偏转板上加上适当电压时,电子束通过偏转板时将受到电场力的作用,运动方向发生偏转,从而使电子束在荧光屏上产生的光斑位置也发生改变.由于光斑在荧光屏上偏移的距离与偏转板上所加电压成正比,因此可以将电压的测量转化为屏上光斑偏移距离的测量,这正是示波器测量电压的原理.

③ 荧光屏.荧光屏是示波器的显示部分,屏上涂有荧光物质,当电子束打到荧光屏时,屏上涂的荧光物质会发出可见光,从而显示出电子束的位置.当电子束停止作用后,荧光物质的发光需要经过一定时间才会停止,称为余辉效应.

示波器上荧光屏前有一块透明的、带刻度的坐标板,供测定光点位置用,在性能较好的示波管中,刻度线直接刻在屏玻璃内表面上与荧光物质紧贴在一起,从而消除视差使光点位置测得更准.

(2) 放大系统.示波管本身相当于一个多量程电压表(内阻高达 1 MΩ),这一作用是靠信号放大器和衰减器实现的.当加在偏转板上的信号过小时,要预先将信号电压加以放大后再加到偏转板上,为此设置 X 轴及 Y 轴电压放大器.衰减器的作用是使过大的输入信号电压变小以适应放大器的要求,否则放大器不能正常工作,使输入信号发生畸变,甚至损坏仪器.

(3) 扫描、触发系统.扫描、触发系统是示波器显示被测电压波形必须的重要组成部分.扫描系统也称为时基电路,用来产生一个随时间作线性变化的扫描电压,这个电压经 X 轴放大器放大后加到示波器水平偏转板上,使电子束产生水平扫描.这样,屏上的水平坐标变成时间,Y 轴输入的被测信号波形就可以在时间轴上展开.触发系统是为获得稳定波形而专门设计的,其工作原理见下面的介绍.

2. 示波器显示波形的原理

如果只在竖直偏转板上加一交变的正弦电压,则电子束的亮点将随电压的变化在竖直方向来回运动,如果电压频率过高,则看到的是一条竖直亮线,如图 2-10 所示.

如果在水平偏转板上加一扫描电压,使电子束的亮点沿着水平方向拉开,这种扫描电压的特点是随时间成线性关系增加到最大值,然后突然回到最小,此后再重复地变化,扫描电压随时间变化的关系曲线形同"锯齿",故称"锯齿波电压". 当只有扫描电压加在水平偏转板上,如果频率足够高,则荧光屏上只显示一条水平亮线,如图 2-11 所示.

图 2-10　只在竖直偏转板加电压

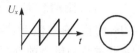

图 2-11　只在水平偏转板加电压

如果在竖直偏转板上(简称 Y 轴)加正弦电压,同时在水平偏转板上(简称 X 轴)加锯齿波电压,电子受竖直、水平两个方向的电场力的作用,电子的运动为两相互垂直的运动的合成. 当锯齿波电压与正弦电压变化周期相等时,在荧光屏上将显示一个完整的正弦电压的波形图,而要在示波器荧光屏上获得一定数目 n 的稳定波形,锯齿波电压的周期 T_x(或频率 f_x)与被测信号的周期 T_y(或频率 f_y)必须满足如图 2-12 所示的关系,即

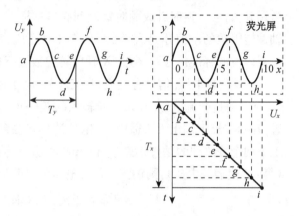

图 2-12　水平、竖直偏转板加电压

$$\frac{T_x}{T_y} = \frac{f_y}{f_x} = n, \quad n = 1, 2, 3, \cdots \qquad (2-7)$$

为了获得一定数量的波形,示波器上设有"扫描时间"(水平偏转因数)、"扫描微调"旋钮,用来调节锯齿波电压的周期 T_x(周期 $T_x = 10 \times$ 水平偏转因数),使之与被测信号的周期 T_y 成合适的关系,从而在示波器上得到所需数目的完整的被测波形. 只有满足上述条件,锯齿波在被测信号的每一周期或每隔若干周期的同一点上开始扫描,扫描信号和被测信号同步,两者保持固定的相位关系,使每次荧光屏上显示的图像重合,才可看到稳定的被测信号波形.

如果被测信号与锯齿波的周期(或频率)不满足上述整倍数的关系,或两者中的任一周期(或频率)发生变化,则锯齿波每次扫描就不在信号波形的同一点上开始,而每次扫描显示的图形就不能重合,结果荧光屏上呈现向左或向右移动的波形,这就难以对信号进行观察和测量.

输入 Y 轴的被测信号与示波器内部的锯齿波电压是相互独立的. 由于环境或其他因素的影响,它们的周期(或频率)可能发生微小的改变,波形产生移动. 为此示波器内装有扫描同步装置,让锯齿波电压的扫描起点自动跟着被测信号改变,这就称为同步. 同步作用的原理如图 2-13 所示.

3. 示波器测量

如前所述,示波器显示的是输入信号沿时间轴展开的波形. 波形的纵坐标是电压,横坐标是时间,由示波器可读出信号在各时刻的瞬时电压值,经过计算可得到被测信号的峰峰值、有效值、周期、频率等.

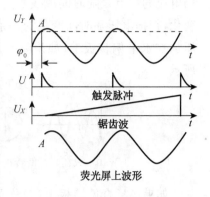

图 2-13　同步作用原理

在利用示波器进行测量之前,应将 Y 轴、X 轴微调放大旋钮调到"校准"位置,或者将 Y 轴、X 轴偏转因数微调旋钮锁死(逆时针或顺时针旋到底),这样 Y 轴、X 轴偏转因数的示值才是有效的. 有条件时还应该用示波器内设的标准信号对 Y 轴、X 轴偏转因数进行校准.

(1) 测量电压. 信号有交流、直流之分,电压也就有交流电压、直流电压.

① 测量交流电压. 假如 Y 轴输入的是一正弦波信号,将 Y 轴输入耦合置于"AC"位置,在示波器上调出大小适中、稳定的波形. 选择一个完整波形,从示波器上读出正弦波上下两个峰之间的垂直距离(单位 cm),再从 Y 轴偏转因数旋钮读出垂直偏转因数 V/cm(每 cm 代表的电压),则正弦波信号电压的峰峰值

$$U_{PP} = (垂直距离) \times (垂直偏转因数 \ V/cm)$$

其电压的有效值

$$U = \frac{\sqrt{2}}{4} U_{PP} \tag{2-8}$$

② 测量直流电压. 假如 Y 轴输入的是一直流信号或是含有直流成分的交流信号,为了测量直流成分(电压)的大小,首先将 Y 轴输入耦合置于"GND"位置,使屏幕显示一水平扫描线,此扫描线便为零电平线. 然后将 Y 轴输入耦合置"DC"位置,输入被测电压,此时扫描线在 Y 轴方向产生相对于零电平线向上或向下平移了 H cm,则被测电压即为垂直偏转因数"V/cm"与 H 的乘积. 扫描线向上平移电压为正,向下平移电压为负.

(2) 测量周期、频率. 利用示波器测量信号周期、频率常用的方法有直读法和李萨茹图形法.

① 直读法. 在示波器上大小适中、稳定的波形中选择一个完整的波形,读出其水平距离(单位 cm),再从 X 轴偏转因数旋钮读出水平偏转因数 s/cm(每 cm 代表的时间),则正弦波信号的周期 T、频率 f 为

$$T = (水平距离) \times (水平偏转因数 \ s/cm)$$

$$f = \frac{1}{T}$$

② 李萨茹图形法. 在 X 轴、Y 轴偏转板上加上正弦电压,荧光屏上亮点的运动是两个互相垂直简谐振动的合成. 当两个正弦电压的频率相等或成简单整数比时,荧光屏上

亮点的合成轨迹为稳定的闭合曲线,即李萨茹图形,如图2-14.当两路信号频率相差比较大时,李萨茹图形是动态的封闭图形.

利用李萨茹图形可以根据已知信号频率测量未知信号频率.设 f_x 和 f_y 分别为加在 X 轴偏转板和 Y 轴偏转板上的电压频率,n_x 为水平割线与李萨茹图形的最多交点数,n_y 为垂直割线与李萨茹图形的最多交点数,由理论分析可得频率和最多割点数的比例关系为

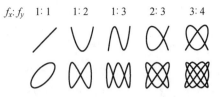

图 2-14 几种不同频率比的李萨茹图形

$$f_x : f_y = n_y : n_x \qquad (2-9)$$

如果已知频率 f_x,只要测出 n_x 和 n_y,则可求出 f_y, T_y.

(3) 测量同频率的两正弦波相位差.利用示波器测量两个同频正弦电压之间的相位差具有实用意义,常采用双踪显示法(比较法)、李萨茹图形法测量.

① 双踪显示法测相位差.双踪法是用双踪示波器在荧光屏上直接比较两个被测电压的波形来测量其相位关系.测量时,将相位超前的信号输入 CH2 通道,另一个信号输入 CH1 通道,选用 CH2 信号触发示波器扫描.如图 2-15 所示,调节示波器水平偏转因数,测出超前波形一个周期在水平方向的距离 S,测出超前波与滞后波同一相点在水平方向的差距 ΔS,则两同频正弦波相位差

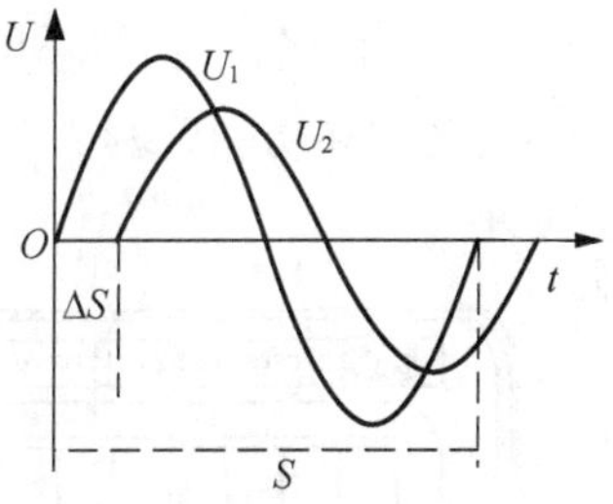

图 2-15 相位差测量原理

$$\varphi = \Delta S \cdot \frac{360^\circ}{S} \qquad (2-10)$$

② 李萨茹图形法测相位差.示波器置 $X\text{-}Y$ 工作模式,信号 $U_y = U_{y0}\cos(\omega t + \varphi_2)$ 输入 CH2(Y),信号 $U_x = U_{x0}\cos(\omega t + \varphi_1)$ 输入 CH1(X),适当调节示波器水平、垂直偏转因数旋钮,使荧光屏上显现一个大小适宜的椭圆(在特殊情况下,可能是一个正圆或一根斜线),如图 2-16 所示.

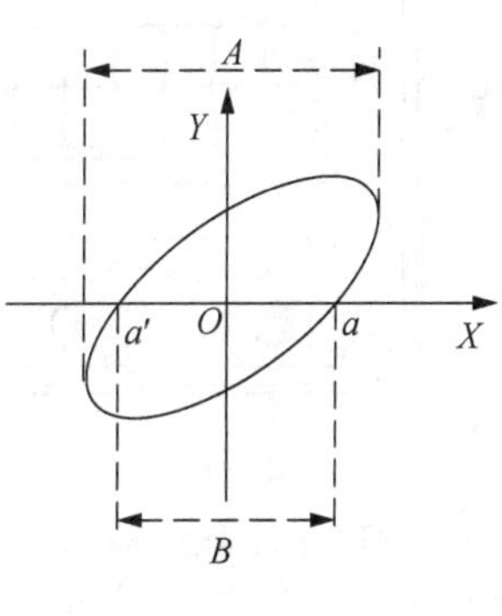

为了求得两个相互垂直振动的相位差 $\varphi = \varphi_2 - \varphi_1$,可以对椭圆轨迹与 X 轴相交的交点 a, a' 的振动情况进行探讨.由于这两点的纵坐标为零,则

图 2-16 垂直振动合成

$$U_y = U_{y0}\cos(\omega t + \varphi_2) = 0 \text{,即 } \omega t = \pm\frac{\pi}{2} - \varphi_2$$

所以

$$U_x = U_{x0}\cos(\pm\frac{\pi}{2} - \varphi) = \pm U_{x0}\sin\varphi$$

由图 2-16 知

$$B = 2U_x = 2U_{x0}\sin\varphi\,,\quad A = 2U_{x0}$$

则

$$\frac{B}{A} = \sin\varphi\,,\quad \varphi = \arcsin\frac{B}{A} \tag{2-11}$$

此即椭圆的主轴在第 1 和第 3 象限内,两信号相位差.若椭圆的主轴在第 2 和第 4 象限内,两信号相位差 $\varphi = \pi - \arcsin\dfrac{B}{A}$.

2.3.3 实验仪器

MOS-6021 型双踪示波器,DDS 函数信号发生器,MW-ZL 整流波形仪,导线若干.

1. MOS-6021 型双踪示波器

1) 部件名称、功用.MOS-6021 型双踪示波器面板如图 2-17 所示,基本调节旋钮的代号、名称和功能见表 2-7.

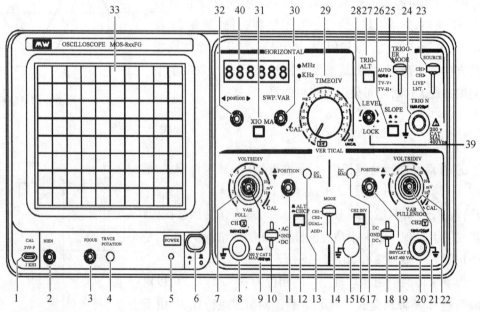

1—标准方波信号输出端;2—亮度旋钮;3—聚焦旋钮;4—水平踪迹方向调节;5—电源指示灯;6—电源开关;7—CH1 垂直偏转因数旋钮;8—CH1(X)输入;9—CH1 垂直偏转因数微调旋钮;10—CH1 垂直轴输入信号输入方式选择开关;11—CH1 垂直位移旋钮;12—通道信号交替显示或断续显示;13—CH1 衰减器平衡调试;14—垂直输入显示选择开关;15—示波器机箱的接地端子;16—CH2 信号反向;17—CH2 衰减器平衡调试;18—CH2 垂直轴输入信号输入方式选择开关;19—CH2 垂直位移旋钮;20 —CH2(Y)输入;21—CH2 垂直偏转因数微调旋钮;22—CH2 垂直偏转因数旋钮;23—触发源选择开关;24—外触发输入端子;25—触发方式选择开关;26—触发信号极性开关;27—内触发信号选择键;28—触发电平旋钮;29—水平偏转因数旋钮;30—水平偏转因数微调旋钮;31—扫描扩展开关;32—水平位移旋钮;33—荧光屏;39—当触发电平旋钮旋到底锁紧时为自动同步

图 2-17 MOS-6021 型双踪示波器面板图

表 2-7　　　　　　　　　　　示波器基本调节旋钮的代号、名称和功能

代号	名称	功能
1	校正方波信号输出端	提供幅度为 2 V、频率为 1 kHz 的标准方波信号
2	亮度旋钮	调节轨迹或亮点的亮度
3	聚焦旋钮	调节轨迹或亮点的聚焦
6	电源开关	当此开关开启时,电源指示灯点亮
8	CH1(X)输入	在 X-Y 模式下,作为 X 轴输入端
20	CH2(Y)输入	在 X-Y 模式下,作为 Y 轴输入端
10, 18	垂直轴输入信号输入方式选择开关	AC:交流耦合(只输入交流成分);GND:垂直放大器的输入接地,输入端断开;DC:直流耦合(全部信号输入)
7, 22	垂直偏转因数选择旋钮	调节垂直偏转因数,范围从 5 mV/cm～5 V/cm,分 10 档
9, 21	垂直偏转因数微调旋钮	对垂直偏转因数进行细调.在定量测量时必须顺时针旋到底
11, 19	垂直(上下)位移旋钮	调节光迹在屏幕上的垂直(上下)位置
14	垂直输入显示选择开关	CH1:通道 1 单独显示;CH2:通道 2 单独显示;DUAL:两个通道同时显示;ADD:显示两个通道的代数和 CH1＋CH2,按下 16 按钮,为代数差 CH1－CH2
16	通道 2 的信号反向	按下此键时,通道 2 的信号以及通道 2 的触发信号同时反向
23	触发源选择开关	CH1:选择通道 1 作为内部触发信号源;CH2:选择通道 2 作为内部触发信号源;LINE:选择交流电源作为触发信号;EXT:选择外部触发信号作为触发信号源
25	触发方式选择开关	AUTO:没有触发信号输入时,扫描处自动模式;NORM:没有触发信号时,扫描处在待命状态并不显示;TV-V:观察电视场信号时,选择该开关;TV-H:观察电视行信号时,选择该开关
26	触发信号极性开关	"＋"上升沿触发,"－"下降沿触发
28	触发电平旋钮	显示一个同步稳定的波形,并设定一个波形的起始点,向"＋"旋转触发电平向上移,向"－"旋转触发电平向下移
29	水平偏转因数选择旋钮	水平偏转因数从 0.2 μs/cm 到 0.5 s/cm,共分 20 档,当设置到 X-Y 位置时用作 X-Y 垂直合成
30	水平偏转因数微调旋钮	对水平偏转因数进行微调.在定量测量时必须顺时针旋到底
31	扫描扩展开关	按下时水平偏转因数扩展 10 倍
32	水平(左右)位移	调节光迹在屏幕上的水平(左右)位置
33	荧光屏	用于显示被测信号波形
39	同步调节旋钮	保证每一次扫描的起扫点都相同.使用时须顺时针旋到底

2) 示波器使用方法.使用示波器时,首先要获得一条细的水平基线,然后才能进行其他测量,具体使用方法如下:

(1) 水平基线的获得

① 预置面板各开关、旋钮.亮度、聚焦置适中;垂直位移(上下移动)、水平位移(左右移动)置中间位置;触发同步方式置 AUTO(自动);触发选择置 INT(内触发);当信号从 CH1 通道输入时,触发源置 CH1,垂直工作方式选择置 CHl,垂直输入 CHl 置 AC 耦合;垂直偏转因数适中(如 50 mV/cm);垂直偏转因数微调置 CAL(校准);水平偏转因数适中(如 0.5 ms/cm),水平偏转因数微调置 CAL(校准).

② 按下电源开关,电源指示灯点亮.

③ 一两分钟后出现扫描基线,如没有,可调节亮度旋钮;调聚焦旋钮使扫描基线纤细;置 CHl 输入为 GND 模式,调节上下、左右移动旋钮,使基线位于屏幕中间并与水平坐标刻度重合.

④ 显示信号.示波器上有一个标准方波信号输出口,当获得基线后,即可将 CH1 测量端线正端接到此处,此时屏上应有一串方波信号.调节垂直和水平偏转因数旋钮,方波的幅度和宽窄变化,至此示波器基本调整完毕可以投入使用.

(2) 选择 Y 轴耦合方式,输入被测信号.根据被测信号频率的高低及测量需要,Y 轴输入耦合方式置于 AC 测交流或 DC 测直流,输入被测信号.

(3) 选择 Y 轴偏转因数.根据被测信号的大小,调节 Y 轴偏转因数 V/cm,使屏幕上显现所需要高度的波形(接近 $\frac{2}{3}$ 满格值).

(4) 选择 X 轴偏转因数.根据被测信号周期(或频率),调节 X 轴偏转因数 s/cm,使屏幕上显示测试所需周期数的波形(一般 2～3 个完整周期波形).

2. DDS 函数信号发生器

DDS 函数信号发生器采用直接数字合成技术,具有快速完成测量工作所需的高性能指标和众多的功能特性.面板如图 2-18 所示,按键名英译中见表 2-8.

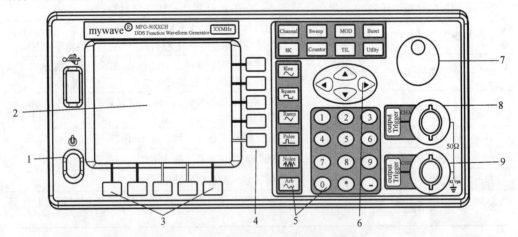

1—电源开关;2—液晶显示屏;3—单位软键;4—选项软件;5—功能键、数字键;6—方向键;7—调节旋钮;
8—A 路输出/触发;9—B 路输出/触发

图 2-18　DDS 函数信号发生器面板图

表 2-8

英文	Channel	Sweep	MOD	Burst	SK	Counter	TTL	Utility
中文	单频	扫描	调制	触发	键控	计数	TTL	系统
英文	Sine	Square	Ramp	Pulse	Noise	Arb	Output/Trigger	Output/Trigger
中文	正弦波	方波	三角波	脉冲	噪声	任意波	A 输出/触发	B 输出/触发

（1）部件功用. 仪器前面板上共有 38 个按键, 可以分为五类.

① 功能键. "单频""扫描""调制""触发""键控""TTL"键, 分别用来选择仪器的十大功能.

"计数"键, 用来选择频率计数功能.

"系统"键, 用来进行系统设置及退出程控操作.

"正弦""方波""三角波""脉冲波""噪声""任意波"键, 用来选择波形.

"A 输出/触发、B 输出/触发"键, 用来开关 A 路或 B 路输出信号, 或触发 A 路、B 路信号.

② 选项软键. 液晶显示屏右边有五个空白键(从上到下定义为选项 1—选项 5), 其键功能随着选项菜单的不同而变化. 选项 1—选项 5 依次分别为: "频率/周期""幅度""偏移""波形""输出阻抗".

③ 单位软键. 液晶显示屏下边有五个空白键, 称为单位软键. 当选项软键发生变化时, 其单位软键也做相应的变化. 数据输入之后必须按单位软键, 表示数据输入结束并开始生效.

④ 数据输入键. "0""1""2""3""4""5""6""7""8""9"键, 用来输入数字. "."键, 用来输入小数点. "一"键, 用来输入负号.

⑤ 方向键. "◀""▶"键, 用来移动光标指示位, 转动旋钮可以加减光标指示位的数字. "▲""▼"键, 用来步进增减 A 路信号的频率或幅度.

（2）使用方法

① A 路单频设定. 按"单频"键, 选中"A 路单频"功能, 各参数设定方法如下:

频率设定: 设定频率值 3.5 kHz

按"选项 1"软键, 选中"频率", 再按数据输入键"3""·""5", 最后按单位软键"kHz".

A 路频率调节: 按"◀""▶"键可移动数据中的白色光标指示位, 旋转调节旋钮可使指示位的数字增大或减小, 并能连续进位或借位, 由此可任意粗调或细调频率. 其他选项数据也都可用旋钮调节, 不再重述.

周期设定: 设定周期值 25 ms

按选项 1 软键, 选中"周期", 按数据输入键"2""5", 再按单位软键"ms".

幅度设定: 设定幅度峰峰值为 3.2 V

按"选项 2"软键, 选中"幅度", 按数据输入键"3""·""2", 再按单位软键"V$_{pp}$".

幅度设定: 设定幅度有效值为 1.5 V

按"选项2"软键,选中"幅度",按数据输入键"1"" · ""5",再按单位软键"V_rms".

偏移设定:设定直流偏移值-1 V

按"选项3"软键,选中"直流偏移",按数据输入键"-""1",再按单位软键"V_dc".

波形选择:设定方波

按"方波"软键即可.

② B 路单频设定

按"单频"软键,切换至"B 路单频".其频率、幅度、波形的设定方法与 A 路设定方法相同.

3. MW-ZL 整流波形仪

MW-ZL 整流波形仪输出正弦波、半波整流、全波整流、半波整流滤波、全波整流滤波等波形,仪器面板如图 2-19 所示.

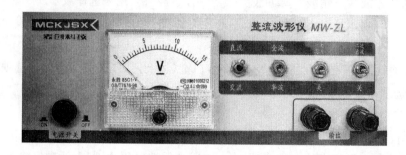

图 2-19　整流波形仪面板图

(1) 部件功用及使用方法

电源开关:按下该按钮,电源指示灯亮;弹起该按钮,电源指示灯灭.

直流电压表:显示输出电路中直流电压的大小.

直流、交流开关:开关打向直流,仪器输出一定幅度的整流滤波电压;打向交流,仪器输出一定幅度和频率的交流电压.

全波、半波:开关打向全波,进行全波整流;打向半波,进行半波整流.

一次滤波、关:开关打向一次滤波,进行一次滤波;开关打向关,关闭一次滤波.

二次滤波、关:开关打向二次滤波,进行二次滤波;开关打向关,关闭二次滤波.

(2) 整流滤波电路.利用二极管的单向导电性可以把交流电变成脉动直流电.将交流电变成直流电的过程称为整流,能完成此过程的电路称为整流电路,常见的整流电路有半波整流电路、全波桥式整流电路.

① 半波整流.半波整流电路如图 2-20 所示,U_i 是输入的交流电,D 是二极管,R_L 是负载,U_o 是输出电压. 当 U_i 为正半周时,二极管导通,有电流流过负载 R_L;当 U_i 为负半周时,二极管截止,负载 R_L 中没有电流流过. 半波整流电路结构简单,使用元件少,但只利用了交流电压的半个周期,电路的整流效率很低,且

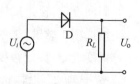

图 2-20　半波整流电路

脉动成分大,因此,它只适用于对效率要求不高的场合,工程实际中很少使用.

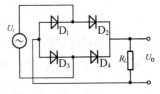

② 全波桥式整流.全波桥式整流电路由 4 只整流二极管构成电桥形结构,故称桥式整流电路,其电路如图 2-21 所示.当 U_i 为正半周时,D_2,D_3 导通,D_1,D_4 截止;当 U_i 为负半周时,D_4,D_1 导通,D_2,D_3 截止.在 U_i 整个周期内,负载中均有电流流过,且电流方向不变.桥式整流电路电源利用率高,输出电压提高一倍,脉动也减小了,因此应用较为广泛.

图 2-21 全波桥式整流电路

③ 滤波电路

滤波电路主要作用是将脉动的直流电变成平滑的直流电.常用的滤波电路有电容滤波电路和 π 型滤波电路,其电路如图 2-22、图 2-23 所示.

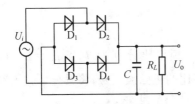
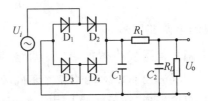

图 2-22 全波桥式整流滤波电路   图 2-23 全波桥式整流 π 型滤波电路

2.3.4 实验内容和方法

1. 熟悉示波器

在利用示波器进行测量之前,一定要先了解所用示波器基本功能键的位置、作用及其调节方法,掌握示波器的基本使用方法及操作步骤,根据测量要求选择信号的输入耦合方式,通过调节示波器有关功能键获得正确的波形.

2. 用示波器观测信号发生器产生的正弦交流电压信号

函数信号发生器输出 $f=1\ 000$ Hz,$U_{pp}=4$ V 的正弦波信号,由示波器 CH1 通道输入,CH1 耦合置 AC.调节示波器得到稳定的波形.

(1) 改变示波器水平偏转因数,使屏上出现一个、两个、五个、……周期稳定的波形,计算每种波形的扫描频率.

(2) 选一种稳定波形,改变示波器垂直偏转因数,观察波形显示幅度的变化.通过数据说明输入信号的大小是否发生变化.

3. 校准示波器

将示波器上 $U_{pp}=2$ V,$f=1$ kHz 的标准方波信号输入到示波器的 CH1 通道,CH1 输入耦合置"DC".调节示波器相关旋钮,得到稳定清晰的方波信号,分别对 CH1

通道的水平偏转因数和垂直偏转因数进行校准,测量其系统误差.

4. 测量交流信号参量

（1）函数信号发生器输出 $f=100$ Hz,$U_{pp}=5$ V 的正弦波信号,由示波器 CH1 通道输入.调节相关旋钮使图形稳定清晰,并使波形大小适中.

（2）读出波形垂直方向波峰到波谷之间的距离,计为 H(单位 cm),再读出 Y 轴偏转因数的值,计为 y,读数时注意 y 的单位.计算交流电的峰峰值 $U_{pp}=y \times H$(V),正弦波交流电的有效值 $U=\dfrac{\sqrt{2}}{4} U_{pp}$(V).

（3）读出波形在水平方向一个周期之间的距离,计为 S(单位为 cm),再读出 X 轴偏转因数的值,计为 x,读数时注意 x 的单位.计算交流电的周期 $T=x \times S$(s),频率 $f=\dfrac{1}{T}$.

5. 观测李萨茹图形

（1）由函数信号发生器的 A,B 两路,输出频率比分别为 $f_x : f_y = 1 : 1$, $1 : 2$, $2 : 1$, $1 : 3$, $3 : 1$, $2 : 3$, $3 : 2$ 共 7 个不同频率比的正弦波信号,将其分别输入到示波器的 CH1 和 CH2 通道,在示波器上同时显示两路信号的波形.

（2）将 X 轴偏转因数旋钮旋到 X-Y 模式,此时可在示波器上看到一个封闭的图形,即李萨茹图形.

（3）读出图形与水平割线的最多交点数 n_x,图形与垂直割线的最多交点数 n_y,验证公式 $f_x : f_y = n_y : n_x$ 的正确性.

6. 测量同频率的两正弦波相位差

（1）函数信号发生器输出的 A、B 两路正弦波信号频率为 1 000 Hz,峰峰值分别为 4 V,3 V,将其分别输入到示波器的 CH2 和 CH1 通道。调节 A 路信号相位,使其与 B 路信号的相位差分别为 $0°$、$30°$、$60°$、$90°$、$120°$、$150°$、$180°$.

（2）示波器置 Y-t 模式,荧光屏上同时显示两路波形,选择合适的水平、垂直偏转因数,利用双踪显示法测量两路波形的相位差.

（3）示波器置 X-Y 模式,荧光屏上显示两路波形垂直合成的李萨茹图形,选择合适的水平、垂直偏转因数,利用李萨茹图形法测量两路波形的相位差.

7. 用示波器观察整流滤波波形(选作)

（1）将整流波形仪上的"直流、交流"开关打向"交流",输出端接入示波器 CH1 通道,并调节示波器相关旋钮,用示波器观察正弦波交流电波形.

（2）将整流波形仪上的"全波、半波"开关打向"半波",用示波器观察半波整流后的输出电压波形.

（3）将整流波形仪上的"一次滤波、关"开关打向"一次滤波",用示波器观察半波整流一次滤波后的波形;再将"二次滤波、关"开关打向"二次滤波",用示波器观察半波整流二次滤波后的电压波形.

(4)将整流波形仪上的"全波、半波"开关打向"全波","一次滤波""二次滤波"开关打向"关",用示波器观察全波整流后的输出电压波形.

(5)将整流波形仪上的"一次滤波、关"开关打向"一次滤波",用示波器观察全波整流一次滤波后的波形;再将"二次滤波、关"开关打向"二次滤波",用示波器观察全波整流二次滤波后的波形.

注意:交流电经整流后变为单方向的直流电. 如果用示波器观察整流后的波形,示波器的输入耦合方式置"DC".

2.3.5 原始数据记录及处理

1. 熟悉示波器

示波器使用的基本步骤

2. 用示波器观测信号发生器产生的正弦交流电压信号(表2-9—表2-10)

(1)水平偏转因数与波形数目关系

表 2-9　　　　水平偏转因数与波形数目关系数据记录(输入信号 $f=1\ 000\ \text{Hz}$)

水平偏转因数	波形数 n	扫描频率 f_x /Hz	f_x 与 f 的关系

(2)垂直偏转因数与波形显示高度关系

表 2-10　　　　垂直偏转因数与波形显示高度关系数据记录(输入信号 $U_{pp}=4\ \text{V}$)

垂直偏转因数	显示高度 H/cm	测量值 U_y /V	U_y 与 U_{pp} 的关系

3. 校准示波器(表2-11—表2-12)

(1)水平偏转因数校准

表 2-11　　　　水平偏转因数校准数据记录(输入方波信号 $f=1\ \text{kHz}$)

水平偏转因数	一个周期显示距离 x/cm	测量值 T_x /s	T_x-T/s

（2）垂直偏转因数校准

表 2-12 垂直偏转因数校准数据记录（输入方波信号 $U=2$ V）

垂直偏转因数	峰峰垂直距离 y/cm	测量值 U_y/V	U_y-U/V

4. 测量交流信号参量（表 2-13）

表 2-13 测量交流信号参量数据记录（输入信号 $f=100$ Hz, $U_{pp}=5$ V）

y	x	H/cm	S/cm	实测 U_{pp}/V	U/V	T/s	f/Hz

5. 观察李萨茹图形（表 2-14）

表 2-14 观察李萨茹图形数据记录

f_x/Hz	f_y/Hz	理论计算 $f_x:f_y$	交点数 n_x	交点数 n_y	实测 $f_x:f_y$

6. 测量同频率的两正弦波相位差（表 2-15—表 2-16）

（1）双踪显示法

A 路信号垂直偏转因数 _____ 水平偏转因数 _____

B 路信号垂直偏转因数 _____ 水平偏转因数 _____

表 2-15 双踪显示法测量相差数据记录

理论相差/(°)					
U_A 的 2π 相位点 水平距离 S/cm					
U_A, U_B 同一相点 水平距离 ΔS/cm					
实测相差 φ/(°)					

（2）李萨茹图形法

A 路信号垂直偏转因数　　　　水平偏转因数

B 路信号垂直偏转因数　　　　水平偏转因数

表 2-16　　　　李萨茹图形法测量相差数据记录

理论相差 /(°)						
椭圆与 x 轴两交点间距 B/cm						
椭圆在 x 轴方向投影值 A/cm						
实测相差 φ /(°)						

7．观察整流滤波波形（选作）

半波整流、全波整流相同与不同

一次滤波、二次滤波相同与不同

2.3.6　分析与思考

1．预习思考题

（1）示波器的用途是什么？主要由哪几部分构成？使用示波器基本步骤是什么？

（2）示波器是良好的,如果打开示波器的电源开关后,在屏幕上既看不到扫描亮线又看不到光点,可能有哪些原因？应分别做怎样调节？

（3）在示波器荧光屏只看到一条水平线,是什么原因造成的？只看到一条垂直线,是什么原因造成的？如果只看到一个亮点,又是什么原因造成的？

（4）为什么示波器亮度在具体使用中不要调节到最大值？

（5）整流、滤波的目的是什么？

2．实验思考题

（1）观测李萨茹图形时,能否通过调节示波器各按钮使图形稳定？

（2）如果有一个输出大小、频率连续可调的标准信号发生器,请设计利用示波器采用直接比较法测量未知信号输出大小、频率的方法？并对这种方法的主要优点加以说明.

（3）试用示波器测量自身感应信号的大小、频率？

2.4 薄透镜焦距的测量

透镜是光学仪器中最基本的光学元件,透镜的成像规律,是许多光学仪器的设计依据.焦距是透镜的重要参数之一,透镜成像的位置、大小、虚实均与其有关.测量透镜焦距的方法有多种,本实验采用物像法、自准直法以及位移法.

2.4.1 实验目的

1. 掌握薄透镜成像规律;
2. 学习并掌握光具座上各元件的共轴等高调节方法;
3. 用不同的方法测定薄透镜的焦距,并能正确进行数据处理.

2.4.2 实验原理

由两个折射曲面构成的共轴光具组称为透镜.普通物理实验教学中常用透镜的两个折射面均为球面,称为球面透镜.对于球面透镜,两球面顶点之间的距离称为透镜的厚度;连接透镜两个球面中心的连线称为透镜的主光轴;通过透镜中心附近并与透镜主光轴夹角很小的光线称为近轴光线;当透镜的厚度与其球面曲率半径相比大小可以忽略的透镜称为薄透镜.

按入射光束的折射特性,透镜分为两类:一类是凸透镜(又称正透镜或汇聚透镜),对光线起汇聚作用,焦距越短,汇聚本领越大;另一类是凹透镜(又称负透镜或发散透镜),对光线起发散作用,焦距越短,发散本领越大.

在近轴光线条件下,薄透镜置于空气中,其成像公式为

$$\frac{1}{u} + \frac{1}{v} = \frac{1}{f} \qquad (2-12)$$

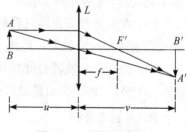

图 2-24　透镜成像光路

式中,u,v 分别为物距、像距,f 为透镜焦距.对于薄透镜,u,v,f 均从透镜的中心算起,皆可视为物、像、焦点与透镜中心的距离,如图 2-24 所示.

对于公式(2-12)各物理量符号,规定:光线自左向右传播,以薄透镜中心为原点量起,若其方向与光的传播方向一致则为正;反之为负.运算时,已知量需添加符号,未知量则根据求得结果中的符号判断其物理意义.具体实验测量中,对于 u,v,实物、实像时取正,虚物、虚像时取负;对于透镜焦距 f,凸透镜取正,凹透镜取负.

薄透镜成像时的物像关系也可用作图法得出.作图时利用"三条光线":①平行于主光轴的光线,经过透镜后通过像方焦点(与无限远处轴上物点对应的共轭像点);②若物方、像方折射率相等,经过透镜中心的光线方向不变;③经过物方焦点(与无限远处轴上像点对应的共轭物点)的光线,经透镜后与主光轴平行.利用这三条线中的两条线,便可对透镜成像的简单光路和物像关系用作图法画出来.薄凸透镜成像规律如表 2-17 所示.

表 2-17 薄凸透镜成像规律

物距	成像范围	像的性质
$u>2f$	$f'<v<2f$	倒立、缩小、实像
$u=2f$	$v=2f$	倒立、等大、实像
$f<u<2f$	$v>2f$	倒立、放大、实像
$u=f$	∞	成平行光
$u<f$	$-\infty<v<0$	正立、放大、虚像

1. 测量凸透镜的焦距

(1)物距像距法.如图 2-24 所示,凸透镜是汇聚透镜,当物距大于焦距时,经透镜成实像,可用像屏直接接收并观察.通过测定物距 u 与像距 v,利用式(2-12)即可测出焦距 f_1.

有时为了粗略估测凸透镜焦距,可把远处物体作为物($u \to \infty$),则 $v \approx f_1$.

(2)自准直法.如图 2-25 所示,在透镜的一侧放置发光物,另一侧放置平面镜.移动透镜,当物与透镜的距离正好等于透镜焦距时,物上各点发出的光,经透镜折射后变成不同方向的平行光.它们被平面镜反射后,再经原透镜折射,在物平面(即透镜焦平面)上形成与原物大小相等、倒立、左右异位且与主光轴对称的实像.此时,分别读出物与透镜在光具座上的位置 x_1 和 x_2,则透镜焦距为

$$f_1 = |x_2 - x_1| \tag{2-13}$$

利用自准直法不仅可获得平行光束,其原理在光学仪器的调节过程中也经常被应用.例如分光计中望远镜的调节和平行光管的调节,都是根据"自准直"原理.

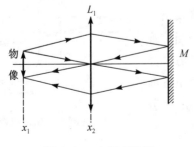

图 2-25 自准直光路

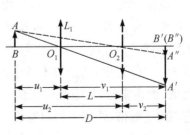

图 2-26 位移法光路

（3）位移法（又称共轭法或两次成像法）．如图 2-26 所示，选取物屏与像屏之间的距离 D 大于四倍焦距，当 D 保持不变时，移动透镜，必能在像屏上两次成像．设物距为 u_1 时，得倒立、放大的像，对应的像距为 ν_1；物距为 u_2 时，得倒立、缩小的像，对应的像距为 ν_2；两次成像时透镜移动的距离（即位移）为 L．根据光线可逆性原理有

$$-u_1 = \nu_2, \quad -u_2 = \nu_1$$

则

$$D - L = -u_1 + \nu_2 = -2u_1 = 2\nu_2$$

即

$$-u_1 = \nu_2 = \frac{D-L}{2}$$

而

$$\nu_1 = D - (-u_1) = D - \frac{D-L}{2} = \frac{D+L}{2}$$

将此结果代入式（2-12），整理后得凸透镜的焦距为

$$f_1 = \frac{D^2 - L^2}{4D} \tag{2-14}$$

上式表明，只要测出 D，L，即可求得透镜焦距 f_1．

比较以上三种测凸透镜焦距的方法，可以看出，前两种方法测焦距时都与透镜中心的位置有关，测量时会因中心位置无法准确确定而带来误差．而位移法的优点是把焦距的测量归结为相对距离 D 和 L 的测量，与透镜中心的位置无关，避免了在制造或装配时中心前后位置不准确所带来的误差．但这种测量方法无论在理论上还是在实验上都是建立在前述方法的基础上的．理论方面在于其公式是由透镜的成像公式推出的；实验方面在于事先应该对所测透镜焦距有一个大概的了解，否则难以做到 $D > 4f$．

2. 测凹透镜焦距

凹透镜是发散透镜且对实物成虚像，因而不能用像屏直接接收像的方法得到焦距，故一般借助于凸透镜，采用辅助成像法测其焦距．

（1）物距像距法．如图 2-27 所示，物体 AB 发出的光，经 L_1 后成像为 $A'B'$．在 L_1 和 $A'B'$ 之间的适当位置插入待测凹透镜 L_2．此时，$A'B'$ 则为 L_2 的"虚物"，经 L_2 再成像为 $A''B''$．这里，凹透镜 L_2 的焦距及物距按前述均为负值，像是实像，故像距为正值．以 f_2，u，ν 分别代表它们的绝对值，式（2-12）可写成

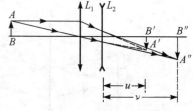

图 2-27 凹透镜成像光路

$$-\frac{1}{f_2} = \frac{1}{v} - \frac{1}{u}$$

则凹透镜的焦距为

$$f_2 = \frac{uv}{v-u} \qquad\qquad (2\text{-}15)$$

注意:在插入凹透镜前后像平面的两次位置是不重合的.

(2) 自准直法. 如图 2-28 所示,光轴上某点 A,经凸透镜 L_1 成像于 B,记下 B 的位置 x_1. 固定 L_1 并在 L_1 与 B 之间插入待测凹透镜 L_2,在 L_2 后放平面镜 M,此时 B 处的像就成了 L_2 的虚物. 移动 L_2,当虚物正好位于 L_2 的焦平面上(位置 x_2)时,从 L_2 射到平面镜上的光将是平行光. 这些平行光被 M 反射回去,经 L_2,L_1 后将成像于 A 处. 因此,在物屏上可看到一倒像并与原物重合. 则 L_2 的焦距为

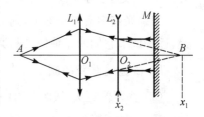

图 2-28　凹透镜自准直光路

$$f_2 = -|x_2 - x_1| \qquad\qquad (2\text{-}16)$$

2.4.3　实验仪器

光具座(包括滑块与透镜夹),光源,凸透镜,凹透镜,平面镜,物屏及像屏等.

2.4.4　实验内容与方法

1. 光具座上各元件的共轴等高调节

式(2-12)—式(2-16)中的物距、像距、透镜位移等都是沿着主光轴计算其长度的,且均靠光具座的刻度来读数. 因此,为了准确测量这些量,透镜主光轴应该与光具座的导轨平行. 如果需要多个透镜做实验,各个透镜应调节到有共同的主光轴,且此光轴必须与导轨平行. 这些步骤统称为"共轴等高调节". 使许多光学元件共轴等高的调节是光学实验的基本训练之一,必须很好掌握.

本实验中,调节共轴等高可按两步进行:

(1) 目测粗调:依次把光源、物屏、透镜、像屏安放在光具座的滑块上,其中透镜、像屏置于二维滑块上,其余置于一维滑块. 将它们向光源靠拢,以光源为准逐一调节各元件高低、左右位置. 通过目测,使光源、物的中心、透镜中心及像屏中央大致在一条与光具座平行的直线上,并使它们所处的平面相互平行且垂直于光具座.

注意:利用白光源照亮物屏通光孔构成了立体发光物体,故在物屏通光孔处贴有一

张镜头纸,使其近似为平面透光物体.实验中不要损坏镜头纸表面.

(2) 用位移法进行细调:当物屏与像屏的距离大于凸透镜焦距的 4 倍时,移动透镜会有两次成像,一次成放大的实像,一次成缩小的实像.若所得大像、小像中心均与像屏中心重合,说明各元件已共轴等高.否则,应对各元件进行共轴等高的调节.具体做法是:固定光源、物的位置不动,成小像时调像屏的高低、左右,使像屏中心与小像中心重合;成大像时调透镜高低、左右,使像屏中心与大像中心重合.如此反复几次,便可调好.这种调节方法叫大像向小像靠拢或大像追小像.

如果光路中有多个透镜,则应先调好一个透镜共轴并保持不动;再逐个加入其余透镜,逐一调节它们的光轴使其与原系统的光轴一致.

2. 凸透镜焦距的测量

(1) 物距像距法.按图 2-24 在光具座上依次放置光源、物屏、透镜、像屏,在共轴等高调好后,移动透镜与像屏的位置,使在像屏上得到大小合适、清晰的像.要求一次测量物距 u 和像距 v,利用式(2-12)计算凸透镜焦距 f_1,并计算不确定度.

(2) 自准直法.按图 2-25 在光具座上依次放置光源、物屏、透镜、平面镜,目测粗调共轴等高后,用自准直法多次测量,求出平均值 f_1,并计算不确定度.

(3) 位移法.如图 2-26 所示,固定物屏与像屏之间的距离 D 略大于 $4f$,将待测凸透镜放在物屏与像屏之间,移动透镜观察到两次成像,且像的大小在同一数量级.测出物屏和像屏之间的距离 D,两次成像时透镜移动的距离 L.在保持 D(一次测量)不变的情况下,重复多次测量 L,求出焦距 f_1,并计算不确定度.

3. 凹透镜焦距的测量

(1) 物距像距法.如图 2-27 所示,先用辅助凸透镜 L_1 使物在像屏上成一略小于原物的小像,记下像 $A'B'$ 的位置.然后将凹透镜 L_2 置于凸透镜与像屏之间,移动凹透镜及像屏的位置重新得到清晰的像,记录凹透镜 L_2 及像 $A''B''$ 的位置.计算 $A'B'$ 与 $A''B''$ 至凹透镜 L_2 的距离,这两个距离就是凹透镜成像的物距与像距.要求一次测量,由公式(2-15)求出 f_2.

(2) 自准直法.如图 2-28 所示,先用辅助凸透镜 L_1 使物于像屏上成一略小于原物一半的小像,记下屏的位置 x_1.放入凹透镜与平面镜,并使二者尽量靠在一起,同时移动凹透镜与平面镜,在物屏上成一与原物对称且左右异位、大小相等的倒立实像,记下此时凹透镜的位置 x_2.x_1 与 x_2 之间的距离就是 f_2.一次测量,求 f_2 的值.

注意:为了消除透镜光心与滑块刻痕不一致所引起的误差,移动透镜或像屏成清晰像,记下透镜位置读数;在物屏、像屏距离不变的情况下,将透镜反转 $180°$,移动透镜再次得到与之前大小一致的清晰像,记下此时透镜位置.两次位置读数取平均,即消除了透镜光心与滑块刻痕不一致所引起的误差.

在利用物距像距法、自准直法测量透镜焦距时,必须利用这种方法确定透镜位置.

2.4.5 原始数据记录及处理

1. 凸透镜焦距的测量(表 2-18—表 2-20)

(1) 物距像距法

表 2-18 物距像距法测量凸透镜焦距数据记录

物屏位置 x_1/cm	透镜位置			像屏位置 x_3/cm	物距 u/cm	像距 ν/cm
	x_{21}/cm	x_{22}/cm	x_2/cm			

透镜焦距 $f_1=$

透镜焦距 f_1 不确定度计算公式

由于物距 u、像距 ν 一次测量,$u_u=\dfrac{\Delta}{1.46}=$ $u_\nu=\dfrac{\Delta}{1.46}=$

透镜焦距 f_1 相对不确定度 $\dfrac{u_f}{f}=$

透镜焦距 f_1 不确定度 $u_f=$

结果表达式

(2) 自准直法

表 2-19 自准直法测量凸透镜焦距数据记录

物屏位置 x_1/cm					
透镜位置	x_{21}/cm				
	x_{22}/cm				
	x_2/cm				
透镜焦距 f_1/cm					

透镜焦距 f_1 的平均值＝

透镜焦距 f_1 的不确定度＝

结果表达式

(3) 位移法

表 2-20 位移法测量凸透镜焦距数据记录

物屏位置 x_1/cm			物屏、像屏距离 $D=$	
像屏位置 x_3/cm				
成大像透镜位置/cm				
成小像透镜位置/cm				
透镜位移 L/cm				

物屏、像屏距离 $D=$ 不确定度 $u_D=\dfrac{\Delta}{1.46}=$

透镜位移 L 平均值＝

L 的不确定度 $u_L=$

其中 A 类不确定度＝ B 类不确定度＝

透镜焦距 f_1 的最佳值＝

透镜焦距 f_1 的相对不确定度 $\dfrac{u_f}{f}=$

透镜焦距 f_1 不确定度 $u_f=$

结果表达式

2. 凹透镜焦距的测量(表 2-21—表 2-22)

(1) 物距像距法

表 2-21   物距像距法测量凹透镜焦距数据记录

透镜 L_1 成像 位置 x_1 /cm	透镜 L_2 成像 位置 x_2 /cm	透镜 L_2 位置 x_3 /cm		物距 u /cm	像距 ν /cm
		x_{31} /cm	x_{32} /cm		

透镜焦距 $f_2=$

(2) 自准直法

表 2-22   自准直法测量凹透镜焦距数据记录

透镜 L_1 成像 位置 x_1 /cm	透镜 L_2 位置 x_2 /cm		透镜 L_2 焦距 f_2 /cm
	x_{21} /cm	x_{22} /cm	

透镜焦距 $f_2=$

2.4.6　分析与思考

1. 预习思考题

(1) 作光学实验为何要调节共轴等高? 共轴等高调节的基本步骤是什么? 在用物距像距法测凹透镜焦距实验中,如何调节共轴等高?

(2) 能否通过透镜物像关系式(2-12)得到粗测透镜焦距的方法? 能否得到产生平行光的方法?

(3) 位移法测透镜焦距时,为何物像屏间距要大于四倍焦距? 此法有何优点? 你是否能通过简单的数学方程组联立求解推导出位移法焦距计算公式?

(4) 在测凹透镜焦距时,要使辅助的凸透镜成小像,为什么? 如果成大像对实验有何影响?

2. 实验思考题

(1) 物距像距法测凸透镜焦距实验中,像的大小、成像清晰范围与物距、像距大小有关. 为减小实验测量误差,应采取什么措施及方法?

(2) 自准直法测凸透镜时,有时也会在物屏上生成一倒立、等大的实像,取走平面镜后,此像依然存在. 请予以解释.

(3) 位移法特点是什么? 实验测量中,物屏、像屏间距取值为何不可取得过大? 除了成像大小,还有什么要考虑的因素?

(4) 在图 2-26 中,物的位置可在光具座上确定,且透镜可以在光具座上移动两次成像,但像屏在光具座之外(D 无法测量),此时如何测量焦距?

2.4.7　附录

光学仪器操作规则

1. 大部分光学元件是用玻璃制成的,光学工作面经过精细抛光,有的还镀有特殊的薄膜,使用时要轻拿轻放,勿使元件碰损,上夹具时也要稳妥轻放,更要避免摔坏.

2. 在任何情况下都不允许用手触及光学工作面(光线在这种面上反射和折射),只能拿磨砂的非工作面. 如拿取透镜时,只允许拿透镜的棱边,对于光学仪器的镜头部分更应如此.

3. 光学实验一般都在暗室进行,仪器和元件的安放位置要有规律,不用的滑块可移到光具座的一端,不能随便乱拿乱放,以免无意把它们碰落到地面和工作台上,造成损坏.

4. 不准对着光学仪器和元件说话、咳嗽等,以免沾污工作面.

5. 光学面有沾污时,要根据不同情况作相应处理,不准随便动手用纸或布擦拭.

6. 光学仪器的机械部分,很多都经过精密加工,操作中要遵守规程,动作要轻,要全神贯注,不许随便拆卸或用力乱拨旋钮,以免造成仪器精度下降和不必要的磨损.

2.5　元件电阻及其伏安特性测量

电学元件的伏安特性在其具体实际应用中有重要指导意义. 本实验利用伏安法测量电阻、二极管、稳压二极管、灯泡等常见电学元件的伏安特性,从而了解其电阻、电压和电流之间的关系.

2.5.1　实验目的

1. 学习电学元件电阻测量方法及系统误差的修正;
2. 掌握电学元件伏安特性的测量方法;
3. 了解二极管单向导电性、稳压二极管稳压特性以及灯泡灯丝电压与电流的关系;
4. 学习掌握作图法、曲线改直、最小二乘法线性回归等处理数据方法.

2.5.2　实验原理

1. 伏安法测元件电阻

在物理学中,用电阻来表示电学元件对电流阻碍作用的大小,其定义式为

$$R = \frac{U}{I} \tag{2-17}$$

这样,只要用电压表测出元件两端的电压 U,同时用电流表测出通过该元件的电流 I,就可以测出元件电阻 R. 这种测量方法称之为伏安法.

为了测量电阻,通常采用图 2-29 所示的两种电路,根据电流表的连接方式,图 2-29(a)为电流表的内接法,图 2-29(b)为电流表的外接法.

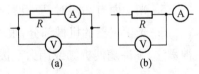

图 2-29　电流表内接、外接电路

由于电表有内阻,无论采用内接法还是外接法,均会给测量带来系统误差. 在图 2-29(a)中,所测电流 I 是流过待测元件的电流,但所测电压 U 是元件和电流表上电压的总和. 设电流表的内阻为 R_A,根据式(2-17)

$$\frac{U}{I} = R + R_A$$

则有

$$R = \frac{U}{I} - R_A$$

如果用 $R_测=\dfrac{U}{I}$ 近似，其结果必然比元件电阻 R 的实际值偏大，二者之差为

$$\Delta R = R_测 - R = R_A \tag{2-18}$$

显然，只有当电流表内阻 R_A 远小于待测元件电阻 R 时，用内接法测量不会带来明显的系统误差．如果电流表内阻 R_A 已知，则应从测量结果中减去 R_A 才是实际电阻值．

同样，在图 2-29(b) 中，所测电压 U 是元件两端电压，所测电流 I 是元件和电压表上流过的电流的总和．设电压表的内阻为 R_V，由式(2-17)，$R_测=\dfrac{U}{I}$ 应是元件电阻 R 和 R_V 的并联电阻值，即

$$\frac{U}{I} = \frac{R_V R}{R_V + R}$$

则有

$$R = \frac{U R_V}{I R_V - U} = \frac{R_测 \cdot R_V}{R_V - R_测}$$

如果用 $R_测=\dfrac{U}{I}$ 近似，其结果必然比元件电阻 R 的实际值偏小，二者之差为

$$\Delta R = R_测 - R = -\frac{R^2}{R + R_V} \tag{2-19}$$

只有电压表内阻 R_V 远大于待测元件电阻 R 时，用外接法测电阻不会带来明显的系统误差．如果电压表内阻 R_V 已知，则可用上式对其测量结果进行修正．

因此，只有在对电阻值的测量精度要求不高时，才使用伏安法．通常在测量小电阻，且电压表内阻远大于待测电阻时，采用电流表外接；在测量大电阻，且电流表内阻远小于待测电阻时，采用电流表内接．

2. 元件的伏安特性

给一个电学元件通电，元件两端的电压 U 与通过元件的电流 I 之间存在着一一对应关系，以电压 U 为横坐标、电流 I 为纵坐标，作出 $I\sim U$ 曲线，称为该元件的伏安特性曲线．图 2-30 为常用元件的伏安特性曲线，其中(a)为金属膜电阻；(b)为灯泡灯丝电阻；(c)为二极管；(d)为稳压二极管．

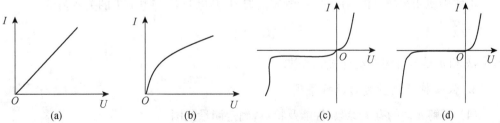

图 2-30　常用元件伏安特性曲线

如果伏安特性曲线为直线,表示元件电阻值为一常数,不随电压电流变化,这样的元件叫做线性元件,如金属膜或碳膜电阻;如果伏安特性曲线为曲线,表示元件电阻值随电压电流变化,则为非线性元件,如半导体二极管、灯丝等.

(1) 二极管(符号 D). 二极管是一种常用的非线性元件,由 P 型、N 型半导体材料制成 PN 结,经欧姆接触引出两电极封装而成,两个电极分别为 P 极(正极)、N 极(负极).当二极管 P 端处于电路中高电位、N 端处于低电位时,其两端电压为正向偏置电压;反之,则为反向偏置电压.

二极管的特点是单向导电性,即当其两端加正向电压时,二极管导通;反向则截止.二极管伏安特性曲线如图 2-30(c),由图可见,在正向电压和反向电压较小时,电流都较小. 当正向电压加到某一数值 U_D 时,正向电流(mA 量级)明显增大,随着电压加大,电流急剧增大,伏安曲线趋近为一条直线. 将此段直线反向延长与横轴相交,交点 U_D 称作正向导通阈值电压. 锗二极管 U_D 为 0.1~0.3 V,硅二极管 U_D 为 0.4~0.7 V.

反向电压较小时,电流(μA 量级)值基本不变. 当反向电压超过某一数值 U_B 时,电流急剧增大,这种情况称作击穿,U_B 称作反向击穿电压. 击穿后的二极管产生短路,没有其相应的特性了.

由于二极管具有单向导电性,在电子电路中得到了广泛应用,常用于整流、检波、限幅、元件保护以及在数字电路中作为开关元件等.

(2) 稳压二极管(符号 D_Z). 稳压二极管是一种特殊的半导体二极管,其伏安特性曲线如图 2-30(d)所示. 由图可见,稳压二极管的正向伏安特性与普通二极管的类似,只是在反向伏安特性区,当稳压二极管达到某一电压值 U_Z 后,在该值附近很宽的电流范围内伏安特性曲线十分陡直. 在这个区域内,改变外加电压,仅引起通过稳压二极管的电流变化,而稳压管两端电压值维持恒定,这个 U_Z 值称为稳压二极管的稳压值.

稳压二极管工作在反向击穿区,常用在稳压、恒流等电路中. 与一般二极管不同,稳压管的反向击穿是可逆的,即去掉反向电压,稳压管又恢复正常. 当然,如果反向电流超过允许范围,稳压管同样会因热击穿而损坏.

(3) 白炽灯泡. 白炽灯是日常生活中经常使用的光源之一,由金属钨丝制成灯丝,灯丝电阻随着温度升高而增大,通过灯丝的电流越大,其温度越高,阻值也越大. 灯泡灯丝"冷电阻"与"热电阻"的阻值相差较大,其伏安特性曲线如图 2-30(b)所示,因此,灯丝是非线性元件.

本实验所用钨丝灯泡,在一定的电流范围内,其电压 U 与电流 I 的关系为

$$U = kI^n \tag{2-20}$$

式中,k 和 n 是与灯泡灯丝有关的常数.

3. 伏安特性测量时的注意事项

(1) 了解元件的有关参数、性能及特点,确定测量范围.

(2) 根据测量范围选定电源电压,使元件的电压、电流都不大于其额定数值.

（3）为了得到从零开始连续可调的电压，通常采用变阻器一级或二级分压接法.

（4）首先对被测元件进行粗测，大致了解其变化规律，然后合理选点细致测量.

2.5.3 实验仪器

MPS-3003L-1 直流电源，数字万用表 2 块，电位器 50 Ω，25 W，电位器 10 Ω，25 W，元件测试板（含定值限流电阻 51 Ω，待测直流电阻、二极管、稳压二极管、小灯泡），单刀开关，导线若干.

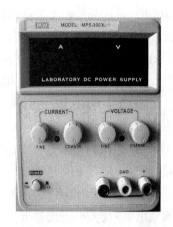

图 2-31　MPS-3003L-1 直流电源

1. MPS-3003L-1 直流电源

MPS-3003L-1 直流电源前面板如图 2-31 所示，图中下部从左到右分别是电源工作通断按键、电源输出负端、电源机壳相连端子（同时与电源接地线相连）、电源输出正端；中部从左到右为电流输出细调、粗调旋钮，电压输出细调、粗调旋钮；上部为电流、电压输出大小 LED 显示屏幕.

该电源具有预设电压、电流功能，输出电压（0～30 V）、电流（0～3 A）连续可调，相应各调节旋钮顺时针方向逐渐增大，逆时针方向逐渐减小.

当该电源作为稳压源使用时，先顺时针调节电流旋钮预设电流值，然后再调节电压输出为选定值.当电路中电流大于预设电流值时，电源会自动切断供电输出.

2. 数字万用电表

数字万用电表是在直流数字电压表的基础上配接各种变换器将连续变化的模拟量变为离散的数字量，经过处理，再通过数码显示器以十进制方式显示测量结果.其功能强、精度高、测量速度快、使用方便，不仅可以测量直流电压、直流电流、电阻、交流电压、交流电流，还可以测量二极管正向压降、三极管直流放大系数、电容、温度、频率等物理量，也可以进行电路或器件的通断测试.

（1）数字万用电表主要技术指标

数字万用表的主要技术指标有位数、准确度、分辨率、输入阻抗，现以直流电压档为例说明.

① 位数.数字电压表能完整显示数字的最大位数.能显示出 0～9 这 10 个数字称为一个整位，不足的称为半位.例如，能显示"999 999"时，称为六位；最大能显示"4 999"或"1 999"的称为三位半.半位都是出现在最高位.

② 准确度.数字万用表准确度由两部分组成

$$\Delta U = \pm a\% U_x \pm 几个字$$

其中，U_x 为读数值，a 为准确度等级，$a\% U_x$ 称为读数误差，而"几个字"则表示使用该量程时的最小误差. 第一部分误差反映了各种变换器的综合误差,而第二部分误差反映了数字化处理带来的误差.

③ 分辨率. 分辨率反应了仪表的灵敏度,是指数字电压表能够显示被测电压的最小变化值,即最小量程显示器末位跳变一个字所对应的最小输入电压.

④ 输入阻抗. 输入阻抗相当于电表内阻,直流数字电压表的输入阻抗很大,一般为 10 MΩ,而且与量程无关,因此作为电压表使用时,电表的接入误差可以忽略不计. 但需要注意的是,直流电流表的内阻并不是非常小,一般 200 μA 档的内阻约为 1 000 Ω;2 mA 档内阻约为 100 Ω;20 mA 档内阻约为 10 Ω.

(2) 数字万用电表的使用注意事项

① 数字万用电表功能强、量程多. 使用前应阅读说明书,了解其性能、使用方法及注意事项.

② 数字万用电表一般使用内置 9 V 的叠层电池,按下电源键,如果显示电池电压不足的图形,则需更换电池.

③ 看清所用数字万用电表的功能和量程,根据被测量的种类(交流或直流;电压、电流或电阻)及大小将选择开关调到合适位置. 如果不清楚被测量大小,应选择最大量程试测.

(3) 数字万用电表的使用方法

① 测量直流电压. 选择 DCV 量程;将红表笔插入 VΩ 孔,黑表笔插入 COM 孔内;测量时,表笔并接在被测元件两端,在显示测值大小时,同时显示红表笔极性.

注意:使用时如只在最高位显示"1",表示被测量超过量程;测量时,双手不得接触表笔的金属部分;不得接入测量高于 1 000 V 直流电压;使用完毕,关闭电源开关.

② 测量直流电流. 选择 DCA 量程;黑表笔插入 COM 孔内;红表笔插入 mA 孔,如果电流大于 200 mA,则应插到 A 插孔;电流表应串接入电路.

注意:测量电流前一定要进行核算,避免电流过大造成损坏;切记用电流量程去测量电压,否则必损坏万用电表;使用完毕,关闭电源开关.

③ 测量电阻. 选择 Ω 量程;将红表笔插入 VΩ 孔,黑表笔插入 COM 孔内;表笔并接在被测电阻两端.

注意:使用电阻量程两表笔断开时,电表示值为"1",说明这时电阻为无穷大. 将两表笔短接,电表示值应该为零. 如果不为零,所显示的是短路电阻值,以后测量时作为系统误差扣除;不得测量带电电阻;测量时双手不要同时接触表笔的金属部分;使用完毕,关闭电源开关.

④ 测量交流电压和交流电流. 将功能开关(或功能键)置于 AC 处;表笔位置和测试方法与测量直流电压和直流电流时相同.

注意:数字万用电表检测交流信号频率范围为 45~1 000 Hz,超过此范围的显示示值不可靠;检测交流电压不得高于 750 V;使用完毕,关闭电源开关.

3. 电位器

电位器在电学中的应用十分广泛,多数情况下都是用电位器来达到控制电路中电流或电压的目的.

电位器有三个接线端,中间端为可变端.选用电位器时,必须考虑它的两个主要参数:阻值(两固定端间的电阻值)和额定电流(允许通过的最大电流)或额定功率.

为了得到从零开始的连续变化的电压,电位器采用分压接法.此时,两固定端分别接电源的正负极,可变端和负端接入负载电路,此为一级分压接法.当采用分压接法时,为了得到线性变化的电压,负载阻值至少大于 2 倍的电位器阻值.负载得到的最小电压为零,最大电压为电源输出电压.

为了得到从某一值开始的连续变化的电流,电位器采用限流接法.此时,将一固定端和可变端串接入电路,此为一级限流接法.限流接法时,为了得到较宽的电流变化范围,电位器阻值通常较大.

2.5.4 实验内容与方法

本实验测量电路如图 2-32 所示.

注意事项

(1) 为保护待测元件,除在电路中接有与待测元件串接的定值限流保护电阻外,接通电路前电源输出最小,电位器处于安全位置(负载输出最小).

(2) 每次更换待测元件、改变测量线路时,应先将电源输出电压调至最小,并切断电路开关.

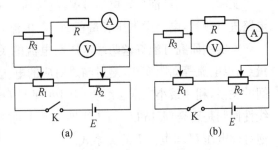

图 2-32 元件伏安特性测量电路

1. 电阻的伏安特性

实验测量用电阻 R 约为 510 Ω、额定功率 5 W,因此选用图 2-32(a)电流表内接电路进行测量,电路中电流表量程 20 mA,电压表量程 20 V,电源输出电压 12 V.

由于电阻是线性元件,测量中可等间距选取 6～8 个测量点.利用测量数据作出电阻伏安特性曲线,从图线上选取两点计算出电阻的实验测量值,将其与参考值比较分析误差的原因.

2. 二极管的正向伏安特性

二极管正向导通电压较低(锗管 0.1～0.3 V、硅管 0.4～0.7 V),导通后电阻很小且随电流变化.因此选用图 2-32(b)电流表外接电路进行测量,电路中电压表量程 2 V,电流表量程 20 mA,电源输出电压 2.5 V.

由于二极管是非线性元件,测量时要注意合理取点.一般做法是,调节负载电压使电流分别为 0，0.05，0.1，0.5，1.0，…，16，17，18 mA，记录对应的电压值.

作出二极管的正向伏安特性，从图线上电流 18 mA 点附近选取三个线性点作直线，通过该直线反向延长与横轴交点求出所测二极管的正向导通阈值电压.

注意：作非线性关系图时，测量点通常取 11～15 个.

3. 稳压二极管的反向伏安特性

实验测量用稳压二极管稳压值约为 6 V，测量中反向工作电流最大取 15 mA. 稳压二极管反向偏置接入电路，其两端电压没有达到稳压值时，电路中电流极其微小，故采用图 2-32(a)电流表内接电路进行测量，电路中电压表量程 20 V，电流表量程 20 mA，电源输出电压 8 V.

由于稳压二极管是非线性元件，测量时要注意合理取点. 一般做法是，调节负载电压使电流分别为 0，0.05，0.1，0.5，1.0，…，5，10，15 mA，记录对应的电压值.

作出稳压二极管的反向伏安特性，从图线上求出 10 mA 电流点对应的电压值，该值即为稳压二极管的稳压值.

注意：作非线性关系图时，测量点通常取 11～15 个.

4. 灯泡灯丝两端电压与电流的关系

实验测量用灯泡额定电压 6 V，电流约为 100 mA. 因此选用图 2-32(b)电流表外接电路进行测量，电路中电压表量程 20 V，电流表量程 200 mA，电源输出电压 12 V.

本实验研究灯泡灯丝两端电压与电流的关系，在整个量值变化范围内取 6～8 个测量点，以电流等间距变化，测量与之对应的电压值. 将 I，U 曲线改直，研究 $\ln U$，$\ln I$ 之间的关系，利用最小二乘法线性回归处理 $\ln U$，$\ln I$，并计算线性回归系数，判断所作的线性回归是否合理. $\ln U$，$\ln I$ 线性关系式的斜率即为 n，截距即为 $\ln k$，从而得出待测灯泡灯丝电压 U 与电流 I 的关系式.

2.5.5 原始数据记录及处理

1. 电阻的伏安特性(表 2-23)

表 2-23   电阻伏安特性测量数据记录

序数							
U/V							
I/mA							

从电阻伏安特性曲线上选取两点   图线斜率为

电阻阻值 $R=$

电阻伏安特性曲线特点

2. 二极管的正向伏安特性（表 2-24）

表 2-24　　　　　　　　　　二极管正向伏安特性测量数据记录

序数										
U/V										
I/mA										

二极管正向导通阈值电压 $U_D =$
二极管的正向伏安特性特点

3. 稳压二极管的反向伏安特性（表 2-25）

表 2-25　　　　　　　　　　稳压二极管反向伏安特性测量数据记录

序数										
U/V										
I/mA										

稳压二极管稳压值 $U_Z =$
稳压二极管的反向伏安特性特点

4. 灯泡灯丝两端电压与电流的关系（表 2-26）

表 2-26　　　　　　　　　灯泡灯丝两端电压与电流的关系测量数据记录

序数							
I/mA							
U/V							
$\ln I/\ln mA$							
$\ln U/\ln V$							

$\ln U$, $\ln I$ 函数关系式
线性相关系数 $\gamma =$
斜率 $n =$ 　　　，截距 $\ln k =$ 　　　，$k =$ 　　　，灯泡灯丝电压 U 与电流 I 的关系式

2.5.6　分析与思考

1. 预习思考题

(1) 什么是伏安法？利用伏安法测量元件电阻常采用哪两种电路？电路的适用条件是什么？

（2）什么是伏安特性曲线？从该曲线上能获得哪些有用的信息？

（3）如果已知电压表内阻R_V、电流表内阻R_A，是否能根据待测电阻的粗测值选用测量误差较小的方法？请推导出有关选择测量方法的判据.

2. 实验思考题

（1）在测量二极管正向伏安特性时，实验中只利用了电流表的外接法. 请根据所测数据点获取的有关数值分析讨论，在本实验所用仪器情况下，是否必须分段（导通前、导通后）利用不同的方法进行测量？

（2）测量发现，灯泡灯丝"冷电阻"与"热电阻"的阻值相差较大. 根据灯丝伏安特性曲线图 2-30(b)，是否能设计出恰当的方法，测出灯丝室温下的阻值？

2.5.7　附录

电学实验规程

在电学实验中，实验器件的布局和线路的正确连接非常重要. 器件布局不合理，实验时就不顺手，而且造成接线混乱，不便于检查线路，容易出错，甚至可能导致严重事故. 为此，提出下列要求：

1. 器件布局合理

在实验电路图中，各种器件用一定的图形和符号表示. 接线前，首先必须了解线路图中每个图形符号所代表的器件，弄清楚它们的作用，然后按照"走线合理，操作方便，易于观察，实验安全"的原则布置器件.

通常情况下，可按照电路图中器件位置摆放好各器件. 对于电源、检流计等较大器件，可用导线连接至相应位置.

2. 回路接线

连接线路时，一般从电源开始（先不与电源接通），依次连接. 当线路比较复杂时，可根据电路图将其分成几个回路，先接完一个回路，再分别连接其他回路，最后再接通电源. 接线时要做到正确、合理、简洁，同时避免在一个接线柱上集中三个以上的接头.

3. 检查线路

线路接好后，首先自己仔细检查有无错误或遗漏，然后同学之间互查.

4. 通电实验

通电实验之前，应首先使电源输出最小、变阻器处于安全位置、电源电路开关断开. 接通电源时，密切观察所有仪器有无异常现象（如指针是否超过量限、指针是否反转等）. 如有异常现象，应立即切断电源，重新检查，分析原因. 如电路正常，可从较小的电压或电流开始，定性观察实验现象，然后再按实验要求定量测量数据.

注意：实验测量过程中，若因方法的改变需变换电路时，应首先将电路中各器件调节到安全位置（如电源输出调至最小、变阻器分压调至最小、限流调至最大等等），再断开电路和电源开关．重新接好线路后，也应仔细检查无误后，按上述方法要求通电实验．实验完毕，应将各仪器恢复到初始安全位置，断开电源．

5. 数据记录与检查

实验中所用电表大多是多量程的，测量读数时应根据表的参数，直接读出准确的数值来，不要先记录格数，然后再换算为具体数值．

6. 拆线、整理

如前所述，接线时应"先接线路、后接电源"，而拆线整理时则应"先断电源、后拆线路"，同时将实验器件摆放整齐，环境清理干净．

第3章 基础实验

3.1 拉伸法测钢丝杨氏模量

固体材料在外力作用下发生形状变化,称之为形变.当外力在一定限度内时,一旦外力停止作用,形变随之消失,这种形变称为弹性形变;如果外力过大,形变不能全部消失,留有剩余的形变,称为塑性形变.当塑性形变开始出现时,就表明材料达到了弹性限度.

杨氏模量是描述固体材料抵抗拉伸或收缩形变能力的重要物理量,它反应了材料弹性形变与内应力的关系,由英国物理学家托马斯·杨于1807年提出.实验表明,杨氏模量仅与材料的物质结构、化学结构及其加工制作法有关.杨氏模量越大的材料,要使它发生一定的相对形变所需的单位截面上的作用力也越大.杨氏模量标志了材料的刚性.

3.1.1 实验目的

1. 了解杨氏模量的物理意义,学会用静态拉伸法测定钢丝的杨氏模量;
2. 学习使用光杠杆法及CCD成像系统观测微小长度的变化;
3. 学会用逐差法、作图法处理实验数据;
4. 学习从诸多直接测量量中分析实验结果的主要误差来源.

3.1.2 实验原理

材料在发生弹性形变时,内部会产生恢复原状的内应力.当一个长为 L、截面积为 S 的钢丝受沿长度方向的外力 F 作用后,伸长量为 ΔL.如果忽略钢丝的重量,在平衡状态时,任一截面上的内应力都与外力相等,其单位面积上的垂直内应力(正应力)就等于 $\dfrac{F}{S}$,而钢丝的相对伸长量 $\dfrac{\Delta L}{L}$ 称为线应变.在弹性限度内,由胡克定律知

$$\frac{F}{S} = E\frac{\Delta L}{L}$$

则

$$E = \frac{\dfrac{F}{S}}{\dfrac{\Delta L}{L}} \tag{3-1}$$

式中,比例系数 E 称为材料的杨氏模量,数值上等于产生单位线应变的垂直内应力,单位为 N/m^2,亦即 Pa.

从式(3-1)可知,只要测出 F, L, S 以及在外力作用下的钢丝的伸长量 ΔL,就可以测出钢丝的杨氏模量. 由于 ΔL 是微小变化量,不易测得,而它对杨氏模量的影响很大,因此必须准确测量,这是本实验要解决的核心问题. 为此,利用光杠杆法及 CCD 成像系统测量微小长度的变化,并在测量过程中利用上行法(逐步加大外力)、下行法(逐步减少外力)取平均记录位置读数,采用逐差法处理位置读数.

实验中,如钢丝所受外力 F 的质量数为 m,$F = mg$(g 为当地重力加速度);钢丝直径为 d,则其横截面积为 $S = \dfrac{\pi d^2}{4}$. 这样,式(3-1)变为

$$E = \frac{4mgL}{\pi d^2 \Delta L} \tag{3-2}$$

I 光杠杆法测钢丝杨氏模量

如图 3-1 所示,光杠杆由反射镜、反射镜转轴支座和与反射镜镜固定连动的动足等组成,动足放在钢丝下方的夹头上,当钢丝收缩或拉伸时,动足会随之上下移动,光杠杆镜面将向前或向后倾斜.

开始时,光杠杆的反射镜法线与水平方向成一夹角,在望远镜中恰能看到标尺刻度 a_0 的像. 当 L 长钢丝受力后,产生微小伸长 ΔL,动足尖下降,从而带动反射镜转动相应的角度 θ,根据光的反射定律可知,在出射光线(即进入望远镜的光线)不变的情况下,入射光线转动了 2θ,此时望远镜中看到标尺刻度为 a_1.

图 3-1 中,b 为光杠杆动足到反射镜转轴的垂直距离,H 为反射镜转轴与标尺的垂直距离,钢丝伸长前后望远镜中标尺像的读数差为 $l = a_1 - a_0$. 当 ΔL 很小时,θ 很小,则有

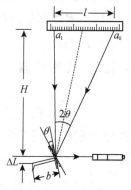

图 3-1 光杠杆放大原理

$$\tan \theta = \frac{\Delta L}{b} \approx \theta, \ \tan 2\theta \approx \frac{l}{H} \approx 2\theta$$

可以得出

$$\Delta L = \frac{bl}{2H} \tag{3-3}$$

这样微小伸长量 ΔL 的测量被放大为 l 测量.

光杠杆放大倍数 M 可用下式算出

$$M = \frac{l}{\Delta L} = \frac{2H}{b} \tag{3-4}$$

为了提高光杠杆的放大倍数,通常用加大 H 减小 b 来实现,但减小 b 势必导致 θ 增加,从而破坏近似条件,故此方法实不可取.当空间有限时,还可采用多次反射加大 H.

将式(3-3)代入式(3-2),得

$$E = \frac{8mgLH}{\pi d^2 bl} \tag{3-5}$$

上式即为光杠杆法测量钢丝杨氏模量的原理、公式.

Ⅱ CCD 法测钢丝杨氏模量

利用式(3-2)测定杨氏模量的方法称为拉伸法.对于式中的钢丝微小伸长量 ΔL 还可用 CCD 成像系统直接测量.

CCD 杨氏模量测量仪包括钢丝和支架、显微镜、CCD 成像显示系统三部分.钢丝夹在上下两个夹具中,下夹具中部的小白板上刻有十字线.显微镜目镜前方装有分划板,板上刻有分度值为 0.05 mm 的刻线,每隔 1 mm 有一数字,刻度范围0~6.5 mm;显微镜物镜的作用是把钢丝下端白板上十字线成像在分划板平面上,这样显微镜就可用来观测钢丝下端白板上横刻线位置.CCD 成像显示系统的作用是将显微镜对圆柱体细横刻线和分划板刻线相对位置所成的图像进一步放大和显示出来.实验中测得的钢丝受力前后细横线在分划板上刻度线位置的变化量,就是微小伸长量值.

3.1.3 实验仪器

ZKY-YM 数显近距转镜式杨氏模量仪,WYM-1型 CCD 杨氏模量测定仪,螺旋测微器,游标卡尺,卷尺等.

1. ZKY-YM 数显近距转镜式杨氏模量仪

ZKY-YM 数显近距转镜式杨氏模量仪如图 3-2 所示,主要由实验架、望远镜系统、数字拉力计、测量工具等组成.

(1)实验架.实验架是钢丝杨氏模量测量的主要平台.钢丝通过下端夹头与拉力传感器及旋转施力螺母装置相连,拉力传感器输出拉力信号通过数字拉力

1—标尺;2—望远镜;3—旋转施力螺母;4—拉力传感器;5—反射镜;6—光杠杆动足;7—数字拉力计

图 3-2 ZKY-YM 杨氏模量仪

计显示钢丝受到的拉力值. 光杠杆反射镜的转轴支座被固定在一台板上,动足尖自由放置在夹头表面. 反射镜转轴支座的一边有水平卡座和垂直卡座. 水平卡座的长度为28.50 mm,等于测微器的微分筒压到 0 刻线时反射镜转轴与动足尖的水平距离,该距离在出厂时已严格校准. 旋转测微器微分筒可改变光杠杆动足到反射镜转轴的距离. 实验架含有最大加力限制功能,最大实际加力不应超过13.00 kg.

(2) 望远镜系统. 望远镜系统包括望远镜支架和望远镜. 望远镜目镜物方焦面附近有一分划板,其上刻有十字线,调节目镜旋转套筒可改变分划板与目镜的距离,当此距离为目镜物方焦距时,通过目镜可清晰看到分划板的像. 旋转物镜套筒改变物镜与目镜的距离,当物镜前方较远处物体经物镜折射成像在分划板平面上时,通过目镜可同时看到分划板及较远处物体的像. 此步工作称为望远镜调焦.

本实验用望远镜放大倍数 12 倍,最小成像距离 0.3 m. 使用时,首先调节目镜看清分划板的像,然后调节物镜看清较远处物体的像.

(3) 数字拉力计. 数字拉力计工作电源为市电,前面板如图 3-3 所示,拉力显示范围 0～19.99 kg(三位半数码显示),最小分辨力0.01 kg. 该拉力计具有显示清零功能(短按清零按钮显示清零),使用时拉力传感器信号线接入数字拉力计信号接口,用 DC 连接线连接数字拉力计电源输出孔和背光源电源插孔.

图 3-3　数字拉力计前面板

(4) 测量工具. 测量工具参数、用途见表 3-1.

表 3-1　　　　　　　　　　　　　测量工具参数、用途

量具名称	量程	分辨力	误差限	用于测量
标尺/mm	80.0	1	0.5	l
钢卷尺/mm	3 000.0	1	0.8	L, H
游标卡尺/mm	150.00	0.02	0.02	b
螺旋测微器/mm	25.000	0.01	0.004	d
数字拉力计/kg	20.00	0.01	0.05	m

注意事项

① 水平卡座的长度出厂时已严格校准,勿随意调整动足与反射镜框之间的位置.

② 严禁改变限位螺母位置,避免最大拉力限制功能失效.

③ 加力勿超过实验最大加力值. 加力和减力过程,施力螺母不能回旋.

④ 实验完毕后,应旋松施力螺母,使钢丝自由伸长,并关闭数字拉力计.

⑤ 实验中,不能用手摸任何光学镜面.

2. WYM-1 型 CCD 杨氏模量测定仪

WYM-1 型 CCD 杨氏模量测定仪由杨氏模量装置、显微镜、CCD 成像显示系统(CCD 摄像机、监视器)组合而成,如图 3-4 所示.

(1) 杨氏模量装置. 杨氏模量装置包括金属丝、支架及底座. 底座上装有两根立柱和水平调整螺钉,调节调整螺钉可以使立柱铅直,这可由放置在底座上的水准仪判断. 待测钢丝的上端夹紧在顶部的夹具中,下端连有一个小白板,白板中部刻有十字线,下部悬挂着砝码托盘,用于放置拉伸钢丝所用的砝码.

(2) 显微镜. 显微镜用来观测钢丝下端白板中部十字线的横线位置及其变化,显微镜分划板上有一竖线,其上每隔 1 mm 刻一数字,每毫米间分 20 小格,每小格 0.05 mm. 显微镜总放大倍率 25 倍.

(3) CCD 成像系统. CCD 摄像机将所摄图像(分划板竖线刻度及十字线)输入到黑白监视器上,以供观测.

显微镜、CCD 摄像机通过连接支架放在吸附在底座表面的磁性座上,以防意外碰撞而使光路变化. 磁性座上

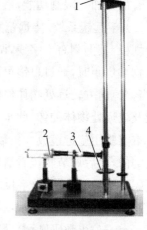

1—钢丝夹具;2—CCD 摄像机;
3—显微镜;4—砝码盘

图 3-4　WYM-1 杨氏模量测定仪

具有上下、前后位置二维粗、细调节机构,借此可改变显微镜、CCD 摄像机的位置,以获得清晰成像.

3.1.4　实验内容与方法

Ⅰ　光杠杆法测量杨氏模量

1. 调节实验架

(1) 打开数字拉力计电源开关,背光源被点亮,标尺刻度清晰可见,数字拉力计显示此时加到钢丝上的力,预热 10 min 左右.

(2) 旋转施力螺母,给钢丝施加一定的预拉力 m_0(3.00 kg),将钢丝原本存在弯折的地方拉直.

(3) 目测检查钢丝是否铅直,否则调节相应的实验架底脚水平调节螺钉.

(4) 检查光杠杆动足是否位于细丝夹头表面平台上. 如要改变光杠杆动足到反射镜转轴的垂直距离 b,可旋转光杠杆上的测微器的微分筒,此时 b 值为水平卡座长度(28.50 mm)加测微器上读数.

2. 调节望远镜

(1) 调节望远镜高度使从实验架侧面目视时反射镜转轴大致在镜筒中心线上,移动

望远镜使物镜与反射镜转轴距离略大于 30 cm.

（2）调节目镜旋转套筒，看清分划板十字线；旋转物镜套筒，看清标尺的像.

（3）水平移动望远镜支架，使十字分划线纵线对齐标尺中心；调节支架底脚螺钉，使十字分划线横线与标尺刻度线平行；调节平面镜角度调节旋钮使十字线横线对齐 2.0 cm 的刻度线上或其下方附近，避免测量时超出标尺量程.

3. 测量各直接测量量

（1）测量 l. 按一下数字拉力计上的"清零"按钮，拉力显示值为 0. 记录此时对齐十字线横线的标尺刻度值 a_0.

缓慢旋转施力螺母逐渐增加钢丝的拉力，每隔 1.00 kg 记录十字线的横线在标尺上的位置读数 a_1，a_2，a_3，a_4，a_5，a_6，a_7，a_8，此即上行法测量.

a_8 数据记录后，旋转施力螺母使钢丝受力增加 0.50 kg 左右，数字拉力计显示 8.50 kg. 然后反向旋转施力螺母减小钢丝的拉力到 8.00 kg，记录与之对应的十字线横线位置读数 a_8'. 逐渐减小钢丝的拉力，每隔 1.00 kg 记录十字线的横线位置读数 a_7'，a_6'，a_5'，a_4'，a_3'，a_2'，a_1'，此即下行法测量.

算出对应于相同拉力值的平均值 $\bar{a}_i$，作为此时十字线横线的位置读数. 这样做的目的是为了消除钢丝伸长和收缩的滞后现象所带来的系统误差.

注意：加力和减力时，动作一定要轻且施力螺母不能回旋.

（2）测量钢丝长度 L. 在钢丝拉直状态下，用卷尺一次测量钢丝原长 L（两夹头之间，即上夹头下表面到平台上表面部分）. 由于测量受到实验装置结构的限制，尺子无法贴紧钢丝，测量达不到尺子的精度，故其误差限取 3 mm.

（3）测量反射镜转轴与标尺的垂直距离 H. 用卷尺一次测量反射镜转轴到标尺的垂直距离 H，钢卷尺的始端放在标尺板上表面，另一端对齐垂直卡座的上表面，该表面与转轴等高.

（4）测量光杠杆动足到反射镜转轴垂直距离 b. 光杠杆动足到反射镜转轴垂直距离 b 为水平卡座长度 28.50 mm 与测微器上微分筒的读数（精确到 0.01 mm）之和. 一次测量 b 值.

注意：如需测量水平卡座长度，可用 50 分度游标卡尺.

（5）测量钢丝直径 d. 在钢丝拉直状态下，用螺旋测微器在钢丝 5 个不同位置正交测量钢丝直径 d. 所谓正交测量，即是在某一位置相互垂直测量两次. 这样做的目的是为了消除钢丝粗细不均、截面不圆所造成的系统误差.

注意：测量钢丝直径时，要注意维持钢丝的平直状态，切勿将钢丝扭折. 操作时，拿螺旋测微器的手要依托在钢丝支架上；当夹紧读数时，手不能动，读数要迅速准确.

4. 数据处理

（1）对 L，H，b，d 等直接测量量，计算出相应最佳值及其绝对不确定度，并将结果完整表示.

（2）对 l 量，用逐差法处理相关数据，计算出钢丝受力 m kg 时，光杠杆放大后的钢丝伸长量 l 的最佳值及其不确定度，并将结果完整表示.

(3) 计算出待测钢丝杨氏模量最佳值及其不确定度,并将结果完整表示.

(4) 计算出光杠杆放大倍数,计算出待测钢丝每加载 1 kg 力时伸长量 ΔL.

Ⅱ CCD 法测量杨氏模量

1. 调节杨氏模量装置

调节 WYM-1 型 CCD 杨氏模量测定仪底座调整螺钉,目测测量仪的底座平台水平,支架、钢丝铅直. 然后在钢丝下端砝码托盘上加一个 500 g 砝码使钢丝处于拉直状态,避免测量中将拉直过程当成伸长过程.

2. 调节测量显微镜及 CCD 成像系统

(1) 旋转调节目镜与分划板的距离,通过目镜看清分划板刻度线的像;然后将显微镜物镜靠近并对准十字线,通过调节磁性座前后位置改变显微镜物镜与十字线的距离,通过显微镜看清十字线.

注意:若十字线竖线不与水平垂直,可调节杨氏模量装置底脚螺钉.

(2) 连接好 CCD 摄像机与监视器,在监视器内看到 CCD 摄像机拍摄的图像. 然后将 CCD 放到磁性座上,调整 CCD 的位置使其贴近、对准显微镜目镜,调节 CCD 摄像机前的调焦镜头,直到在监视器中能看到清晰的分划板刻度线与十字线像为止.

(3) 按先定性观察,再定量测量的原则,观察一下增减砝码时 CCD 摄像机能否确保数据正常读取,再进行正式测量. 特别注意读数不能超出刻度之外,否则还需微调显微镜、CCD 摄像机的上下位置.

注意:显微镜和 CCD 摄像机所构成的光学系统一经调好,测量中不能再有任何移动,否则所测数据无效,实验就要从头做起. 加减砝码时要轻拿轻放,待系统稳定后再读数.

3. 测量各直接测量量

(1) ΔL 的测量

利用上行法、下行法分别测量记录砝码盘上逐次增加、减少 200 g 砝码,十字线的横线位置读数 a_1, a_2, a_3, a_4, a_5, a_6, a_6', a_5', a_4', a_3', a_2', a_1',对应数据取平均作为该砝码数十字线横线的位置读数.

注意:加减砝码动作要轻,防止砝码摆动;砝码的缺口要垂直交错开,否则,砝码极易倾倒;测量过程中,不要用力压桌子,以免读数漂移.

(2) 测量钢丝长度 L. 在钢丝拉直状态下,用卷尺一次测量钢丝原长 L(两夹头之间部分). 由于受到实验装置结构的限制,无法正常测量,故卷尺误差限取 3 mm.

(3) 测量钢丝直径 d. 在钢丝拉直状态下,用螺旋测微器在钢丝 5 个不同位置正交测量钢丝直径 d.

4. 数据处理

由式(3-2)知

$$\Delta L = \frac{4gL}{\pi d^2 E} m \qquad (3\text{-}6)$$

在确定的实验条件下,钢丝伸长量与钢丝负荷成线性关系,而其斜率 $k = \dfrac{4gL}{\pi d^2 E}$ 为一常数. 以负荷 m 为横坐标,伸长量 ΔL 为纵坐标,作出 $\Delta L \sim m$ 关系图线,从图线上选取两点求出斜率,进而计算钢丝杨氏模量.

3.1.5 原始数据记录及处理

Ⅰ 光杠杆法测量杨氏模量(表3-2—表3-3)

1. 测量 l

表 3-2 伸长量 l 测量数据记录

m_i /kg	a_i /mm	a_i' /mm	$\bar{a}_i$ /mm	$l_i = (\bar{a}_{i+4} - \bar{a}_i)$ mm/4 kg
1.00				
2.00				
3.00				
4.00				
5.00				
6.00				
7.00				
8.00				

l 的平均值 $\bar{l} =$

其 A 类不确定度

其 B 类不确定度

l 的不确定度 $\quad u_l = \sqrt{s_{\bar{l}}^2 + u^2}$

结果表示

2. 测量 L,H

卷尺的初读数 测量时读数 $L =$

L 的不确定度

结果表示

卷尺的初读数 测量时读数 $H =$

H 的不确定度

结果表示

3. 测量 b

水平卡座长度 　　　　　微分筒读数

$b=$ 　　　　　　　　　　b 的不确定度

结果表示

4. 测量 d

表 3-3　　　　　　　　　　　　　钢丝直径测量数据记录

次数								
零读数/mm								
测量值/mm								
直径 d_i/mm								

钢丝直径的平均值

其 A 类不确定度

其 B 类不确定度

钢丝直径的不确定度 $u_d = \sqrt{s_{\bar{d}}^2 + u^2}$

结果表示

杨氏模量不确定度传递公式

杨氏模量最佳值 $E=$

E 的相对不确定度 $u_E / E=$

E 的不确定度 $u_E=$

杨氏模量 E 的结果表达式

光杠杆放大倍数

钢丝每加载 1 kg 力时伸长量 ΔL

Ⅱ　CCD 法测量杨氏模量(表 3-4—表 3-5)

1. 测量 ΔL

表 3-4　　　　　　　　　　　　　伸长量 ΔL 测量数据记录

m_i/g	0	200	400	800	1 000	1 200
a_i/mm						
a_i'/mm						
$\bar{a}_i$/mm						
ΔL/mm						

2. 测量 L

卷尺的初读数   测量时读数 $L=$

3. 测量 d

表 3-5   钢丝直径测量数据记录

次数								
零读数 /mm								
测量值 /mm								
直径 d_i /mm								

钢丝直径的平均值

以负荷 m 为横坐标,伸长量 ΔL 为纵坐标,作出 $\Delta L \sim m$ 关系图线,从图线上选取两点 $A($ $)$,$B($ $)$,计算斜率 $k=$

钢丝杨氏模量 $E=$

3.1.6　分析与思考

1. 预习思考题

(1) 做实验时,为什么要在正式读数前先加砝码把钢丝拉直,如果所加砝码的质量比其他砝码的质量大,会不会影响测量结果?

(2) 如何判断在整个加减砝码过程中钢丝是弹性形变?

(3) 是否任何一组偶数个数据都可以用逐差法处理? 要满足什么条件?

(4) 测量钢丝伸长时,为什么要采用增加砝码和减少砝码两次读数取平均?

2. 实验思考题

根据误差分析,要减小 E 的测量误差,关键应抓住哪几个量的测量? 本实验采取了什么措施?

3.1.7　附录

仪器选配的一般方法

在实验测量中,一般对实验结果都会提出不确定度的要求或期望. 所以在制定实验方案时,必须考虑所采用的仪器、方法以及数据处理是否能满足最终结果的不确定度要求,其中仪器的选配尤为重要.

我们知道,最终结果的不确定度是由各个直接测量量的不确定度通过传递所决定的,为了计算各直接测量量的不确定度可采用等分原则,即传递时,使各个直接量的相对不确定度对最终结果的不确定度贡献相同. 有了每一个直接量的不确定度,便可以根据其大小来合理的选择测量仪器和方法.

值得注意的是,由于测量结果的可靠程度或误差的严重程度是由相对不确定度的大小决定的,所以不确定度的要求都是对相对不确定度而言的,传递和计算时应使用相对不确定度的传递公式.

仪器选配的一般原则归纳为:

(1) 对量值大者,可选用准确度等级低的仪器;反之,要选用准确度等级高的仪器;

(2) 对不确定度传递系数较大的高次项量要选用准确度等级高的仪器;

(3) 若某一分量的相对不确定度对总不确定度影响较小,则其测量次数可少些,甚至一次测量;反之,不仅增加测量次数,而且还要考虑采取相应的数据处理方法;

(4) 选择测量仪器还应考虑实际条件,使测量方便、经济、安全.

3.2 钢体转动惯量的测量

转动惯量是表征转动物体惯性大小的物理量,它与刚体总质量的大小、转轴的位置和质量对转轴的分布有关.对于形状简单的均匀刚体,测出其外形尺寸和质量,就可以计算其绕定轴的转动惯量;对于形状复杂、质量分布不均匀的刚体,由于计算十分复杂,往往用实验的方法来测量.测量刚体转动惯量常用的方法有三线摆法、扭摆法、复摆法等,本实验用扭摆法测量圆盘的转动惯量,同时测出扭摆钢丝的切变模量.

3.2.1 实验目的

1. 加深对转动惯量概念的理解;
2. 掌握扭摆测定刚体转动惯量的基本方法;
3. 了解用扭摆法测定弹性材料切变模量的方法;
4. 掌握周期测量仪器的使用方法.

3.2.2 实验原理

将一金属钢丝上端固定,下端悬挂刚体就构成扭摆,如图 3-5 所示.在扭摆的圆盘上施加外力矩,使之在水平面内转过角度 θ,由于悬线上端是固定的,悬线因扭转而产生弹性恢复力矩.外力矩撤去后,在弹性恢复力矩的作用下,圆盘开始在水平面内绕悬线轴作往复扭转运动.忽略空气阻尼力矩的作用,根据刚体转动定理有

$$M = J_0 \beta \qquad (3-7)$$

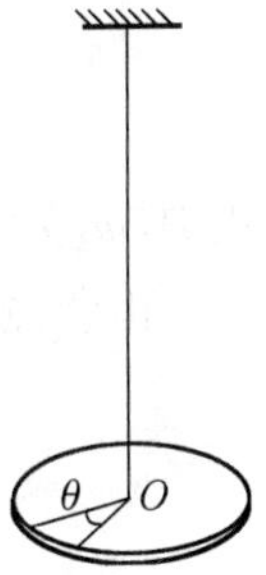

式中,M 为弹性恢复力矩;J_0 为圆盘对悬线轴的转动惯量;β 为角加速度.

图 3-5 扭摆

根据胡克定律,弹性恢复力矩 M 与转角 θ 的关系为

$$M = -K\theta \qquad (3-8)$$

式中,K 为悬线的扭转常数,它与悬线长度 L、悬线直径 d 及悬线材料的切变模量 G 有如下关系

$$K = \frac{\pi G d^4}{32L} \qquad (3-9)$$

由式(3-7)、式(3-8)得

$$\beta + \frac{K}{J_0}\theta = 0 \quad \text{即} \quad \frac{\mathrm{d}^2\theta}{\mathrm{d}t^2} + \frac{K}{J_0}\theta = 0$$

令 $\omega^2 = K/J_0$，则上式变为

$$\frac{\mathrm{d}^2\theta}{\mathrm{d}t^2} + \omega^2\theta = 0$$

上述方程说明扭摆运动具有角简谐振动的特性，此方程解为

$$\theta = A\cos(\omega t + \varphi)$$

式中，A 为简谐振动角振幅；φ 为初相位角；ω 为角速度. 从而，扭摆作简谐振动的周期 T_0 为

$$T_0 = \frac{2\pi}{\omega} = 2\pi\sqrt{\frac{J_0}{K}} \tag{3-10}$$

由上式可见，只要实验测出扭摆的摆动周期，并在 J_0 和 K 中任何一个已知时，即可计算出另一个量.

为了测量扭摆悬线的扭转常数 K 以及圆盘绕悬线的转动惯量 J_0，可以将一规则圆环附加在圆盘上组成复合体，并使复合体质心位于扭摆悬线上，此复合体绕悬线轴的转动惯量为 $J_0 + J_1$. J_1 为圆环绕悬线轴即绕其中心轴转动惯量，其值为

$$J_1 = \frac{1}{8}m_1(D_1^2 + D_2^2) \tag{3-11}$$

式中，m_1 为圆环的质量；D_1 和 D_2 分别为圆环的内径和外径.

由式(3-10)可知，复合体绕悬线轴振动周期

$$T_1 = 2\pi\sqrt{\frac{J_0 + J_1}{K}} \tag{3-12}$$

则由式(3-10)和式(3-12)可得

$$J_0 = \frac{T_0^2}{T_1^2 - T_0^2}J_1 \tag{3-13}$$

$$K = \frac{4\pi^2}{T_1^2 - T_0^2}J_1 \tag{3-14}$$

这样，只要测出 T_0 和 T_1，计算获知 J_1 后，就可以计算出圆盘绕悬线轴的转动惯量 J_0 以及悬线的扭转常数 K. 此后，就可以利用扭摆装置根据式(3-12)测量其他刚体绕其中心轴的转动惯量. 此外，根据式(3-9)，在先行测知悬线长度 L、悬线直径 d 的情况下可算出悬线材料的切变模量 G.

3.2.3 实验仪器

DH4601B 扭摆实验仪,水准仪,卷尺,游标卡尺,螺旋测微器等.

DH4601B 扭摆实验仪

DH4601B 扭摆实验仪由主机和扭摆两部分组成.

图 3-7 扭摆

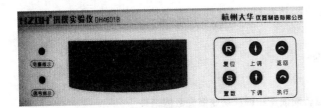

图 3-6 实验仪主机

主机面板如图 3-6 所示,其采用新型的单片机控制系统,用于测量挡光杆摆动的次数和周期,并自动记录、存储数据.

接通电源,程序预置周期数为 $n=30$(数显). 挡光杆第一次经过光电门时,主机开始记录经过的次数,但还没有开始计时;当挡光杆第二次经过光电门时,主机才开始计时. 所以,挡光杆来回经过光电门的次数为 $N=2n+1$ 次. 根据实验具体要求,若要设置 10 个周期,先按"置数"开锁,再按"下调"或"上调"改变周期数 n,再按"置数"锁定,此时,即可按"执行"键开始计数,信号灯不停闪烁,即为计数状态,这时数据显示的是计数的次数;当物体经过光电门的周期次数达到设定值,数显将显示具体时间,单位是秒. 若须再执行 10 个周期时,不必重新设置,只需按"返回"即可,再按"执行"键,便可以第二次计时.

当主机断电再开机时,程序回到预置 30 个周期,须重复上述步骤设定周期数.

扭摆如图 3-7 所示,水平横梁上挂着一个环状的匀质刚体,金属丝的上端固定在横梁上,下端悬挂着圆盘,圆盘的侧面固定着一根挡光杆,圆盘的右侧是位置可以上下前后调整的光电传感器. 光电传感器的前端是光电门,上下两个光电探头之间有光通过,挡光杆往返遮挡光电探头发射光束,光信号转换为脉冲电信号通过导线输入主机.

3.2.4 实验内容与方法

1. 将水准仪放到扭摆实验仪的底座台面上,调整底座的底角螺丝,使水准仪中的气泡居中.

2. 用卷尺测量悬线的长度 L,用螺旋测微器测量悬线直径 d,用游标卡尺测量圆环的内径 D_1、外径 D_2. 三次测量取平均值.

3. 调整光电传感器的位置,使挡光杆能自由往返光电门,并且确保挡光杆每经过一次光电门主机计数一次.

4. 将扭摆实验仪设置 10 个周期数,测定圆盘的摆动周期 $10T_0$. 三次测量取平均值.

5. 将环状刚体放置在扭摆的圆盘上,使其与圆盘同心同轴,测量圆环、圆盘复合体的摆动周期 $10T_1$. 三次测量取平均值.

6. 将有关量平均值代入式(3-11)、式(3-13)、式(3-14)和式(3-9)中计算圆盘的转动惯量 J_0 和钢丝的切变模量 G.

注意事项

(1) 实验中,摆角 θ 要足够小,保证扭摆的圆盘摆动为准简谐运动.

(2) 测量各量过程中应使摆角尽量相同,同时注意防止扭摆在摆动时发生晃动.

3.2.5 原始数据记录及处理

表 3-6 测量圆盘转动惯量和钢丝切变模量数据记录

项目 \ 次数	1	2	3	平均值
m_1 /g				
L /cm				
d /mm				
D_1 /mm				
D_2 /mm				
$10T_0$ /s				
$10T_1$ /s				

圆环绕其中心轴转动惯量 J_1

圆盘绕其中心轴转动惯量 J_0

钢丝扭转常数 K

钢丝切变模量 G

3.2.6 分析与思考

1. 预习思考题

(1) 刚体转动惯量的大小与何因素有关?

（2）扭摆实验仪计时精度为 0.001 s，实验中为什么要测量 10T？

2. 实验思考题

（1）能否用本实验仪来测定任意形状物体绕特定轴的转动惯量？

（2）本实验测量方法对你有何启示？

3.3 落球法测液体黏滞系数

黏滞系数是用来表征运动流体黏滞性的一个物理量.不同流体具有不同的黏滞系数,同种流体在不同温度下其值变化也很大,通常液体的黏滞系数随温度的升高而减小,气体的黏滞系数随温度升高而增大.研究和测定液体的黏滞系数,不仅在物理学领域,而且在医学、化学、机械工业、水利工程、材料科学及国防建设中都有重要实际意义.液体黏滞系数的测定方法有多种,常用的有毛细管法、落球法和圆筒旋转法等,本实验采用落球法测量蓖麻油的黏滞系数.

3.3.1 实验目的

1. 了解液体的黏滞特性,学习并掌握落球法测定液体的黏滞系数;
2. 学习用外延扩展法确定实验条件无法实现情况下的待测物理量.

3.3.2 实验原理

流体在运动时产生内切应力的特性称为黏性或内摩擦.这种特性是由于流体分子结构、分子之间的引力及其运动状态所引起的,它表现在当流体某一层对其相邻层有相对运动时产生的内摩擦力.因此,只有当流体在运动时,其黏性才有意义.

一个小球在黏滞液体中下落时,受到了三个力作用,重力、浮力和阻力.阻力是由粘附在小球表面并随小球一起运动的一层液体与相邻液体层之间的摩擦引起的,即黏滞阻力.

如果小球的直径 d 很小,下落到液体中时速度 v 很小,同时液体在各个方向都是无限宽广的.根据斯托克斯定律,小球受到的黏滞阻力为

$$f = 3\pi \eta d v \tag{3-15}$$

式中,η 称为液体黏滞系数,是液体黏滞性的度量,在国际单位制中,单位为 Pa·s.

$$\eta = \frac{(\rho - \rho_0)gd^2}{18v} = \frac{(\rho - \rho_0)gd^2 t}{18l} \tag{3-16}$$

小球在液体中自由下落所受到的三个力都在竖直方向上,重力向下,浮力和黏滞阻力向上.由于黏滞阻力随小球速度的增加而增加,从静止开始下落的小球,先做加速运动,当下落速度达到一定值时,小球所受的三力平衡,开始匀速下落.此时有

$$\frac{1}{6}\pi d^3 \rho g = \frac{1}{6}\pi d^3 \rho_0 g + 3\pi \eta d v$$

上式中, ρ 是小球密度; ρ_0 是液体密度; g 是重力加速度; l 是小球匀速下降的距离; t 是下降 l 距离所需时间.

式(3-16)只有在无限宽广的液体中才适合, 而实验中盛液体的容器为圆截面柱形长管, 实验时必须先调节圆管使之竖直, 且使小球沿管中心轴下降, 如此, 对一定直径的小球而言, 管壁的影响才能恒定. 考虑到器壁的影响, 式(3-16)需作如下修正

$$\eta = \frac{(\rho - \rho_0)gd^2 t}{18l} \cdot \frac{1}{\left(1 + 2.4\dfrac{d}{D}\right)\left(1 + 1.6\dfrac{d}{H}\right)} \tag{3-17}$$

式中, D 为容器内径; H 为液柱高度. 如果 d, ρ, ρ_0, g 已知, 则只要测出小球在液体中匀速下落的距离 l 和所需的时间 t, 就可由式(3-17)算出液体的黏滞系数. 此即实验中常用的利用公式测量液体黏滞系数的方法.

在液体黏滞系数测量实验中, 分别用不同直径的小球做实验, 从测量结果发现, d 值不同, 由式(3-16)计算得到的 η 值也不同, 且 d 越小, η 值也越小. 这说明, 容器壁对不同直径小球所施加的影响是不同的, 小球的直径越小, 器壁的影响应该越小. 因此可推测, 当小球直径 d 相对于容器内径非常小时的 η 值才是正确的数值. 利用最小二乘法对实测数据分析发现, η 与 d 符合线性关系. 如果作出 $\eta \sim d$ 关系图线, 外推到 $d = 0$ 时情况, 即求取直线在 η 轴的截距 η_0, 就是所要求的液体的黏滞系数值. 这种方法称为外延扩展法. 利用外延扩展法就相当于实现了小球在无限宽广的液体中下落.

3.3.3 实验仪器

黏滞系数测定仪, 秒表, 螺旋测微器, 游标卡尺, 卷尺, 不同直径小钢球 ($\rho = 7.90 \times 10^3$ kg/m³), 待测蓖麻油 ($\rho_0 = 0.950 \times 10^3$ kg/m³).

黏滞系数测定仪如图 3-8 所示.

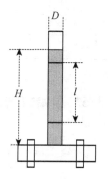

图 3-8 黏滞系数测定仪

3.3.4 实验内容与方法

调节黏滞系数测定仪底座上的旋钮, 使其底座水平、液体圆柱管铅直.

1. 公式法测液体黏滞系数

(1) 用卷尺测量液柱高度 H 和小球匀速下落的距离 l; 用游标卡尺测量圆管的内径 D; 用螺旋测微器测量小球直径 d. 5 次测量取其平均值.

(2) 待液体静止后, 将小球在圆管口沿圆管中心轴线自由下落. 当小球经过上标线时用秒表开始计时, 小球下落到下标线时计时停止, 记录小球下落距离 l 所需的时间 t. 重复 5 次测量小球下落的时间, 取其平均值.

(3) 将各有关量平均值代入公式(3-17),计算液体黏滞系数.

2. 外延扩展法测量液体黏滞系数

(1) 用卷尺 3 次测量小球匀速下落的距离 l,取平均值.

(2) 选取同材质、不同直径小球 5 个,用螺旋测微器 3 次测量其直径 d,取平均值.

(3) 待液体静止后,将不同直径小球在圆管口沿圆管中心轴线自由下落. 当小球经过上标线时用秒表开始计时,小球下落到下标线时计时停止,记录小球下落距离 l 所需的时间 t. 重复 3 次测量,取平均值.

(4) 将不同直径小球对应的数据代入式(3-16),计算对应的液体黏滞系数值.

(5) 作出 $\eta \sim d$ 关系图线,外推到 $d=0$,求取直线在 η 轴的截距 η_0,此即所求液体的黏滞系数.

注意事项

(1) 实验时动作要仔细,不要让油洒在实验测定仪及台面上.

(2) 液体的黏滞系数与温度有较大关系,因此要记录测量时的温度. 不同温度下蓖麻油黏滞系数见表 3-7.

表 3-7 不同温度下蓖麻油黏滞系数

温度 $t/℃$	黏滞系数 $\eta/(Pa \cdot s)$	温度 $t/℃$	黏滞系数 $\eta/(Pa \cdot s)$
5.0	3.76	25.0	0.62
10.0	2.14	30.0	0.45
15.0	1.52	35.0	0.31
20.0	0.95		

3.3.5 原始数据记录及处理

1. 公式法测液体黏滞系数(表 3-8)

表 3-8 公式法测液体黏滞系数数据记录

次数 项目	1	2	3	4	5	平均值
米尺零读数/cm						
测量 H 读数/cm						
测量 l 读数/cm						
H/cm						
l/cm						
卡尺零读数/mm						

项目 \ 次数	1	2	3	4	5	平均值
测量 D 读数/mm						
D/mm						
千分尺零读数/mm						
测量 d 读数/mm						
d/mm						
t/s						

蓖麻油黏滞系数

2. 外延扩展法测量液体黏滞系数(表 3-9)

表 3-9 外延扩展法测量液体黏滞系数数据记录

项目 \ 次数	1	2	3	平均值	$\eta/(\text{Pa}\cdot\text{s})$
米尺零读数/cm					
测量 l 读数/cm					
l/cm					
千分尺零读数/mm					
测量 d_1 读数/mm					
d_1/mm					
t_1/s					
测量 d_2 读数/mm					
d_2/mm					
t_2/s					
测量 d_3 读数/mm					
d_3/mm					
t_3/s					
测量 d_4 读数/mm					
d_4/mm					
t_4/s					
测量 d_5 读数/mm					
d_5/mm					
t_5/s					

蓖麻油黏滞系数

两种方法对比分析

3.3.6 分析与思考

1. 预习思考题

小球不在圆筒中心下落;圆筒不铅直;油未静止;油中有气泡;小球未润湿.这些因素会对测量产生什么影响?

2. 实验思考题

(1) 液体的黏滞系数和哪些因素有关? 实验时温度变化对小球的下落速度有何影响?

(2) 如何用实验手段判断小球下落已进入匀速状态?

3.4 固体线膨胀系数的测量

绝大多数物质具有热胀冷缩的特性,这个特性在工程设计,精密仪器仪表设计,材料的焊接、加工等各个领域,都必须予以充分的考虑.

一维情况下,固体受热后长度的增加称为线膨胀.为了研究固体材料的线膨胀特性,引入了线膨胀系数.本实验利用线膨胀系数测量仪对铁、铜、铝棒的线膨胀系数进行测量,从而研究其热膨胀规律.

3.4.1 实验目的

1. 掌握测量固体线热膨胀系数的基本原理,测量铁、铜、铝棒的线膨胀系数;
2. 学习掌握使用千分表测量微小长度的方法;
3. 学习用最小二乘法进行直线拟合处理数据.

3.4.2 实验原理

固体的长度与温度有关,当温度变化不大时,其长度 L 和温度 t 之间的关系为

$$L = L_0(1 + \alpha t) \tag{3-18}$$

式中, L_0 为温度 $t=0\ ℃$ 时物体的长度, α 是该物体的线膨胀系数,单位 $℃^{-1}$,其物理意义是温度每升高 $1\ ℃$ 物体的伸长量与它在 $0\ ℃$ 时的长度之比.在温度变化不大时, α 是一个常数.

由于 $0\ ℃$ 时物体的长度不易测得,在实际测量中通常测量的是温度为 t_1, t_2 时物体的长度 L_1, L_2,从而有

$$L_1 = L_0(1 + \alpha t_1), \quad L_2 = L_0(1 + \alpha t_2)$$

两式相减得

$$\alpha = \frac{L_2 - L_1}{L_0(t_2 - t_1)} = \frac{\Delta L_{21}}{L_0 \Delta t_{21}} \tag{3-19}$$

这样,只要知道任意两个温度 t_1, t_2 时物体的长度 L_1, L_2,就可以求出线膨胀系数 α 的值.显然, α 值表示的是温度为 $t_1 \sim t_2$ 这个区间内的平均线膨胀系数.

为了使测量结果比较精确,不仅要对 ΔL_{21}, Δt_{21} 进行测量,还要扩大到对 ΔL_{i1} 和相应 Δt_{i1} 的测量.由式(3-19)可得

$$\Delta L_{i1} = \alpha L_0 \Delta t_{i1} \quad (i=1, 2, 3, \cdots) \tag{3-20}$$

实验中可以等间距改变加热温度,从而测量一系列与 Δt_{i1} 对应的 ΔL_{i1},将所得数据采用最小二乘法进行直线拟合处理,从直线斜率可得一定温度范围内的平均线膨胀系数.

由于实验测量温度变化范围不大,待测固体材料线膨胀非常微小,而这微小的变化量是否测准,对结果影响很大.因此,实验中利用分度值为 0.001 mm 的千分表对其进行测量,借以提高实验测量结果的精度.

3.4.3 实验仪器

HLD-XPZ-Ⅱ型线膨胀测定仪,待测材料铜、铁、铝棒(ϕ 8 mm×340 mm)各一根.

HLD-XPZ-Ⅱ型线膨胀测定仪

HLD-XPZ-Ⅱ型线膨胀测定仪包含电控装置及电加热装置两部分.

1. HLD-XPZ-Ⅱ型线膨胀测定仪电控装置

电控装置面板示意如图 3-9,图中从左到右依次为加热输出接口;传感器接口,用于检测温度;加热选择开关,处于Ⅰ慢速加热,处于Ⅱ快速加热;PID 控温;电源开关及指示灯.

图 3-9 HLD-XPZ-Ⅱ型线膨胀测定仪电控装置

PID 控温有两个显示窗口,下方显示窗口 SV 为温度设定窗口,上方显示窗口 PV 为实时温度显示.PID 控温使用方法如下.

仪器接通电源预热十分钟后,设置预设温度 SV:在 PID 控温板上按一下"SET"键,SV 表的温度显示个位将会闪烁,按板上的"▲"或"▼"键调整设置个位的温度;再按"◀"键使 SV 表的温度显示十位闪烁,按板上的"▲"或"▼"键调整设置十位的温度;用同样方法还可设置百位的温度.调好 SV 表设定的温度后,再按一下"SET"键即可完成设置.将加热开关选择Ⅰ或Ⅱ档,仪器开始加热.

2. HLD-XPZ-Ⅱ型线膨胀测定仪电加热装置

电加热装置如图 3-10 所示,待测样品置于加热装置的导热管中,样品的一端与坚固螺钉相连,另一端顶在隔热棒上,隔热棒的另一端伸出管外顶在一个千分表上.

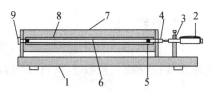

1—仪器支架；2—千分表；3—千分表支架及锁紧螺丝；4—隔热棒；5—温度检测传感器；
6—被测材料；7—隔热罩；8—导热管；9—坚固螺钉(可旋下换材料)

图 3-10　电加热装置结构示意

千分表是一种通过齿轮的多级增速作用把一微小的位移，转换为读数圆盘上指针的读数变化的微小长度测量工具，如图 3-11 所示. 本实验用千分表的测量范围是 $0\sim1$ mm. 当测杆伸缩 0.1 mm 时，主指针转动一周，且毫米指针转动 1 小格，由于主表盘被分成了 100 个小格，所以主指针可以精确到 0.1 mm 的 $\dfrac{1}{100}$，即 0.001 mm，可以估读到 $0.000\,1$ mm. 千分表读数 ＝毫米表盘读数 ＋主表盘读数 $\times\dfrac{1}{1\,000}$.

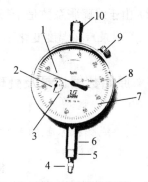

1—主指针；2—毫米指针；3—毫米表盘；4—测头；5—测杆；6—轴套；7—主表盘；8—表壳；9—调零固定旋钮；10—挡帽

图 3-11　千分表

千分表在使用前，都需要进行调零，调零方法是：在测头无伸缩时，松开"调零固定旋钮"，旋转表壳，使主表盘的零刻度对准主指针，然后固定"调零固定旋钮". 调零好后，毫米指针与主指针都应该对准相应的零刻度.

加热装置导热管的温度由电控装置 PID 控温设置，当设置好温度开始加热后，导热管内的温度传感器将温控信号传到电控装置中实时显示，当温度达到设定值并在该值 ±0.3 ℃范围内波动三次以上后，可以认为温度达到了稳定.

3.4.4　实验内容与方法

安装、检查线膨胀测定仪装置连线.

1. 铜棒线膨胀系数的测量

(1) 旋出加热装置坚固螺钉，将待测材料铜棒放入导热管中，装上千分表，通过调节千分表与隔热棒的位置以及旋紧坚固螺钉，使千分表测头与隔热棒有良好的接触，再转动千分表主表盘，使指针指向零.

(2) 接通电控装置电源预热 10 min 后，设置导热管预置温度 t_1(高于室温 5 ℃)，加热开关处位置Ⅰ或Ⅱ开始加热，待温度稳定后读取千分表读数 l_1.

(3) 依次将温度预设值提高 5 ℃，待温度稳定后读取千分表读数 l_i. 合计 6 组数据.

(4) 计算出 ΔL_{i1} 及对应的 Δt_{i1}，用最小二乘法直线拟合处理 ΔL_{i1} 与 Δt_{i1}，获知函数关系式及线性相关系数 γ，从直线的斜率求出测量温度范围内的平均线膨胀系数.

2. 铝棒、铁棒线膨胀系数的测量

依上法测量出铝棒、铁棒伸长量与温度变化量对应的关系数据,用最小二乘法直线拟合处理数据,获知函数关系式及线性相关系数 γ,从直线的斜率求出测量温度范围内的平均线膨胀系数.

注意:

(1) 测量中换取待测材料只需将坚固螺钉旋出即可,装置其他部分不动.

(2) 由于线膨胀系数是个很小的量,常见固体材料线膨胀系数数量级约为 $10^{-5}℃^{-1}$（见 3.4.7 附录）,在温度变化不大时,L_0 即为室温下试样长度,$L_0 = 340$ mm.

3.4.5 原始数据记录及处理

1. 铜棒线膨胀系数的测量(表 3-10)

表 3-10   铜棒线膨胀系数测量数据记录

序数	1	2	3	4	5	6	7
$t/℃$							
l_i/mm							
$\Delta t_{i1}/℃$							
$\Delta L_{i1}/mm$							

函数关系式

线性相关系数

直线斜率

平均线膨胀系数   （温度范围   ）

2. 铝棒线膨胀系数的测量(表 3-11)

表 3-11   铝棒线膨胀系数测量数据记录

序数	1	2	3	4	5	6	7
$t/℃$							
l_i/mm							
$\Delta t_{i1}/℃$							
$\Delta L_{i1}/mm$							

函数关系式

线性相关系数

直线斜率

平均线膨胀系数   （温度范围   ）

3. 铁棒线膨胀系数的测量(表 3-12)

表 3-12   铁棒线膨胀系数测量数据记录

序数	1	2	3	4	5	6	7
$t/℃$							
l_i/mm							
$\Delta t_{i1}/℃$							
$\Delta L_{i1}/mm$							

函数关系式

线性相关系数

直线斜率

平均线膨胀系数   (温度范围   )

3.4.6　分析与思考

1. 预习思考题

(1) 线膨胀系数的物理意义是什么? 实验中是如何考虑测量的?

(2) 千分表为什么能够用来测量微小长度变化量? 千分表读数时应注意哪些问题?

(3) 本实验中为什么测 ΔL_{21}, ΔL_{31}, ΔL_{41}, $\cdots$, 而不是测 L_1, L_2, L_3, $\cdots$?

2. 实验思考题

(1) 试根据实验测量结果分析实验误差的来源主要有哪些?

(2) 是否能用逐差法来处理本实验数据? 其得出的结果和最小二乘法线性拟合有什么不同?

3.4.7　附录

表 3-13   固体的线膨胀系数参考数据

物质	温度	线膨胀系数/($\times 10^{-6}℃^{-1}$)
铝	300 K	23.2
铁	300 K	11.7
铜	0~100 ℃	17
黄铜	0~100 ℃	19
熔凝石英		0.42

3.5 冷却法测固体的比热容

比热容是物质的重要属性之一,单位质量的物质,温度升高(或降低)1 ℃所吸收(或放出)的热量,称为该物质的比热容,用符号 c 表示,国际单位是 $J/(kg \cdot ℃)$. 比热容与物质状态有很大的关系,一定状态下,其值随着温度的变化而不同. 热学实验中测量比热容的方法有混合量热法、冷却法等,本实验使待测物在环境中自然冷却,通过与同种条件下的已知比热容的物质比较,实现未知物质比热容的测量.

3.5.1 实验目的

1. 了解热学系统的散热规律;
2. 学习用冷却法、比较法测量物质的比热容;
3. 了解热电偶测温原理.

3.5.2 实验原理

质量为 m_1 的固体物质加热到温度 θ_1 后,放在温度 $\theta_0 (\theta_0 < \theta_1)$ 的环境中自然冷却,该物质单位时间内热量损失 $\dfrac{\Delta Q}{\Delta t}$ 与温度下降速率 $\left(\dfrac{\Delta \theta}{\Delta t}\right)$ 即冷却速率有如下关系

$$\frac{\Delta Q}{\Delta t} = c_1 m_1 \left(\frac{\Delta \theta}{\Delta t}\right)_{1\theta} \tag{3-21}$$

式中,c_1 为固体物质在温度 $\theta (\theta_0 < \theta < \theta_1)$ 时的比热容,$\left(\dfrac{\Delta \theta}{\Delta t}\right)_{1\theta}$ 为该物质在温度 θ 时的温度下降速率.

通常,物体的热交换有热传导、热辐射和热对流三种形式. 当所研究的物体不与良导体接触,同时自身温度不太高时,热传导和热辐射非常小. 此时,在自然冷却情况下,高温物体因对流而损失的热量可由下式表示

$$\frac{\Delta Q}{\Delta t} = k_1 (\theta_1 - \theta_0)^n \tag{3-22}$$

式中,k_1 为散热常数,与物体的表面性质、表面积、物体周围介质的性质和状态以及物体表面温度等许多因素有关;θ_1 为高温物体温度;θ_0 为环境温度;n 为常数.

由式(3-21)、式(3-22)可得

$$c_1 m_1 \left(\frac{\Delta \theta}{\Delta t}\right)_{1\theta} = k_1 (\theta_1 - \theta_0)^n \tag{3-23}$$

同理,对质量为 m_2、比热容为 c_2、散热常数为 k_2 的另一种固体物质加热到温度为 θ_2,使其在温度为 θ_0 的环境中自然冷却,有同样的表达式

$$c_2 m_2 \left(\frac{\Delta \theta}{\Delta t}\right)_{2\theta} = k_2 (\theta_2 - \theta_0)^n \tag{3-24}$$

式(3-23)、式(3-24)相比可得

$$c_2 = c_1 \frac{m_1 \left(\frac{\Delta \theta}{\Delta t}\right)_{1\theta} k_2 (\theta_2 - \theta_0)^n}{m_2 \left(\frac{\Delta \theta}{\Delta t}\right)_{2\theta} k_1 (\theta_1 - \theta_0)^n} \tag{3-25}$$

如果两物质的形状尺寸相同,物质表面状况及周围介质的性质和状态也相同,则 $k_1 = k_2$. 当两种物质被加热到相同温度 $\theta_1 = \theta_2$ 时,式(3-25)可简化为

$$c_2 = c_1 \frac{m_1 \left(\frac{\Delta \theta}{\Delta t}\right)_{1\theta}}{m_2 \left(\frac{\Delta \theta}{\Delta t}\right)_{2\theta}} \tag{3-26}$$

这样,如果已知一种固体物质的比热容 c_1,质量 m_1,另一种固体物质质量 m_2 及两种物质在温度 θ 时冷却速率之比,就可以求出另一种物质的比热容 c_2.

由于固体物质在不太大的温度范围内,比热容随温度变化很小. 比如,铜在 $0 \sim 100\ ℃$,比热容为 $0.387\ 3 \times 10^3\ J/(kg \cdot ℃)$ 不变;铝在 $0 \sim 700\ ℃$,比热容的平均值为 $0.881\ 7 \times 10^3\ J/(kg \cdot ℃)$. 而铁的比热容 $20\ ℃$ 时,$0.453\ 2 \times 10^3\ J/(kg \cdot ℃)$;$50\ ℃$ 时,$0.469\ 7 \times 10^3\ J/(kg \cdot ℃)$;$100\ ℃$ 时,$0.494\ 4 \times 10^3\ J/(kg \cdot ℃)$. 这样,在测量固体物质的比热容实验中,可使它们温度下降的范围 $\Delta \theta$ 相同,如此(3-26)可简化为

$$c_2 = c_1 \frac{m_1 (\Delta t)_2}{m_2 (\Delta t)_1} \tag{3-27}$$

式中,$(\Delta t)_1$,$(\Delta t)_2$ 分别为两种固体物质温度下降 $\Delta \theta$ 所需的时间. 此即本实验基本测量方法,基本测量公式.

3.5.3　实验仪器

HLD-LQJ-Ⅱ型冷却法金属比热容测定仪,电子天平,已知比热容金属铁,待测金属铜、铝等.

HLD-LQJ-Ⅱ型冷却法金属比热容测定仪

HLD-LQJ-Ⅱ型冷却法金属比热容测定仪由测试装置和加热装置两部分组成.

1. 测试装置

测试装置面板如图 3-12 所示,图中从左到右下半部分分别为加热输出接口;热电偶电势输入端;计时复位清零按键,计时开始、停止按键;电源开关.从左到右上半部分分别为加热速率选择开关,处于Ⅰ慢速加热,处于Ⅱ快速加热;热电偶电势显示窗口;计时显示窗口;电源指示灯.

测试装置利用铜-康铜热电偶作为温度传感器,当其一端(冷端)处于 0 ℃时,如果热电势为 0.041 1 mV,铜-康铜两端温度相差 1 ℃.使用时,将热电偶的冷端置于冰水混合物中通过铜导线与数字表的负端相连,另一端置于待测温度处并与数字表的正端相连.这样,数字电压表显示的热电偶电势值(mV)即可换算成对应待测温度值.

图 3-12　测试装置

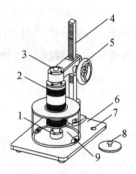

1—底座;2—防护罩;3—加热插座;4—立柱;5—手轮;6—底板;7—热电偶插座;8—隔热盖;9—防风圆筒

图 3-13　加热装置

2. 加热装置

加热装置如图 3-13 所示,试样(ϕ 5 mm×30 mm)安放在较大容量的防风圆筒即样品室内的底座上,测温热电偶热端置于试样底部的小孔(ϕ 3 mm×18 mm)中,通过热电偶插座连至测试装置.加热源为低压加热棒,通过调节手轮将其向下移动到底,接通电源对试样进行加热,当数字电压表显示数字为 2.467 mV 时,表示温度达到 60 ℃.关闭电源开关,调节手轮使加热源向上移出防风圆筒,通过左侧的螺丝锁紧固定.将隔热盖盖在防风圆筒口上,使试样在与外界基本隔绝的防风圆筒中自然冷却.当温度下降到接近 52 ℃(电压 2.121 mV)时准备记录数据.用计时装置记录试样温度由 52 ℃(电压 2.121 mV),下降至 48 ℃(电压 1.950 mV)所需时间 Δt.

3.5.4　实验内容与方法

连接好测试装置与加热装置之间的连线,使仪器处于正常工作状态.用电子天平称量标准试样和待测试样的质量 m_{Fe}, m_{Cu}, m_{Al}.

1. 50 ℃铜的比热容测量

(1) 将标准试样铁放入样品室内底座上,并使热电偶热端插入试样底部深孔中. 调节手轮使加热源置于试样顶部,接通电源加热. 当热电偶电压指示达到 2.467 mV (60 ℃) 时,切断电源移开加热源,筒口盖上隔热盖,使样品自然冷却. 当热电偶电压指示达到 2.121 mV 时计时开始,电压达到 1.950 mV 时计时停止,测量从 52 ℃下降至 48 ℃所需时间.

(2) 取出标准铁试样,将待测试样铜放入样品室底座上,重复上述步骤测量铜试样从 52 ℃下降至 48 ℃所需时间.

(3) 将有关数据代入式(3-27)中,计算铜试样在 50 ℃时的比热容.

2. 50 ℃铝的比热容测量

重复上述步骤测量铝试样从 52 ℃下降至 48 ℃所需时间. 将有关数据代入式(3-27)中,计算铝试样在 50 ℃时的比热容.

注意事项

(1) 试样应垂直放置,以使加热源能完全套入试样.

(2) 加热源向上移动到顶部时务必将左侧的螺丝锁紧.

(3) 隔热盖盖住筒口,使试样在无风、无热源、气温稳定的环境中自然冷却.

(4) 测量降温时间时,按"计时"或"暂停"键迅速、准确,以减小人为计时误差.

(5) 测量中由于温差不断变化,数字电压表显示的数字也在变化. 所以,只能依据是否达到或接近某一电压数字来判断温度.

3.5.5 原始数据记录与处理

将所测数据记入表 3-14 中

试样质量 $m_{Fe}=$; $m_{Cu}=$; $m_{Al}=$

试样由 2.121 mV (52 ℃)下降到 1.950 mV (48 ℃)所需时间 Δt

表 3-14   **试样温度从 52 ℃时下降到 48 ℃时间数据记录**

项目 \ 次数	1	2	3	平均值
$\Delta t_{Fe}/s$				
$\Delta t_{Cu}/s$				
$\Delta t_{Al}/s$				

以铁为标准:50 ℃时,$c_1 = 0.469\ 7\times10^3$ J/(kg・℃)

将有关值代入式(3-27)计算可知,当温度为 50 ℃时

铜的比热容 $c_2=$

铝的比热容 $c_3 =$

3.5.6 分析与思考

1. 预习思考题

(1) 比热容的定义是什么? 测量它的数值有何具体意义?

(2) 什么是冷却法? 什么是比较法? 比较法有何优点?

2. 实验思考题

(1) 分析实验误差的来源主要有哪些?

(2) 如果热电偶冷端不为 0 ℃, 对测量结果有何影响?

(3) 结合实验基本测量原理, 利用本实验仪设计研究试样冷却规律的方法.

3.6 直流电桥测电阻

电桥是以桥式电路用比较法进行测量的,不仅能测量多种电学量,如电阻、电感、电容、互感、频率及电介质、磁介质的特性,而且若配适当的传感器,还能用来测量某些非电学量,如温度、湿度、压强、微小形变,在一些工业自动控制装置中,也用到电桥电路.电桥应用之所以这样广泛,原因在于它具有很高的测量灵敏度和准确度.

通常,电桥分直流电桥和交流电桥两大类.和伏安法测电阻相比较,由于其不用电表,避免了电表内阻以及精度不够高等因素造成的误差,因此成为准确测量电阻的常用方法之一.本实验利用自组直流电桥、QJ-47 型直流单双臂箱式电桥测量中值电阻.

3.6.1 实验目的

1. 掌握直流电桥测量电阻的原理和方法;
2. 了解电桥灵敏度对测量结果的影响,学习电桥灵敏度的测量方法;
3. 利用直流电桥测量不同电阻阻值;
4. 学习 QJ-47 型直流单双臂箱式电桥的使用方法.

3.6.2 实验原理

1. 直流电桥测量电阻原理

直流电桥由电源、桥臂、桥路三部分组成,其电路如图 3-14 所示.图中,R_1,R_2 和 R_c 是已知阻值的标准电阻,它们和未知电阻 R_x 连成四边形,每个电阻所在的边称为电桥的一个桥臂;四边形一对角顶点 A,C 之间接电源 E、开关 K_1,称为电源对角线;另一对角顶点 B,D 之间跨接平衡指示仪(检流计或毫伏表)G、开关 K_2,称为测量对角线,亦即所谓的桥.电源在 A,C 间加一电压,B,D 间的电位差可由平衡指示仪显示.调节

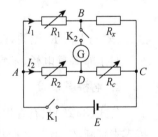

图 3-14 直流电桥电路

R_1,R_2 和 R_c 为一定值时,B,D 两点的电位相等,电桥平衡.当 K_2 闭合时,平衡指示仪指示为零.由此得到

$$I_1 R_1 = I_2 R_2, \quad I_1 R_x = I_2 R_c$$

两式相除得

$$R_x = \frac{R_1}{R_2} R_c \tag{3-28}$$

综上所述,利用电桥测量电阻的过程,就是调节 R_1,R_2,R_c 使电桥达到平衡的过程,而平衡与否由平衡指示仪来判断.一旦电桥平衡,就可以根据式(3-28),求出电阻 R_x.

在电桥中,通常把 R_1,R_2 的比值称为电桥的比率,R_1,R_2 所在的桥臂称为比率臂;R_c 所在的桥臂称为比较臂;未知电阻所在的桥臂称为待测臂.当 $R_1=R_2$,即 $R_1:R_2=1:1$ 时,电桥为等臂电桥;当 $R_1\neq R_2$,即 $R_1:R_2\neq 1:1$ 时,电桥为不等臂电桥.在精度要求不高的情况下,为了计算上的方便,常把比率按 10 的整数次方变化,在实际操作中,一般先根据未知电阻大小的数量级选定比率的数值,再调节比较臂电阻就可以使电桥达到平衡.

通常,为了使测量结果准确度高,采用四桥臂电阻相等的等臂电桥;而为了使测量结果有效数字多,采用非等臂电桥.

利用电桥平衡公式(3-28)测量电阻,结果的主要误差来源于比率臂 R_1,R_2 及比较臂电阻 R_c 本身的误差.对于等臂电桥,R_1,R_2 的误差可以采用交换法予以消除.方法是按图 3-14 所示连接电路,调节电桥平衡,则有

$$R_x = \frac{R_1}{R_2}R_c$$

在 R_1,R_2 位置及数值不变的情况下,交换比较臂 R_c、待测臂 R_x 位置,再重新调节 R_c 使电桥平衡,此时比较臂 R_c 的阻值为 R_c'.根据电桥平衡条件有

$$R_x = \frac{R_2}{R_1}R_c'$$

两式相乘得

$$R_x = \sqrt{R_c R_c'} \tag{3-29}$$

这样,R_x 与 R_1,R_2 无关,仅决定于 R_c 的阻值.因此消除了电阻 R_1,R_2 误差的影响.

对于非等臂电桥,不宜用交换测量法,原因在于会减少测量结果的有效数字.

2. 电桥灵敏度

公式(3-28)只有在电桥平衡时才成立,而电桥是否达到平衡是依据平衡指示仪是否指零来判断的.由于平衡指示仪本身具有一定的灵敏度,且这个灵敏度总是有限的,因此,电桥平衡与平衡指示仪的灵敏度有关.为此,引入相对电桥灵敏度的概念,其定义为

$$S = \frac{\Delta n}{\frac{\Delta R_x}{R_x}} \tag{3-30}$$

它表示电桥平衡后,R_x 的相对改变量 $\left(\frac{\Delta R_x}{R_x}\right)$ 所引起的平衡指示仪具有的读数值.显然,相同的 $\left(\frac{\Delta R_x}{R_x}\right)$ 所引起的平衡指示仪读数越大,电桥的灵敏度越高.

由于 R_x 一般不能改变,测量电桥灵敏度时,是用平衡时的 R_c 及其改变量 ΔR_c 来代替 R_x, ΔR_x.

从电桥灵敏度定义式可知,电桥灵敏度与桥臂端电压、桥臂电阻、平衡指示仪灵敏度有关.适当提高电桥桥臂端电压,选择灵敏度高、内阻低的电流计,适当减小桥臂电阻,尽量使桥臂四个电阻相等,对提高电桥灵敏度都有作用.在实验测量中,应根据实际情况灵活运用.

从上述可知,平衡指示仪的灵敏度越高,电桥的灵敏度也就越高.但在实际的测量中并不是平衡指示仪的灵敏度越高越好,它必须与比较臂电阻 R_c 的最小步进值相匹配.如果改变 R_c 的一个最小步进值,而平衡指示仪数值变化较大,这样的电桥无法调平衡.反之,改变 R_c 的几个最小步进值,平衡指示仪数值无变化,仍为零,说明电桥灵敏度太低,造成假平衡,给结果带来较大的误差.通常要求 R_c 改变一个最小步进值时,平衡指示仪读数的改变量为最小分度值,若是指针式的检流计,指针偏转略大于 0.2 格.此即合适的电桥灵敏度.

确定合适的电桥灵敏度后,将比较臂电阻 R_c 改变合适的 ΔR_c 值使平衡指示仪偏转10 倍的最小分度值(或检流计指针偏转 10 格),代入公式(3-30)计算出电桥灵敏度的大小,作为实验测量的条件之一记录下来,同时记录选用的平衡指示仪的量程.

3.6.3　实验仪器

MPS-3003L-1 直流电源,AC5 直流检流计,ZX-21 型直流多值电阻箱,XHR-1 型定值电阻板(51 Ω,510 Ω,5 100 Ω),DHR-1 型待测电阻板(约 51 Ω,510 Ω,5 100 Ω),单刀开关 2 个,导线若干,QJ-47 型直流单双臂电桥.

1. MPS-3003L-1 直流电源

MPS-3003L-1 直流电源前面板如图 3-15 所示,图中下部从左到右分别是电源工作通断按键,电源输出负端、电源机壳相连端子(同时与电源接地线相连)、电源输出正端;中部从左到右为电流输出细调、粗调旋钮,电压输出细调、粗调旋钮;上部为电流、电压输出大

图 3-15　MPS-3003L-1 直流电源

小 LED 显示屏幕.

该电源具有预设电压、电流功能,输出电压(0~30 V)、电流(0~3 A)连续可调,相应各调节旋钮顺时针方向逐渐增大,逆时针方向逐渐减小.

当该电源作为稳压源使用时,先顺时针调节电流旋钮预设电流值,然后再调节电压输出为选定值.当电路中电流大于预设电流值时,电源会自动切断供电输出.

2. AC5 直流检流计

AC5 直流检流计前面板如图 3-16 所示,下部从左到右依次为电流输入端子,量程及功能选择旋钮,与仪器外壳屏蔽层相连端子,电源指示灯,指针机械调零旋钮.

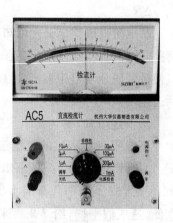

图 3-16　AC5 直流检流计

该电流计测量范围 2×10^{-5} A/格 $\sim 2 \times 10^{-8}$ A/格,具有 7 个电流量程档以及 1 个非线性档,非线性档通常用于指零使用时的粗调.

仪器使用时,首先接通背面电源通断开关,电源工作指示灯亮,预热 10 min 后,量程开关打至"调零"档,进行机械指针准确调零后,转至相应量程即可使用. 用毕,将量程旋钮旋至"关机",然后切断背面电源通断开关.

电流计使用过程中,如果电流从"＋"接线柱流入电流计,指针偏向表盘"＋"方向;电流从"－"接线柱流入电流计,指针偏向表盘"－"方向.

注意:为保护电流计,使用时首先选用较大量程档位,然后再选用合适档位.

3. ZX-21 型直流多值电阻箱

ZX-21 型直流多值电阻箱为六旋钮电阻箱,电阻箱的调节旋钮采用十进制步进方式,每个旋钮标有数字 0～9,各旋钮下方分别标出倍率 $\times 0.1$,$\times 1$,$\times 10$,$\times 100$,$\times 1\,000$,$\times 10\,000$. 当每个旋钮的数字对准其倍率标志时,先用数字乘以倍率即为所在位的电阻值,再将各旋钮阻值相加,即为电阻箱当前阻值.

ZX-21 型直流多值电阻箱有 $0.0\,\Omega$,$0.9\,\Omega$,$9.9\,\Omega$,$99\,999.9\,\Omega$ 四个接线柱,0 与其余三个接线柱分别构成三种不同的电阻调节范围,其最大电阻可达 $99\,999.9\,\Omega$. 该电阻箱准确度等级为 0.1 级,每个旋钮的接触电阻不大于 $0.002\,\Omega$,当选用电阻阻值小于 $0.9\,\Omega$ 时,可选用 $0.0\,\Omega$,$0.9\,\Omega$ 这两个接线柱;当选用电阻阻值小于 $9.9\,\Omega$ 时,可选用 $0.0\,\Omega$,$9.9\,\Omega$ 这两个接线柱. 此时,电流只经过相应阻值范围内的旋钮,而其他旋钮并没有接入电路. 这样,各旋钮接触电阻的误差可大大减少.

ZX-21 电阻箱的仪器误差限通常由下式计算

$$\Delta R = \pm R \times a\% \tag{3-31}$$

其中,a 为电阻箱的准确度等级;R 为电阻箱示值.

ZX-21 型直流多值电阻箱额定功率 0.25 W,这也是组成电阻箱的每个旋钮电阻的额定功率. 流过电阻箱的电流不得超过其额定电流,额定电流的数值由电阻箱的额定功率和实际使用的最高旋钮对应的倍率共同决定. 据此可计算出每个旋钮的额定电流. ZX-21 型电阻箱各旋钮电阻允许通过的电流值如表 3-15 所示.

旋钮倍率	×0.1	×1	×10	×100	×1 000	×10 000
允许电流/A	1.5	0.5	0.15	0.05	0.015	0.005

电阻箱能提供可调的准确电阻,但由于额定功率较小,在电路中一般用作标准电阻或负载电阻. 使用前应注意核算,避免因过大电流通过而损坏电阻箱. 使用时,如果需要减少电阻箱的阻值而换用低位电阻(例如将 1 kΩ 减少为 900 Ω),应先断开电路电源,将低位(×100)增加为 9,再将高位(×1 000)电阻调为 0,以避免因电阻箱阻值瞬时为零,引起电流陡增,造成仪器损坏.

4. QJ-47 型直流单双臂箱式电桥

QJ-47 型直流单双臂箱式电桥面板如图 3-17 所示,其把比较臂电阻箱、检流计、电桥内附工作电源 3 V、检流计工作电源 9 V、开关及全部线路装在一个箱子里,便于携带,现场测试电阻. 当该电桥使用外接电源时,电源输出电压 3 V.

图 3-17   QJ-47 型直流单双臂箱式电桥面板

(1) 部件及功用

B:外接电源接入端子.

B_0:电桥电源开关,按下时接通电桥电路,弹起时电路断开.

K:内附指针式检流计(平衡指示仪)工作电路电源开关. 拨向"外接",断开检流计电源;拨向"内接",接通检流计电源,检流计工作.

调零:用于调节内附检流计无电流通过时示数为零.

灵敏度:调节内附检流计灵敏度. 逆时针方向旋转灵敏度变小,反之灵敏度增大.

G_0:内附检流计接通桥路和外接检流计接通桥路开关. 按下时接通,弹起时断开.

G:外接检流计接入端.

R_x:使用单桥测量时,被测电阻接入端.

C_1,P_1,P_2,C_2:使用双桥测量时,被测电阻四端接入端.

S:指向"单"档时,为单桥测量方式. 其他为双桥测量方式,内附十进制标准电阻,分 10,1,0.1,0.01 四档.

M:单桥使用时$\dfrac{R_1}{R_2}$比率系数,分别为 1 000,100,10,$\dfrac{1\,000}{1\,000}$,$\dfrac{100}{100}$,0.1.单电桥测量参数选择见表 3-16.

表 3-16   单电桥测量参数选择

R_x/Ω	S	$M(R_1/R_2)$	R/Ω	等级指数
$10\sim10^2$		0.1		
$10^2\sim10^3$		$\dfrac{1\,000}{1\,000}$		0.05%
$10^3\sim10^4$	单	10	$10^2\sim10^3$	
$10^4\sim10^5$		10 或 100		
$10^5\sim10^6$		100 或 1 000		0.2%

R:比较臂电阻,由×100,×10,×1,×0.1,×0.01 十进制五旋钮组成,阻值变化范围 0.00~1 111.1 Ω.

（2）单桥使用方法

S 开关置于"单"档;K 开关拨向"内接"使用内附检流计,调节调零旋钮使检流计表针指零,灵敏度旋钮调到中间位置.

将待测电阻接入 R_x 端.测量之前,根据待测电阻的范围,选择合适的比率臂系数 M,选择依据是保证比较臂的读数为五位有效数字.实验测量时,按下电键 B_0 和 G_0 时,若检流计指针发生偏转,说明电桥不平衡,松开电键 B_0 和 G_0,改变比较臂电阻 R 值,当按下 B_0,G_0 时,检流计指针不发生偏转(指零)为止,此时电桥平衡,待测电阻 $R_x=MR$.

注意:

① 为防止检流计状态改变、电桥线路温度升高,不要使电桥长时间通电.实验测量中,应采用跃按式操作.

② 使用完毕,必须将按键 B_0,G_0 弹起,断开供电电路.

3.6.4 实验内容与方法

直流电桥适合测量 $10\sim10^6$ Ω 范围内的中值电阻,电路工作电压一般不超过 5 V,接通电路时,应先闭合 K_1,后闭合 K_2;断开电路时,应先断开 K_2,后断开 K_1.为了保护平衡指示仪,正确判断平衡点,除了测量电桥有关参数、判断电桥平衡时接通 K_2 开关,还应注意以下方面.

（1）首先选用等臂电桥粗测待测电阻值,然后根据测量要求选择比率臂电阻、比较臂电阻阻值,使得电桥通电时电桥尽可能接近平衡.

（2）为防止过大电流通过平衡指示仪,调节平衡时应先选择较大量程挡位,随着电桥逐步逼近平衡,逐渐减小量程挡位,保证电桥具有合适的灵敏度.

（3）为了判断电桥达到平衡,除了时通、时断桥路外,还需少量增、减比较臂电阻以破坏电桥平衡,当相应的平衡指示仪显示正、负值(或偏转方向不同),说明电桥真正达到平衡.

(4) 如电桥电路使用的平衡指示仪灵敏度较低,当电桥平衡后,若从 0~9 改变比较臂电阻的最后一位($\times 0.1$),平衡指示仪无变化,继而改变比较臂电阻$\times 1$,$\times 10$,…档,直到平衡指示仪变化最小分度值(或偏转略大于 0.2 格),则比较臂电阻的有效数字就记录到这一位.

1. 用自组电桥测量电桥灵敏度

影响电桥灵敏度的因数主要有桥臂两端电压、桥臂电阻、检流计灵敏度等.在桥臂两端电压、桥臂电阻、检流计灵敏度确定的情况下,首先测出合适的电桥灵敏度,并且合适的电桥灵敏度是唯一的.当改变某一条件时,只需测出此时的灵敏度即可.

按图 3-14 所示连接有关器件,组成直流电桥电路,电源输出电压为 3 V.

(1) 检流计灵敏度对电桥灵敏度的影响

① 选取待测电阻约 510 Ω,$R_1 = R_2 = 510$ Ω,调节比较臂电阻 R_c 使电桥平衡.改变检流计灵敏度,使电桥具有合适的电桥灵敏度,计算出合适灵敏度的大小.

② 对上述参数电桥,改变检流计灵敏度,测量与之对应的电桥灵敏度.

通过测量数据说明检流计灵敏度对电桥灵敏度、电桥平衡状态的影响.

(2) 桥臂电阻对电桥灵敏度的影响

① 选取待测电阻约 510 Ω,$R_1 = R_2 = 510$ Ω,调节比较臂电阻 R_c,检流计灵敏度,使电桥平衡,计算出合适灵敏度的大小.

② 固定待测电阻约 510 Ω 不变,分别改变 $R_1 = R_2 = 5\,100$ Ω,$R_1 = R_2 = 51$ Ω,调节比较臂电阻 R_c 使电桥平衡,计算出合适灵敏度的大小.

通过以上测量数据,说明桥臂电阻对电桥灵敏度的影响.

(3) 桥臂两端电压对电桥灵敏度的影响

选取待测电阻约 510 Ω,$R_1 = R_2 = 510$ Ω,分别使桥臂两端电压为 2 V,3 V,4 V,调节比较臂电阻 R_c 使电桥平衡,计算出合适电桥灵敏度的大小.

通过以上测量数据,说明桥臂两端电压对电桥灵敏度的影响.

2. 用自组电桥测量电阻

按图 3-14 所示连接有关器件,组成直流电桥电路,电源输出电压为 3 V.

选取待测电阻分别为 5 100 Ω,510 Ω,51 Ω 左右,合理选择比率,使结果为 5 位有效数字,并测出与之对应的合适的电桥灵敏度.

3. 用 QJ-47 型直流单双臂箱式电桥测量电阻(选做)

QJ-47 型直流单双臂箱式电桥使用外接电源 3 V 供电,分别测量 5 100 Ω,510 Ω,51 Ω 左右的待测电阻,要求结果为 5 位有效数字.

3.6.5 原始数据记录及处理

1. 电桥灵敏度的测量(表 3-17—表 3-19)

(1) 检流计灵敏度对电桥灵敏度的影响

表 3-17　　　　　　　　　　　检流计灵敏度对电桥灵敏度影响数据记录

R_x/Ω	R_1/Ω	R_2/Ω	$R_1:R_2$	检流计量程	R_c/Ω	$\Delta R_c/\Omega$	$\Delta n/$格	$S/$格

结论

（2）桥臂电阻对电桥灵敏度的影响

表 3-18　　　　　　　　　　　桥臂电阻对电桥灵敏度影响数据记录

R_x/Ω	R_1/Ω	R_2/Ω	$R_1:R_2$	检流计量程	R_c/Ω	$\Delta R_c/\Omega$	$\Delta n/$格	$S/$格

结论

（3）桥臂两端电压对电桥灵敏度的影响

表 3-19　　　　　　　　　　　桥臂两端电压对电桥灵敏度影响数据记录

R_x/Ω	R_1/Ω	R_2/Ω	$R_1:R_2$	桥臂两端电压	检流计量程	R_c/Ω	$\Delta R_c/\Omega$	$\Delta n/$格	$S/$格

结论

2. 自组电桥测电阻（表 3-20）

表 3-20　　　　　　　　　　　自组电桥测量电阻数据记录

待测 R_x/Ω	R_1/Ω	R_2/Ω	$R_1:R_2$	检流计量程	R_c/Ω	$\Delta R_c/\Omega$	$\Delta n/$格	$S/$格	测量 R_x/Ω
5 100									
510									
51									

3. 用 QJ-47 型直流单双臂箱式电桥测量电阻(选做)(表 3-21)

表 3-21　　　　　　　用 QJ-47 型直流单双臂箱式电桥测量电阻数据记录

待测电阻 R_x/Ω	比率 $R_1:R_2$	比较臂电阻 R/Ω	电桥灵敏度 $S/$格	测量值 R_x/Ω

3.6.6　分析与思考

1. 预习思考题

(1) 电桥电路由几部分组成? 电桥平衡的条件是什么? 如何判断电桥达到平衡?

(2) 在电桥实验操作过程中,应注意哪些问题?

(3) 若电桥灵敏度太低,原则上可采取哪些措施,这些措施又要受什么限制?

2. 实验思考题

(1) 以下哪些因素会使电桥的测量误差增大?

电源电压大幅度下降;电源电压稍有波动;平衡指示仪灵敏度不够高;平衡指示仪零点没有调准;在测量低电阻时,导线电阻不可忽略.

(2) 电桥桥臂比率不同,电桥灵敏度也不同. 理论分析可知,当桥臂比率为 1:1 且四个桥臂电阻相等时,电桥的灵敏度最高. 请用实验测量数据加以验证.

(3) 试比较用伏安法和直流电桥测量电阻的优缺点.

3.6.7　附录

色环电阻和电阻的标识

将不同颜色的色环涂在电阻上用来表示电阻标称值及允许误差的电阻称为色环电阻. 如果电阻上有四条颜色环,该电阻称为四环电阻;有五条颜色环,则称为五环电阻. 色环电阻的读数规则和电阻的标识如下.

1. 色环电阻的读数规则

(1) 色环电阻上各种颜色所对应的数值如表 3-22 所示.

表 3-22　　　　　　　　　　电阻色标符号意义

颜色	有效数字第一位数	有效数字第二位数	倍乘数	允许误差
棕	1	1	10	±1
红	2	2	10^2	±2

颜色	有效数字第一位数	有效数字第二位数	倍乘数	允许误差
橙	3	3	10^3	—
黄	4	4	10^4	—
绿	5	5	10^5	± 0.5
蓝	6	6	10^6	± 0.2
紫	7	7	10^7	± 0.1
灰	8	8	10^8	—
白	9	9	10^9	—
黑	0	0	10^0	—
金	—	—	10^{-1}	± 5
银	—	—	10^{-2}	± 10
无色	—	—	—	± 20

（2）四环电阻的读数规则

四环电阻的读数规则为：以第一环为十位数，第二环为个位数，再乘以第三环所表示的 10 的次方数，单位是欧姆；第四环表示该电阻的误差范围.下面举两个例子进行说明.

例 1 一四环电阻身上的颜色自左向右依次为"红红棕金"，则此电阻值的大小为 $22 \times 10^1\ \Omega = 220\ \Omega$，误差 $\pm 5\%$.

例 2 一四环电阻身上的颜色自左向右依次为"黄紫橙银"，则此电阻值的大小为 $47 \times 10^3\ \Omega = 47\ \text{k}\Omega$，误差 $\pm 10\%$.

（3）五环电阻的读数规则

五环电阻的读数规则为：以第一环为百位数，第二环为十位数，第三环为个位数，再乘以第四环所表示的 10 的次方数，单位是欧姆；第五环表示该电阻的误差范围.

例如，一五环电阻身上的颜色自左向右依次为"棕紫绿金棕"，则此电阻值的大小为 $175 \times 10^{-1}\ \Omega = 17.5\ \Omega$，误差 $\pm 1\%$.

2. **电阻值的标识**

在读取色环电阻阻值时必须遵循电阻值的标识，按照部颁标准规定，电阻值的标称值应为表 3-23 所列数字的 10^n 倍，其中，n 为整数.

表 3-23　　　　　　　　　　　　　　　　　　　电阻标称系列及误差

系列	允许误差	电阻器的标称值												
E24	Ⅰ级(±5%)	1.0	1.1	1.2	1.3	1.5	1.6	1.8	2.0	2.2	2.4	2.7	3.0	3.3
		3.6	3.9	4.3	4.7	5.1	5.6	6.2	6.8	7.5	8.2	9.1		
E12	Ⅱ级(±10%)	1.0	1.2	1.5	1.8	2.2	2.7	3.3	3.9	4.7	5.6	6.8	8.2	
E6	Ⅲ级(±20%)	1.0	1.5	2.2	3.3	4.7	6.8							

3.7 电容特性研究

电容的种类很多,分为固定电容和可变电容. 固定电容有:瓷介质电容、云母电容、薄膜介质电容和电解电容器等. 电容的主要参数有:电容值和额定电压. 由于电容的充放电特性,以及电容具有隔直流、通交流的能力,在电子技术中使用十分普遍,常用于滤波电路、定时电路、锯齿波发生器电路、微分电路、积分电路等电路.

3.7.1 实验目的

1. 用示波器观察电容充放电现象,了解电容充放电特性;
2. 学习用示波器测量 RC 电路时间常数以及电容值;
3. 研究电容容抗和频率、电容的关系.

3.7.2 实验原理

电容符号如图 3-18 所示,用 C 表示. 常用电容以两层金属箔膜为极板,极板中间有一层绝缘材料作为介质,极板上可聚集等量异号电荷 Q,两极板的电压为 U,两者呈线性关系,其比值即为电容 $C = \dfrac{Q}{U}$. 电容的基本单位是法拉(F),常用单位微法(μF)和皮法(pF), $1\ \text{F} = 10^6\ \mu\text{F} = 10^{12}\ \text{pF}$.

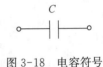

图 3-18 电容符号

1. RC 电路充放电特性

如图 3-19 所示,电容 C 和电阻 R 串联组成 RC 电路. 当开关合到 1 时,直流电源通过电阻 R 给电容 C 充电,电容上的电压 U_C 逐渐增大,最终与电源电压 E 相等;然后再将开关合向 2,电容 C 通过电阻 R 放电,U_C 逐渐减小,直至为零.

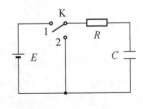

图 3-19 RC 串联电路

在 RC 电路充放电过程中,U_C 和 U_R 的变化遵循以下规律

对于充电过程

$$U_C(t) = E(1 - e^{-\frac{t}{RC}}),\ U_R = Ee^{-\frac{t}{RC}},\ I(t) = \frac{E}{R}e^{-\frac{t}{RC}} \tag{3-32}$$

对于放电过程

$$U_C(t) = Ee^{-\frac{t}{RC}},\ U_R = -Ee^{-\frac{t}{RC}},\ I(t) = -\frac{E}{R}e^{-\frac{t}{RC}} \tag{3-33}$$

由此可知,无论充电还是放电,U_C,U_R 以及电路中电流均按指数规律变化,放电过程中电流的方向与充电过程中相反,实验中一般通过测量电阻 R 上的电压 U_R 检测电路中电流 I 的变化.U_C,U_R 随时间变化曲线如图 3-20 所示.

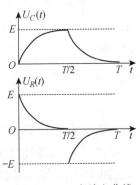

图 3-20 RC 充放电曲线

从上述数学表达式以及 U_C,U_R 随时间变化曲线图可见,RC 电路从接通到稳定有个过程,这个过程持续的时间长短取决于指数 $\dfrac{t}{RC}$,由于 RC 的量纲与时间相同,故称时间常数,即 $\tau=RC$.时间常数越大,电容充放电进行的越慢,电路达到稳定的持续时间就越长,反之就越短.

由式(3-32)可知,当 $t=\tau$ 时,$U_C=E\left(1-\dfrac{1}{e}\right)=0.632E$,$U_R=\dfrac{E}{e}=0.368E$;而由式(3-33)可知,当 $t=\tau$ 时,$U_C=\dfrac{E}{e}$,$U_R=-\dfrac{E}{e}$. 由此,时间常数 τ 的物理意义可理解为充电过程中电容上电压从零开始上升到最大值 E 的 0.632 所经历的时间,或放电过程中电容上电压由最大值 E 下降到 $\dfrac{E}{e}$ 所经历的时间.根据这一特性,由 U_C 的变化测得 τ,如果已知电阻 R,可测出电容.

用示波器观察 RC 电路充放电过程中 U_C 的变化电路如图 3-21 所示,信号源内阻为 r,输出方波.周期性的方波信号可看成一个电子开关,其作用相当于图 3-19 中的单刀双掷开关 K 自动连续在 1,2 之间切换,使得电容轮流持续进行充放电.将电容两端电压信号输入到示波器某一输入端,调节示波器即可得到 U_C 随时间变化的稳定波形.

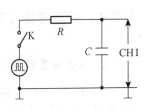

图 3-21 示波器观察电容
充放电电路

调节信号源输出方波的周期等于 10τ,这样在方波处于高电平 E 的 5τ 时间内,电容上的电压从零开始上升到最大值 E,充电达到饱和;而在方波处于低电平 0 的 5τ 时间内,电容上的电压从最大值 E 开始下降到 0,放电完毕.利用示波器可得到 U_C 随时间变化的稳定波形,通过测量时间常数 τ,在电路中全电阻 $(R+r)$ 已知情况下,进而测定电容数值.

2. 电容容抗和频率、电容的关系

给 RC 电路通以正弦波信号时,电路呈现出和直流电路不同的特性.类似电阻元件,电容也具有阻碍电路中电流通过的能力,称为容抗 X_C.电容的容抗 X_C 与信号源频率 f 及电容值 C 之间的关系为

$$X_C=\frac{1}{2\pi f C} \tag{3-34}$$

由此可知,频率越高,电容值越大,电容容抗越小.因此电容具有通交流、隔直流的作用.

研究测量电容容抗和频率、电容关系的电路如图 3-22 所示，如果已知电阻 R 的阻值，电阻 R、电容 C 两端的电压 U_R，U_C，则

$$X_C = \frac{U_C R}{U_R} \qquad (3-35)$$

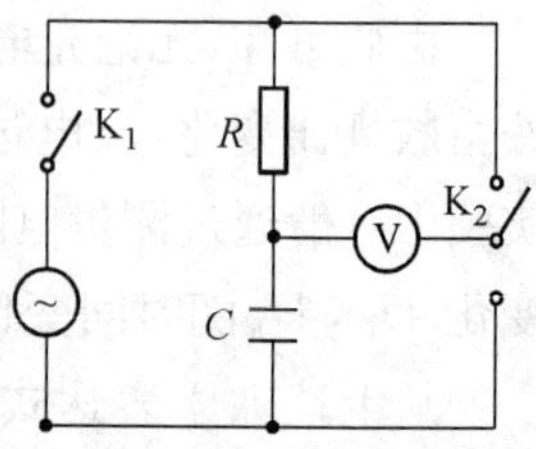

图 3-22　研究容抗与频率、电容关系电路

实验测量中，保持信号源输出电压不变，改变信号源输出正弦波频率 f，通过交流电压表测量相应的电容 C、电阻 R 两端的电压 U_C，U_R，利用上式计算出电容容抗 X_C，从而验证了式(3-34)关系的成立.

同样，可利用图 3-22 电路及上述方法研究一定输入电压、频率下，电容容抗与电容值的关系.

3.7.3　实验仪器

示波器，函数信号发生器，数字万用电表，ZX-21 型多值电阻箱，RX7-1 电容箱，单刀开关，单刀双掷开关，导线若干.

3.7.4　实验内容与方法

1. 用示波器观察 RC 电路充放电现象，测量电容数值

(1) 按图 3-21 连接电路，注意示波器的输入负端和信号源输出负端连在一起，达到所谓"共地". 检查电路正确后，调节 $R=1.0$ kΩ，$C=0.200$ μF，信号源输出方波，峰峰值 $U_{PP}=6.0$ V、频率 $f=500$ Hz.

(2) 调节示波器得到便于测量的电容两端电压 U_C 随时间变化的稳定波形.

(3) 测出充电过程、放电过程时间常数，取平均值，利用 $\tau=(R+r)C$ 计算电容值.

(4) 改变 RC 串联电路电阻 R 的取值，分析、总结电容充放电的变化情况.

注意：

① 本实验用函数信号发生器内阻约为 50 Ω，相对于 $R=1.0$ kΩ 可忽略不计.

② 由于电阻、电容数值的差异，加上信号源内阻的影响，为在单个方波周期内得到电容完全充电、放电波形，可略微调整方波频率，以满足方波周期 $T=10\tau$.

2. 电容容抗和频率关系的测量

(1) 按图 3-22 连接电路，检查电路正确后，调节 $R=500.0$ Ω，$C=0.650$ μF，信号源输出正弦波，峰峰值 $U_{PP}=5.0$ V，$f=500$ Hz.

注意： 电路中 R 值的选取取决于电容值以及频率变化范围，一般使 R 值等于对应频率变化的中间值的电容容抗值，从而保证测量值的有效数字位数，减少测量误差.

(2) 调节函数信号发生器输出正弦波频率 f 分别为 100 Hz，300 Hz，500 Hz，700 Hz，900 Hz，用数字万用电表交流电压档测量与之对应的电容 C、电阻 R 两端的电压 U_C，U_R.

(3) 利用式(3-35)算出电容容抗 X_C 与交流信号频率 f 对应值，从而验证式(3-34)的成立.

3. 电容容抗和电容关系的测量

(1) 按图 3-22 连接电路，调节 $R = 650.0$ Ω，信号源输出正弦波，峰峰值 $U_{PP} = 5.0$ V，$f = 500$ Hz.

(2) 选取电容值 C 分别为 0.100 μF，0.300 μF，0.500 μF，0.700 μF，0.900 μF，用数字万用电表交流电压档测量与之对应的电容 C、电阻 R 两端的电压 U_C，U_R.

(3) 利用式(3-35)算出电容容抗 X_C 与电容 C 对应值，从而验证式(3-34)的成立.

3.7.5 原始数据记录及处理

1. 用示波器观察 RC 电路充放电现象，测量电容数值(表 3-24)

实验测量条件

示波器垂直偏转因数 V/cm＝　　　　　　示波器显示波形垂直高度＝

示波器水平偏转因数 ms/cm＝　　　　　一个周期波形水平宽度＝

示波器测量的输入方波峰峰值 U_{PP}/V＝　　　　周期 T＝　　　频率 f＝

表 3-24　　　　　　　　　　测量时间常数 τ 数据记录

次数 \ 项目	充电过程		放电过程	
	D_x /cm	τ_i /ms	D_x /cm	τ_i /ms
1				
2				
3				

注：表 3-24 中 D_x 表示的是 τ 时间内充电过程、放电过程的水平距离.

时间常数 τ 的平均值 $\bar{\tau} = \dfrac{1}{6}\sum_{i=1}^{6}\tau_i =$ 　　　待测电容 $C = \dfrac{\bar{\tau}}{R+r} \approx \dfrac{\bar{\tau}}{R} =$

改变 RC 串联电路电阻 R 的取值，分析、总结电容充放电的变化情况

2. 电容容抗和频率关系的测量(表 3-25)

表 3-25　　　　电容容抗和频率关系测量数据记录　$R=$　Ω，$C=$　μF

f/Hz				
U_R/V				

续表

U_C/V					
X_C/Ω					
$1/f/\text{Hz}^{-1}$					
结论					

利用最小二乘法线性处理 X_C, $\dfrac{1}{f}$,其函数表达式为

线性相关系数 $\gamma =$

3. 电容容抗和电容关系的测量(表 3-26)

表 3-26　　　　　电容容抗和电容关系测量数据记录　$R=$　Ω, $f=$　Hz

$C/\mu\text{F}$					
U_R/V					
U_C/V					
X_C/Ω					
$1/C/\mu\text{F}^{-1}$					
结论					

利用最小二乘法线性处理 X_C, $\dfrac{1}{C}$,其函数表达式为

线性相关系数 $\gamma =$

3.7.6　分析与思考

1. 预习思考题

(1) 什么是 RC 电路的时间常数?其物理意义是什么?

(2) 利用图 3-21 电路研究电容充放电时,信号源输出方波的周期 $T=10\tau$. 是否能够利用式(3-32)、式(3-33)对此加以说明?

(3) 利用示波器观察研究电容、电阻上电压随时间变化关系时,被研究对象应处在电路中什么位置?

2. 实验思考题

(1) 根据时间常数的定义,能否选取充放电曲线上的某一点,通过该点的变化来确定时间常数的大小?

(2) 是否可通过示波器获得的 U_C 随时间变化的稳定波形,利用曲线改直(线性化)作出有关图线,通过图线斜率获知电容值?请用实验测量数据作相应处理.

3.7.7 附录

表 3-27 电容器的主要类型及相关参数

类型	电容范围	击穿电压/V	容许误差
云母电容器	1 pF~0.1 μF	500	±1%
聚苯乙烯电容器	10 pF~0.22 μF	150	±5%
陶瓷电容器	10 pF~0.47 μF	30~500	±20%
聚酯电容器	0.01 μF~20 μF	250	±20%
聚碳酸酯电容器	0.01 μF~10 μF	50~600	±20%
钽电容器	0.1 μF~100 μF	3~100	±20%
电解电容器	1 μF~0.15 F	6.3~600	±25%

3.8 分光计的调节和使用

光线在发生折射、反射和衍射时均要产生相应的角度变化,通过对这些角度的测量,可以测定折射率、光栅常数、光波波长、色散率等许多物理量.因而精确测量角度,在光学实验中显得尤为重要.分光计(又称光学测角计)是一种精确测量角度的典型光学仪器,其构造精密,操作训练要求高.熟悉分光计的基本结构、调整原理、方法和技巧,对调整和使用其他光学仪器具有普遍的指导意义.

3.8.1 实验目的

1. 了解分光计的结构及测角原理;
2. 熟悉并掌握分光计的调节技术,学会角游标的读数方法;
3. 学习测量棱镜顶角及入射、出射光线角度的方法.

3.8.2 实验原理

1. 分光计的构造

分光计大致由底坐、主轴、支架将望远镜、平行光管、载物台和读数系统四个主要部件架构而成.JJY-1′型分光计如图 3-23 所示,基本调节螺钉的代号、名称和功能见表 3-28.

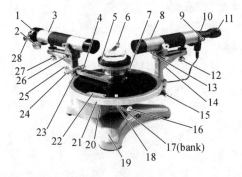

1—狭缝装置;2—狭缝与平行光管透镜间距微调手轮;3—平行光管部件;4—制动架(二);5—载物台及载物台调平螺钉(三颗);6—元件锁紧螺钉;7—载物台与转轴锁定螺钉;8—望远镜部件;9—目镜套筒锁紧螺钉;10—望远镜物镜与目镜间距微调手轮;11—目镜视度调节;12—望远镜光轴俯仰调节螺钉;13—望远镜光轴水平调节螺钉;14—支臂;15—望远镜绕转轴微动螺钉;16—望远镜与分度盘锁紧螺钉;17—望远镜止动螺钉;18—制动架(一);19—底座;20—转座;21—分度盘;22—游标盘;23—立柱;24—载物台绕转轴微动螺钉;25—游标盘止动螺钉;26—平行光管光轴水平调节螺钉;27—平行光管光轴俯仰调节螺钉;28—狭缝宽度调节手轮

图 3-23 JJY-1′型分光计结构

表 3-28　　　　　分光计基本调节螺钉的代号、名称和功能

代号	名　　称	功　　能
2	狭缝与平行光管透镜间距微调手轮	改变狭缝与平行光管透镜的距离,使狭缝位于透镜物方焦面上,产生平行光
28	狭缝宽度调节螺钉	调节狭缝宽度,通常取 1 mm
26	平行光管水平调节螺钉	平行光管光轴的水平面上方位的调节
27	平行光管俯仰调节螺钉	平行光管光轴的竖直面上方位的调节
5	载物台及调平螺钉(三颗)	载物台面水平调节(本实验中,用来调节双平面镜和三棱镜反射面、折射面平行于中心轴
7	载物台与转轴锁定螺钉	松开时,载物台可单独转动、升降;锁紧后,载物台与转轴固联
10	望远镜物镜与目镜间距微调手轮	改变望远镜物镜、目镜之间的距离,使物镜成的像落在目镜分划板平面上,此即望远镜调焦
11	目镜视度调节	目镜调焦用,旋转调节 11 可改变目镜套筒中目镜与分划板的距离,使目镜视场中分划板清晰
12	望远镜俯仰调节螺钉	望远镜光轴的竖直面上方位的调节
13	望远镜水平调节螺钉	望远镜光轴的水平面上方位的调节
15	望远镜绕转轴微动螺钉	在锁紧望远镜止动螺钉 17 后,调节 15 可使望远镜绕转轴微小转动
16	望远镜与分度盘锁定螺钉	松开 16,两者可相对转动;锁紧 16,两者固联,才能一起转动
17	望远镜止动螺钉(在图背面)	松开 17,可转动望远镜;锁紧 17,望远镜与转轴固定,此时,微调螺钉 15 才起作用
24	载物台绕转轴微动螺钉	锁紧 25 后,调 24 可使载物台绕转轴微小转动
25	游标盘止动螺钉	松开 25,游标盘可单独转动;锁紧 25,微调螺钉 24 才起作用

JJY-1′型分光计竖直主轴安装在分光计的底座上,望远镜、分度盘、游标盘、载物台都可以绕主轴转动,也可以用锁紧螺钉使其固定不再转动. 望远镜与分度盘可构成一个整体,止动的望远镜也可通过微调螺钉小范围调整绕主轴转动的角度;平行光管与分光计的底座连接在一起,不能转动,但可通过微调螺钉小范围调整其沿水平方向的指向.

(1) 测量望远镜. 测量望远镜一般由目镜、分划板及物镜三部分组成,这三部分分别安装在可相对移动的内、外套筒中. 其中,物镜是一消色差的复合正透镜;分划板固定在内筒一端,用于测量及调节时的基线对准;目镜装在内筒内且可绕光轴旋转,以改变其与分划板的距离. JJY-1′型分光计的望远镜是一种带有阿贝目镜的望远镜,结构如图 3-24 所示.

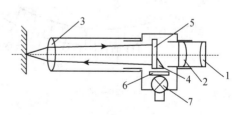

1—目镜;2—场镜;3—物镜;4—反射小棱镜;
5—分划板;6—滤色片;7—发光二极管
图 3-24　望远镜结构

分划板如图 3-25(a)所示,下部的空心"十"字物、上面的十字叉丝与中央水平线对称,也与望远镜光轴对称,调节目镜,当分划板位于目镜物方焦面时,通过目镜可以看到完全清晰的十字叉丝及"十"字物.

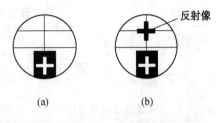

图 3-25　分划板

发光二极管发出的光,通过绿色滤色片后,再经过 45°全反射小棱镜将"十"字物照亮,透过空心"十"字的光从物镜射出.若在物镜前放一平面镜,使其平面与望远镜光轴垂直,它将空心"十"字发出的光再反回到望远镜,调节望远镜物镜与目镜的距离,当分划板位于物镜的后焦面时(同时已经位于目镜的前焦面),则在望远镜目镜中看到一个位于上方十字叉丝中心的清晰的绿"十"字,如图 3-25(b)所示,此时说明望远镜聚焦无穷远,此即利用自准直法调节望远镜聚焦无穷远.

(2) 平行光管. 平行光管的作用是产生平行光,它由可相对滑动的两个套筒组成,外套筒的一端装一消色差的复合正透镜,内套筒装一宽度可调的狭缝.当狭缝位于透镜的前焦面时,用光源照亮狭缝,则平行光管出射平行光.

(3) 载物台. 载物台用来放置棱镜、光栅或其它待测光学元件,由两个圆形平板和三个水平调节螺钉构成了双层结构.上层平板放置光学元件,三个互成 120°的调节螺钉用来调节上层平板的高度和水平;下层平板固定于套在分光计主轴上的套筒上,大幅度调节载物台的高度使用平台升降紧固螺钉.

(4) 读数系统. 读数系统由分度盘和有一对角游标的游标盘组成,分度盘为一套装在分光计主轴上的环状大圆盘,能随望远镜一起绕主轴转动,分度盘沿圆周等分成 720 份,最小分度值为 0.5°(30′).游标盘装在分度盘的内侧,可通过连接螺钉与载物平台固连绕主轴转动.游标盘上的两个角游标相隔 180°对称设置,以消除分度盘与游标盘二者中心不重合所产生的偏心差.角游标分为 30 格,游标的每一格对应为 1′.

分光计读数装置读数方法与游标卡尺类似,读数时以游标的零线为准,从分度盘找到与游标零线相对应的地方,读出"度"数;再找到游标上与分度盘刻线刚好重合的刻线,读出"分"数,两者相加即为此时游标(角度)位置读数.分光计读数示意如图 3-26 所示.

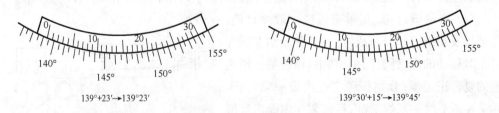

139°+23′→139°23′　　　　139°30′+15′→139°45′

图 3-26　分光计读数示例

由于分度盘的 0°刻度线同时也是 360°线,在读数的过程中,游标零线越过了分度盘的零点,则实际转角大小为 $\varphi=360°-|\theta_1-\theta_2|$.例如,当望远镜由位置 1 转到位置 2 时,

两游标的读数分别如表 3-29 所示.

表 3-29   游标读数数据记录

望远镜位置 1		望远镜位置 2	
左游标 β_1	右游标 β_1'	左游标 β_2	右游标 β_2'
175°45′	355°45′	295°43′	115°43′

左游标读数可得望远镜转角为

$$\varphi_{左} = |\beta_1 - \beta_2| = 119°58'$$

右游标读数可得望远镜转角为

$$\varphi_{右} = 360° - |\beta_1' - \beta_2'| = 119°58'$$

2. 分光计的调整

为了准确测量角度,测量前应了解分光计上每个部件的作用,并将分光计调节到工作状态,具体调节见实验内容与方法.

3. 分光计测三棱镜顶角

测量三棱镜顶角的方法有自准直法和反射法.

(1) 自准直法. 如图 3-27 所示,将三棱镜置于已调节水平的载物平台上,用三棱镜的 AB,AC 面作为反射镜面. 转动望远镜,当 AB 面反射回来的"十"字像与分划板上方十字叉丝中心重合时,说明望远镜光轴与 AB 面垂直,记下两边游标的读数 β_1,β_1'. 然后转动望远镜再测出 AC 面反射的"十"字像位于分划板上十字叉丝中心时两个游标的读数 β_2,β_2',则棱镜顶角

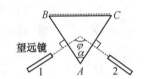

图 3-27   自准直法测顶角

$$\alpha = 180° - \varphi = 180° - \frac{1}{2}\left[|\beta_1 - \beta_2| + |\beta_1' - \beta_2'|\right] \tag{3-36}$$

测量时也可使望远镜固定,转动载物台(此时游标盘与载物台固连),使棱镜的 AB,AC 面分别与望远镜垂直,同样能够测出三棱镜的顶角.

(2) 反射法. 如图 3-28 所示,将三棱镜置载物台上,顶点 A 放在载物台中心处,平行光管射出的平行光照在三棱镜顶点,经 AB 和 AC 两个面反射,用分光计分别测出反射光线 1,2 的角度位置读数 θ_1,θ_2,则顶角

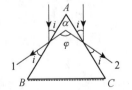

图 3-28   反射法测顶角

$$\alpha = \frac{\varphi}{2} = \frac{1}{2}|\theta_1 - \theta_2|$$

分光计望远镜分划板竖线对准光线 1 时,左右两个游标的读数分别为 β_1,β_1';分光计望远镜分划板竖线对准光线 2 时,左右两个游标的读数分别为 β_2,β_2',则顶角

$$\alpha = \frac{1}{2}|\theta_1 - \theta_2| = \frac{1}{4}\big[|\beta_1 - \beta_2| + |\beta_1' - \beta_2'|\big] \qquad (3-37)$$

3.8.3 实验仪器

JJY-1'型分光计,双平面镜,汞灯,三棱镜.

汞灯

汞灯为汞蒸气放电灯,按工作时汞蒸气压大小分为低压汞灯、高压汞灯和超高压汞灯.

汞灯灯管内除充有金属汞外,还有惰性气体氖或氩.汞灯灯管内装有启辉器,在接通电源的瞬间,由于启辉器的作用,产生高压使惰性气体电离放电,灯管内温度升高,金属汞逐渐气化,然后产生汞蒸气弧光放电.低压汞灯发光的能量主要集中在紫外波段253.7 nm的青紫色谱线上,在可见光波段主要有 6 条谱线,波长分别为 404.7 nm,435.8 nm, 491.6 nm, 546.1 nm, 577.0 nm, 579.1 nm.

高压汞灯工作时管内汞蒸气压在几个大气压以上,工作电流也比较大.在可见光波段谱线主要有 435.8 nm, 546.1 nm, 577.0 nm, 579.1 nm.

使用汞灯时注意

1. 汞灯有较强的紫外线,为保护眼睛,不要直接注视灯管;

2. 汞灯发光后,管内温度较高,如突然断电后又立刻接通电源,常常不能发光.需等灯管温度下降到一定温度后才能正常发光,一般需 10 min 左右.

3.8.4 实验内容与方法

1. 分光计的调节

各种型号的分光计均由前述四个部分组成,但是,它们各部分调整螺钉的位置有所不同.所以,在进行调整前,应先熟悉所用分光计上表 3-28 所列的调节螺钉的位置.

一台调整好的分光计必须满足以下三个条件:

(1) 望远镜聚焦无穷远;

(2) 平行光管出射平行光——即狭缝正好处于平行光管透镜的焦平面处;

(3) 入射光线与经过光学元件反射(或折射、衍射)光线所构成的平面必须与分光计的读数系统——分度圆盘平行,即出射光的平行光管光轴和接收反射(或折射、衍射)光的望远镜的光轴必须分别与分光计的旋转主轴垂直.

2. 分光计的调节步骤

1) 目测粗调

眼睛从外部看(与观察对象处于同一水平面),调节载物台下三个螺钉,使台面上升约 5 mm，且使载物台面与水平面平行. 若载物台的高度不能满足要求，可再调节载物台下三个螺钉，但要保证台面与水平面平行；调节望远镜、平行光管水平调节螺钉，使望远镜、平行光管光轴通过载物台中心，并在一条直线上；调节望远镜、平行光管俯仰调节螺钉，使望远镜、平行光管光轴与旋转主轴垂直.

2) 调节望远镜

(1) 用自准直法调节望远镜聚焦无穷远.

① 打开电源开关，可在目镜视场中看到如图 3-25(a)所示的叉丝线及绿"十"字.

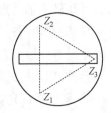

图 3-29　双平面镜放置

② 改变目镜与分划板的距离对目镜视度调节，使分划板的十字叉丝线完全清晰.

③ 如图 3-29 所示，双平面镜放在载物台上，其平面与载物台下螺钉 Z_1，Z_2 连线垂直，并过 Z_3 螺钉. 调节 Z_1，Z_2 螺钉可以改变平面镜的俯仰.

④ 转动载物台，使双平面镜与望远镜垂直，在望远镜中可以看到反射回来的绿"十"字. 若看不到绿"十"字，说明从望远镜出射的光没有被平面镜反射回到望远镜中. 此时可调节望远镜的俯仰螺钉，并左右微转载物台，直到看见反射回的绿"十"字. 然后，调节望远镜与目镜的距离，使反射回的绿"十"字完全清晰. 同时，眼睛左右移动，看叉丝线与绿"十"之间有无视差，如有，则说明望远镜物镜所成的绿"十"字像没有准确位于分划板平面上，应再微调物镜与目镜、目镜与分划板的距离予以消除. 此时分划板叉丝、反射回的绿"十"字完全清晰且无视差，望远镜已聚焦无穷远.

转动载物台时，如若发现反射回的绿"十"字左右移动时与上十字叉丝的水平线有一夹角，可适当调节螺钉 Z_3，直至绿"十"字移动时与上十字叉丝的水平线完全平行.

(2) 调节望远镜光轴与分光计的旋转主轴垂直. 平行光管与望远镜的光轴各代表入射光和出射光的方向. 为了测准角度，必须分别使它们的光轴与刻度盘平行. 刻度盘在制造时已垂直于分光计的旋转主轴，因此，当望远镜和平行光管与分光计的旋转主轴垂直时，就达到了与刻度盘平行的要求.

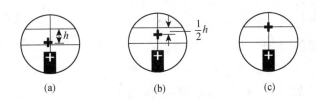

图 3-30　分光计望远镜光轴与旋转主轴垂直

在以上调节的基础上，转动载物台旋转 180°，使双平面镜另一镜面反射的绿"十"字也出现在目镜视场中. 此时，虽然双平面镜两个面反射的绿"十"字已经进入望远镜，但绿"十"字不一定与上十字叉丝重合(图 3-30(a))，这说明望远镜光轴与分光计的旋转主轴不垂直.此时调节载物台下的调平螺钉 Z_1（或 Z_2），使反射回的绿"✚"字与分划板上十字叉丝的垂直距离 h 减小一半（图 3-30(b)），再调节望远镜的俯仰螺钉使绿"✚"字与上十字叉丝完全重合（图 3-30(c)）.再将载物台旋转 180°，调节 Z_2（或 Z_1）及望远镜的俯仰螺钉，再用"各减一半"的方法达到图 3-30(c)所示的状态.反复进行上面的调节，直至转动载物台，双平面镜两个面反射的绿"✚"字均与上十字叉丝重合.此时说明望远镜光轴与分光计旋转主轴垂直.

注意：在用"各减一半"的方法调节之前，首先观察双平面镜两个面反射回来的绿"✚"字是否分居上方水平线两侧，否则，应先调节望远镜俯仰螺钉.

至此，望远镜的状态已经完全调节好，除了只能绕轴转动外，不能再作任何调节.

3）调节平行光管

平行光管的调节以已经调节好的望远镜为基准.

（1）调节平行光管产生平行光.取下载物台上的平面镜，用光源照亮平行光管的狭缝，从已聚焦无穷远的望远镜观察来自平行光管的狭缝像.调节平行光管狭缝与透镜间距离，直到狭缝的像完全清晰且与十字叉丝无视差.然后调节缝宽使望远镜视场中的缝宽像约为 0.5~1 mm.

（2）调节平行光管光轴与分光计旋转主轴垂直.因为望远镜的光轴已经与旋转主轴垂直，所以只要平行光管的光轴与望远镜的光轴平行，则与旋转主轴垂直.转动狭缝（但前后不能移动）成水平状态，调节平行光管俯仰螺钉，使水平的狭缝像与分划板的中心十字线的水平线重合，如图 3-31(a)所示，这时平行光管的光轴与望远镜光轴平行，即与分光计旋转主轴垂直.再旋转狭缝使其与十字叉丝的竖线完全平行，并保持狭缝像最清晰且无视差，如图 3-31(b)所示.

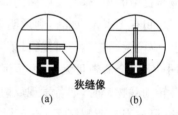
狭缝像
(a) (b)

图 3-31 平行光管与旋转主轴垂直

4）调节三棱镜主截面与分光计旋转主轴垂直

将等边三棱镜如图 3-32 所示放在载物台上，使其三个顶点分别与 Z_1，Z_2 和 Z_3 对应，旋转载物台让 AB 面反射回的绿"✚"字进入望远镜，并调节 Z_3 使绿"✚"字向上十字叉丝靠近一半，再转动载物台使 AC 面反射的绿"✚"字进入望远镜，调

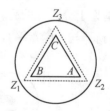

图 3-32 三棱镜放置

节 Z_1 使绿"✚"字与上十字叉丝水平线重合（注意：在这一调节过程中决不能再调望远镜）.反复以上调节，直至转动载物台时 AB，AC 面反射的绿"✚"字均与上十字叉丝重合.此时三棱镜主截面与旋转主轴垂直.

至此分光计已全部调节好，使用时必须注意：分光计上除分度盘制动螺丝及其微调螺丝外，其他螺丝不能任意转动，否则将破坏分光计的工作条件，需重新调节.

3. 测量三棱镜顶角

(1) 自准直法

① 按图 3-27 将三棱镜置于载物台中央,转动望远镜分别与棱镜 AB,AC 面垂直,使它们反射回的绿"十"字与分划板十字叉丝重合,分别读取两个游标的读数 β_1, β_1' 和 β_2, β_2'.

② 将上述测量值代入公式(3-36),计算棱镜顶角 α.

③ 多次重复测量,取平均值.

同样,也可使望远镜固紧不动,锁紧载物台与旋转主轴制动螺钉,松开游标盘制动螺钉,使载物台与游标盘一起连动,转动载物台,分别使 AB,AC 面与望远镜垂直,测量顶角.

(2) 反射法

① 如图 3-33 所示,平行光管对准光源,将三棱镜顶点放在载物台中心附近,目测毛边与平行光管垂直且毛边中垂线平分入射光束.

注意:为保证反射线明细,平行光管狭缝宽度为 0.5~1.0 mm.

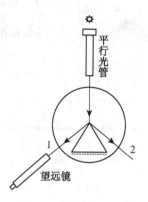

图 3-33 反射法测顶角

② 转动望远镜,使十字叉丝竖线与 1,2 两光线对应的反射线的中心对准或同一边相切,分别测出光线 1,2 在分光计两个游标的读数 β_1, β_1' 和 β_2, β_2'.

③ 将上述测量值代入公式(3-37),计算棱镜顶角 α.

④ 多次重复测量,取平均值.

注意事项

(1) 不能用手触摸各光学表面. 特别防止打碎三棱镜和双平面镜.

(2) 分光计为精密仪器,各活动部分均应小心操作. 当轻轻转动各部件(例如望远镜、游标盘)时而无法转动,切记不可强行搬动,应分析原因解决后再进行操作.

3.8.5 原始数据记录及处理

1. 自准直法测三棱镜顶角(表 3-30)

表 3-30   自准直法测定三棱镜顶角 α 数据记录

次数 \ 项目	AB 面法线位置		AC 面法线位置		顶角 α
	左游标 β_1	右游标 β_1'	左游标 β_2	右游标 β_2'	
1					
2					
3					

顶角平均值 $\qquad \bar{\alpha} = \dfrac{1}{3}\sum_{i=1}^{3}\alpha_i =$

2. 反射法测三棱镜顶角（表 3-31）

表 3-31 　　　　　　　　　　反射法测定三棱镜顶角 α 数据记录

次数＼项目	反射光线 1 位置		反射光线 2 位置		顶角 α
	左游标 β_1	右游标 β_1'	左游标 β_2	右游标 β_2'	
1					
2					
3					

顶角平均值 $\qquad \bar{\alpha} = \dfrac{1}{3}\sum_{i=1}^{3}\alpha_i =$

3.8.6　分析与思考

1. 预习思考题

（1）分光计由几个主要部分组成？它们的作用是什么？

（2）分光计的调节要求是什么？主要调节步骤是什么？

（3）分光计为什么要调节到望远镜和平行光管光轴与仪器旋转主轴垂直？不垂直对测量结果有什么影响？

2. 实验思考题

（1）用自准直法调节望远镜聚焦无穷远时，如何判断分划板叉丝平面与物镜焦平面严格共面？

（2）调节望远镜光轴垂直于仪器旋转主轴时可能看到两类现象：①平面镜两个面反射的绿"十"字像都在上十字叉丝水平线的上方；②一个在上，一个在下．分析说明二者主要是由望远镜还是载物台的倾斜引起的；怎样调节能迅速使两个面反射的像与上水平线重合？

（3）假设一线状平行光斜入射到三棱镜一光学表面，然后从另一光学表面出射．能否利用分光计测出该光线入射到棱镜表面的入射角 i_1 以及从另一光学表面出射的出射角 i_2？

3.9 甲电池参数及输出特性的测量

甲电池是日常生活中使用十分普遍的直流电源,它属于化学电池,有很多种类和规格.甲电池的输出特性通常用两种方法来描述:一种是测量路端电压 U 和负载电流 I 的变化规律,由此可测定甲电池的主要参数——电动势 E 和内阻 r;另一种是测量电池的输出功率、负载功率特性.

3.9.1 实验目的

1. 研究甲电池的路端电压和负载电流变化规律,测定电池电动势和内阻;
2. 测量甲电池的输出功率、负载功率特性;
3. 学习作图法处理数据.

3.9.2 实验原理

1. 甲电池电动势和内阻的测量

电源电动势是描述电源把其他形式的能量转换为电能的本领,在数值上等于非静电力把单位库仑的正电荷在电源内部从负极移送到正极所做的功.

测量电源电动势和内阻是依据闭合电路欧姆定律,这样,电动势等于电源没有接入电路时两极间的电压;电动势等于断路时的路端电压;电动势等于内、外电压之和.

如图 3-34 所示,将一节甲电池和一个负载电阻 R_L 连成闭合回路,甲电池的电动势为 E,内阻为 r,电池的路端电压为 U,负载电流为 I,根据闭合回路欧姆定律有

$$E = I(R_L + R_A + r) = U + Ir$$

因此

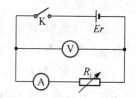

图 3-34 测量甲电池电动势
和内阻线路

$$U = E - Ir \qquad (3-38)$$

由上式可知,当 $I=0$ 时,$U=E$. 这表示甲电池外电路断路时,路端电压 U 等于电源电动势 E,此时的路端电压也称作开路电压 U_{oc}. 当路端电压 $U=0$ 时,电路中电流 $I = \dfrac{E}{r} = I_{sc}$,称作短路电流.

改变图 3-34 中的电阻 R_L,可测得若干组路端电压 U 和负载电流 I 的数值,在直角坐标纸上作出路端电压 U 和负载电流 I 的关系图线如图 3-35,可知 $U \sim I$ 曲线的斜率为负值,即随着负载电阻 R_L 的变小,电流 I 变大,路端电压 U 变小.从 $U \sim I$ 曲线上选取 A

(I_A, U_A)，$B(I_B, U_B)$ 两点计算斜率，由斜率的绝对值即得到电池内阻 r.

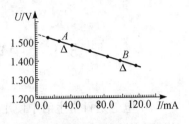

图 3-35　甲电池路端电压与负载电流关系

将曲线延长与纵轴相交，交点对应 $I=0$ 时，$U=E$，即 $U \sim I$ 曲线在纵轴上的截距等于电池电动势 E. 将图线延长与横轴相交，若交点对应于 $U=0$，则曲线在横轴上的截距为短路电流 I_{sc}.

2. 甲电池输出功率、负载功率的测量

在使用甲电池时，甲电池的输出功率特性十分重要，它反映了电池对外做功的本领，也决定了负载电阻 R_L 能够得到的功率. 电池的输出功率为路端电压 U 和电路电流 I 的乘积，其随着负载电阻 R_L 的变化而变化. 当负载电阻 R_L 和甲电池内阻 r 相等时，电池输出功率以及负载获得的功率最大. 测量甲电池输出功率特性的实验电路如图 3-36 所示.

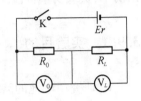

图 3-36　测量甲电池输出功率线路

用电阻箱作为负载电阻 R_L，为了避免因输出电流太大而损坏甲电池，在电路中串入一阻值约为 $5\,\Omega$ 的定值电阻 R_0，为了避免电流表内阻的影响，电路中没有接入电流表，而是用两块数字万用表分别测量 R_L 上的电压 U_L 和 R_0 上的电压 U_0，经计算得到电流 I，再由 U_L 和 I 的乘积计算得到负载电阻上的功率 P_L，而 U_L，U_0 之和与 I 的乘积即为电池输出功率 P.

图 3-36 电路的全电阻为 $r+R_0+R_L$，此时电源的等效内阻为 $r+R_0$. 改变负载电阻 R_L 的取值，作负载电阻的功率曲线，即 $P_L \sim R_L$ 曲线，如图 3-37 所示. 可以观察到 P_L 先增大后减小的规律，在 $R_L=r+R_0$ 时，负载功率 P_L 达到极大值.

实验测量中，通电时间较长或负载电流较大，会引起甲电池的电动势 E 和内阻 r 的变化. 当切断电池回路，电池会慢慢恢复. 但是，如果通电时间过长或负载电流过大，会对甲电池造成损坏，使其无法恢复. 一般长时间使

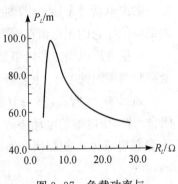

图 3-37　负载功率与负载电阻关系

用后的甲电池的电动势明显下降，内阻增大；也有些甲电池的电动势虽没有明显下降，但由于其内阻加大，在接入负载电阻后路端电压迅速下降，使甲电池不能提供输出功率. 因此，同型号的甲电池新旧程度不同，其电动势和内阻会有差异. 使用时，应注意控制负载电流不要太大，以免对电池造成损坏.

3.9.3　实验仪器

数字万用电表 2 块，ZX-21 型多值电阻箱 2 个，单刀开关，待测甲电池，导线若干.

3.9.4 实验内容与方法

1. 甲电池电动势和内阻的测量

(1) 按图 3-34 连接电路,检查电路正确后,调节 $R_L = 100~\Omega$.

(2) 合上电路开关 K,记录 $R_L = 100~\Omega$ 时甲电池路端电压 U 和负载电流 I.

(3) 断开开关 K,逐步减小 R_L 值,然后合上开关 K,记录 6~8 组 U,I 对应数据.

注意:为避免电池损坏,改变 R_L 测量 U,I 时,电流不超过 100 mA,每次变化 10 mA 左右;实验测量过程中,断开电路开关 K 改变 R_L,合上开关 K 测量记录,以使电池得以恢复.

(4) 在直角坐标纸上,以电流 I 为横坐标、电压 U 为纵坐标,作出路端电压 U 与负载电流 I 的关系图线.从图线上选取两点计算斜率及与纵轴交点坐标,得到甲电池电源电动势 E 及内阻 r 的大小.

2. 甲电池输出功率 P、负载功率 P_L 与负载电阻 R_L 关系的测量

(1) 按图 3-36 连接电路,检查电路正确后,调节 $R_L \approx 4(R_0 + r)~\Omega$.

(2) 合上电路开关 K,记录 $R_L \approx 4(R_0 + r)~\Omega$ 时定值电阻 R_0、负载电阻 R_L 两端电压 U_0,U_L.

(3) 断开开关 K,逐步减小 R_L 值到 $\dfrac{R_0 + r}{2}$,然后合上开关 K 接通电路,记录 15 组 U_0,U_L 对应数据.

(4) 计算出对应甲电池输出功率 P、负载电阻 R_L 的负载功率 P_L,在直角坐标纸上作出 $P \sim R_L$,$P_L \sim R_L$ 关系曲线,并对其规律进行总结.

注意:在测量 P,P_L,R_L 对应数据时,要注意合理取点(图线曲率大的地方测量点取密些,曲率小的地方测量点取少些),特别是 $R_L \approx (R_0 + r)~\Omega$ 这点,以及该点附近左右各 3 个点.

3.9.5 原始数据记录及处理

1. 甲电池电动势和内阻的测量(表 3-32)

表 3-32　　　　**甲电池路端电压 U、负载电流 I 与负载电阻 R_L 对应数据记录**

R_L/Ω							
U/V							
I/mA							

2. 甲电池输出功率 P、负载功率 P_L 与负载电阻 R_L 关系测量(表 3-33)

表 3-33　　　　　**甲电池输出功率 P、负载功率 P_L 与负载电阻 R_L 关系测量数据记录**

R_L/Ω								
U_0/V								
U_L/V								
P/mW								
P_L/mW								
R_L/Ω								
U_0/V								
U_L/V								
P/mW								
P_L/mW								

3.9.6　分析与思考

1. 预习思考题

(1) 什么是电源电动势？其大小等于什么？

(2) 电源输出功率的定义？其与负载功率有何不同？

2. 实验思考题

(1) 可否用图 3-34 线路测量电源输出功率、负载功率？请用实验数据加以说明.

(2) 利用图 3-34 线路，改变 R_L 两次，测量对应的 U，I，能否得知甲电池电动势和内阻的值？

(3) 如果实验中只提供一块电压表，一个可调电阻箱，能否获知甲电池电动势和内阻？请设计电路.

(4) 如果实验中只提供一块电流表，一个可调电阻箱，能否获知甲电池电动势和内阻？请设计电路.

第4章 综合与应用实验

4.1 电表的扩程与校准

磁电系电表测量机构的可动线圈(表头)允许直接通过的电流很小,一般只能测量较小的电流和电压,如果要用它来测量较大的电流或电压,就必须进行改装扩程.常用的不同量程的安培表和伏特表,均是将表头并联或串联适当阻值的电阻改装而成的.电表在电测量中有着广泛的应用,因此了解如何改装扩程电表和使用电表就显得十分重要.

4.1.1 实验目的

1. 了解电表扩程原理,掌握将电流表头扩程为电流表、电压表的方法;
2. 掌握用直接比较法校准电表;
3. 学习校准曲线的描绘和应用.

4.1.2 实验原理

1. 测量表头量程 I_g 和内阻 R_g

在电表改装扩程之前,应测定电流表头 G 的量程 I_g 和内阻 R_g.测量内阻 R_g 常用的方法有半偏法(也称中值法)和替代法.

(1)半偏法.测量电路如图 4-1 所示.当开关 K 断开时,调节限流电阻 R_0 大小,使电流表头 G 满偏,记下标准电流表 A_s 的读数 I_s,该读数即为电流表头量程 I_g.合上开关 K,可调标准电阻 R_1 与电流表头 G 并联,改变 R_1 阻值,同时调节 R_0 的大小,使电流表头 G 示值为中间值、标准电流表读数仍等于 I_s,此时 R_1 的阻值与电流表头内阻 R_g 相等.

(2)替代法.测量电路如图 4-2 所示.开关 K 接到位置 1,调节限流电阻 R_0 大小,使电流表头 G 满偏,记下标准电流表 A_s 的

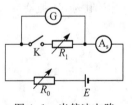

图 4-1 半偏法电路

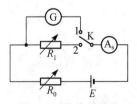

图 4-2 替代法电路

读数 I_s,该读数即为电流表头量程 I_g. 开关 K 接到位置 2,调节可调标准电阻 R_1,使标准表 A_s 读数仍等于 I_s,此时 R_1 阻值与电流表头内阻 R_g 相等.

2. 将表头扩程为电流表

在表头 G 两端并联一分流电阻 R_P,使超过表头量程的那部分电流从分流电阻 R_P 流过,由表头和分流电阻 R_P 组成的整体就是扩程后的电流表.

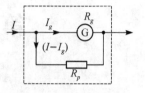

图 4-3　电流表扩程

电流表扩程如图 4-3 所示,扩程后的电流表量程为 I,此时表头 G 通过的电流为量程值 I_g. 则有

$$U_g = I_g R_g = (I - I_g) R_P$$

若其扩程倍数

$$n = \frac{I}{I_g}$$

则应并联的分流电阻,亦即电流表扩程电阻

$$R_P = \frac{I_g}{I - I_g} R_g = \frac{1}{n-1} R_g \tag{4-1}$$

3. 将表头扩程为电压表

在表头 G 上串联一个阻值适当的分压电阻 R_s,使表头不能承受的那部分电压落在 R_s 上,由表头和串联电阻 R_s 组成的整体,就是扩程后的电压表. 串联的分压电阻 R_s 称为扩程电阻. 选用大小不同的 R_s,就可以得到不同量程的电压表.

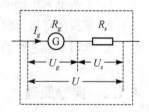

图 4-4　电压表扩程

电压表扩程如图 4-4 所示,扩程后电压表量程为 U,此时表头通过的电流为其量程值 I_g. 假设表头内阻为 R_g,串联的扩程电阻为 R_s,则有

$$U_s = I_g R_s = U - U_g$$
$$R_s = \frac{U - U_g}{I_g} = \frac{U}{I_g} - R_g$$

若电压表的扩程倍数为

$$n = \frac{U}{U_g}$$

则扩程电阻

$$R_s = (n-1) R_g \tag{4-2}$$

4. 电表的标称误差与校准

标称误差指的是电表的实际读数与准确值的差异,它包括了电表在构造上各种不完善因素引入的误差.为了确定标称误差,用电表和一个标准电表同时测量一定的电流或电压,从而得到一系列的对应值,这一工作称为校准.通过校准得到电表各刻度的误差,选取其中最大的绝对误差,除以量程,定义为该电表的最大相对误差,即

$$最大相对误差 = \frac{最大绝对误差}{量程} \times 100\% \qquad (4-3)$$

根据最大相对误差的大小,可获知电表的准确度等级.国标规定,电表的准确度等级分为 0.1,0.2,0.5,1.0,1.5,2.5,5.0 七级,它表示电表的最大相对误差不大于该值的百分数.如 0.2 级电表,其最大相对误差不大于 0.2%.如果电表经校准后,求得的最大相对误差在上述两值之间时,根据误差取大不取小的原则,该表的级别应定为较低的一级.如电表校准后求得的最大相对误差为 0.7%,则该表应定为 1.0 级.通常,电表的准确度等级一般标示在电表盘面的右下方.

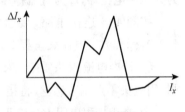

图 4-5 校准曲线

通过校准,可得到电表各整数刻度值 I_x 和标准电表的对应值 I_s,从而得到电表整数刻度的修正值 $\Delta I_x = I_s - I_x$.以 I_x 为横坐标、ΔI_x 为纵坐标,两个校准点之间用直线连接,作出校准曲线 $\Delta I_x \sim I_x$,如图 4-5 所示.以后在使用这个电表时,就可以根据校准曲线对各个读数进行修正,以得到较为准确的结果.

电表的校准非常重要,尤其对扩程后的电表必须进行校准并确定准确度等级才能使用.校准电表常用直接比较法,即将待校表与标准表串联或并联,以确定待校表与标准表读数之间的差别.事实上绝对标准的电表是没有的,一般取比待校表高二个准确度等级的电表作为标准表.如待校表为 1.0 级,则至少取 0.2 级的表作为标准表.

在对电表校准之前应先对量程进行修正,亦即对扩程电阻进行修正,原因在于扩程电阻的计算中并没有考虑导线电阻及接触电阻的影响.

4.1.3 实验仪器

MPS-3003L-1 直流电源,数字万用表,磁电式电流表 100 μA,ZX-21 型多值电阻箱 2 个,电位器 R_1(50 Ω,25 W),电位器 R_2(10 Ω,25 W),单刀双掷开关,导线若干.

4.1.4 实验内容与方法

1. 替代法测量电流表头内阻

按图 4-2 连接电路.选取 $E = 3.0$ V,$R_0 = 29\,999$ Ω,$R_1 = 2\,999$ Ω,然后接通电路,利

用替代法测量被测电流表头内阻 R_g.

2. 100 μA 电流表头扩程为 1 mA 电流表

(1) 计算扩程电阻 R_P. 首先计算出电流表的扩程倍数,然后根据式(4-1)算出扩程电阻 R_P,将可调标准电阻 R_3 置于 R_P 值.

(2) 扩程为 1 mA 电流表.将电流表头 G 与 R_3 并联即组成量程为 1 mA 电流表,此时表头 100 μA 的读数值为 1 mA,其他刻度值一样放大.

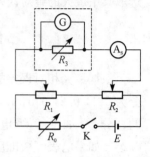

(3) 校准扩程电流表.校准电流表电路如图 4-6 所示,图中虚线框内部分即为扩程电流表;A_s 为标准数字电流表;R_1,R_2 为分压用电位器;E 为直流稳压电源;R_0 为分压电阻.

按图 4-6 连接电路,接通电路前,选取 $E = 3.0$ V,$R_0 = 400$ Ω,标准数字电流表量程 2 mA,R_1,R_2 置于安全位置.

图 4-6　电流表校准电路

① 校准电流表头零点.未通电前,表头指示电流为零.否则,用表头零点调节螺丝,将指针调到零.

② 修正扩程电阻 R_P.修正扩程电阻 R_P 的目的是当扩程电表为量程值时,标准表的读数与之相等.这是判断是否修正好扩程电阻的准则,这一步工作也称为校准量程值.

缓慢调节 R_1,R_2 的大小,使标准数字电流表 A_s 指示值为 1 mA,同时注意观察表头示值是否也为量程值 1 mA.若不是,则需调整扩程电阻值.

修正扩程电阻 R_P 过程中,若表头达到量程值时,标准表示值小于 1 mA,说明 R_P 过大,要略调小 R_P;若标准表示值为 1 mA 时,表头不达量程值,说明 R_P 过小,要略调大 R_P.在此特别强调注意的是:在修正扩程电阻时,一旦调节了扩程电阻阻值,表头示值会发生变化,此时需调节 R_1,R_2 的大小,再次使表头指示量程值.

③ 校准扩程电流表整数刻度值.修正好扩程电阻值后,缓慢调节 R_1,R_2 的大小使表头指示整数刻度值,记下此时标准表对应的读数.扩程电表读数为 I_x,标准表对应的读数为 I_s.

校准时,扩程电流表等量变化,从 0~1 mA 等量增加,然后从 1~0 mA 等量减少.将扩程电表整数刻度值 I_x 对应的两次标准电表读数取平均,作为 I_s.

注意:校准电流表数据,必须包括零点、量程这两点.

④ 作出扩程电表校准曲线、确定准确度等级.根据上述两组数据,得到扩程电表各整数刻度修正值 $\Delta I_x = I_s - I_x$.以 I_x 为横坐标、ΔI_x 为纵坐标,作出校准曲线 $\Delta I_x \sim I_x$.根据式(4-3)算出扩程电流表的最大相对误差,从而确定其准确度等级.

3. 100 μA 电流表头扩程为 1.5 V 电压表

(1) 计算扩程电阻 R_s.利用相关公式,或根据式(4-2)算出扩程电阻 R_s,将可调标准电阻 R_3 置于 R_s 值.

(2) 扩程为 1.5 V 电压表.将电流表头 G 与 R_3 串联即组成量程为 1.5 V 电压表,此时表头 100 μA 的读数值为 1.5 V,其他刻度值一样作相应变化.

（3）校准扩程电压表. 校准电压表电路如图 4-7 所示,图中虚线框内部分即为扩程后的电压表;V_s 为标准数字电压表;R_1,R_2 为分压用电位器;E 为直流稳压电源;R_0 为分压电阻.

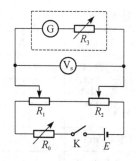

图 4-7 电压表校准电路

按图 4-7 连接电路,接通电路前,选取 $E = 3.0$ V,$R_0 = 50$ Ω,标准数字电压表量程 2 V,R_1,R_2 置于安全位置.

① 校准电流表头零点. 未通电前,表头指示电流为零. 否则,用表头零点调节螺丝,将指针调到零.

② 修正扩程电阻 R_s. 修正扩程电阻 R_s 的目的是当扩程电表为量程值时,标准表的读数与之相等. 这是判断是否修正好扩程电阻的准则,这一步工作也称为校准量程值.

缓慢调节 R_1,R_2 的大小,使标准数字电压表 V_s 指示值为 1.5 V,同时注意观察表头示值是否也为量程值. 若不是,则需调整扩程电阻值.

修正扩程电阻 R_s 过程中,若表头达到量程值时,标准表 V_s 示值小于 1.5 V,说明 R_s 过小,要略调大 R_s;若标准表 V_s 示值为 1.5 V 时,表头不达量程值,说明 R_s 过大,要略调小 R_s. 在此特别强调注意的是:在修正扩程电阻时,一旦调节了扩程电阻阻值,表头示值会发生变化,此时需调节 R_1,R_2 的大小,再次使表头指示量程值.

③ 校准扩程电压表整数刻度值. 修正好扩程电阻值后,缓慢调节 R_1,R_2 的大小使表头指示整数刻度值,记下此时标准表对应的读数. 扩程电压表读数为 U_x,标准表对应的读数为 U_s.

校准时,扩程电压表等量变化,从 0~1.5 V 等量增加,然后从 1.5~0 V 等量减少. 将扩程电表整数刻度值 U_x 对应的两次标准电表读数取平均,作为 U_s.

注意:校准电压表数据,必须包括零点、量程这两点.

④ 作出扩程电压表校准曲线、确定准确度等级. 根据上述两组数据,得到扩程电压表各整数刻度修正值 $\Delta U_x = U_s - U_x$. 以 U_x 为横坐标、ΔU_x 为纵坐标,作出校准曲线 $\Delta U_x \sim U_x$. 根据式(4-3)算出扩程电压表的最大相对误差,确定其准确度等级.

4.1.5 原始数据记录与处理

1. 替代法测量电流表头内阻 R_g

内阻 $R_g =$

2. 100 μA 电流表头扩程为 1 mA 电流表(表 4-1)

电流表扩程倍数 $n =$

理论计算扩程电阻 $R_P =$

修正后的实际扩程电阻 $R_P =$

表 4-1   扩程电流表校准数据记录

$I_g / \mu A$										
I_x /mA										
I_{s1} /mA										
I_{s2} /mA										
I_s /mA										
$\Delta I_x /mA$										

电流表最大相对误差＝

电流表准确度等级为

3. 100 μA 电流表头扩程为 1.5 V 电压表(表 4-2)

电压表扩程倍数 $n =$

理论计算扩程电阻 $R_s =$

修正后的实际扩程电阻 $R_s =$

表 4-2   扩程电压表校准数据记录

$I_g / \mu A$									
U_x /V									
U_{s1} /V									
U_{s2} /V									
U_s /V									
$\Delta U_x /V$									

电压表最大相对误差＝

电压表准确度等级为

4.1.6　分析与思考

1. 预习思考题

(1) 如何将一个电流表头扩程为满足需要的电流表、电压表? 具体使用前要做哪些工作?

(2) 校准电流表时发现扩程表的读数相对于标准表的读数偏高,要达到标准表的数值,扩程表的分流电阻应调大还是调小?

(3) 校准电压表时发现扩程表的读数相对于标准表的读数偏低,要达到标准表的数值,扩程表的分压电阻应调大还是调小?

(4) 图 4-6、图 4-7 中,电阻 R_0 起什么作用? 可否不需要?

2. 实验思考题

（1）是否还有别的方法用来测定电流表头的内阻？能否用欧姆定律来进行测定？

（2）根据本实验学到的知识，能否设计一个多量程的电流表、电压表？请叙述设计原理，给出有关参数的计算公式．

（3）根据本实验学到的知识，能否设计一个多用途电表？请画出设计线路．

4.2 电位差计测量电源电动势和内阻

电位差计是一种利用补偿原理和比较法来进行精确测量直流电位差或电源电动势的仪器,它准确度高、使用方便,测量结果稳定可靠,由此还常用来精确地间接测量电流、电阻和校正各种精密电表.在现代工程技术中电子电位差计还广泛用于各种自动检测和各种自动控制系统.本实验利用电位差计测量电源电动势和内阻.

4.2.1 实验目的

1. 掌握补偿原理;
2. 熟悉电位差计的基本结构和工作原理,掌握其使用方法;
3. 用电位差计测量电源电动势和内阻.

4.2.2 实验原理

1. 补偿原理及电路

如图 4-8 所示,电压表 V 并联在电源两端形成闭合回路,由于电压表的内阻不是无限大,电源必然输出电流 I.因为电源有内阻 r,在电源内部产生电压降 Ir,这样,电压表的示值是电源两端的端电压 U.由闭合电路欧姆定律知,电源电动势 $E_x = U + Ir$.显然,只有当 $I = 0$ 时,电源两端电压 U 才等于电动势 E_x.怎样才能既使待测电源不输出电流,又使电压表有读数,这就需要采用补偿法来解决这个问题.

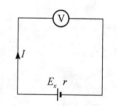

图 4-8　电压表测电源电动势

如图 4-9 所示电路中,E_0 是连续可调电源,E_x 是待测电源,V 是电压表,G 是检流计.调节 E_0 使当 K 闭合时 G 指零,说明 $D—E_x—G—C$ 电路中无电流通过,此时,$E_x = U$,也就是电压表的示数.这是因为 E_x 的输出电流和 E_0 流向 E_x 的电流大小相等方向相反,它们在 E_x 的内阻 r 上产生的内压降也是大小相等方向相反,E_x 的内压降被补偿,对外显示为零.这种补偿称为电压补偿,这种测量原理称为补偿原理,这种方法称为补偿法,这种电路称为补偿电路.

图 4-9 电路中,$D—E_x—G—C—D$ 电路即为补偿电路,这种电路的特点是"正极对应正极、负极对应负极",当这个电路中的电流为零时,说明这个电路得到补偿.

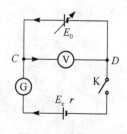

图 4-9　补偿电路

2. 电位差计

电位差计基本电路如图 4-10 所示. 图中, 电源 E、可调电阻 R_P、阻值均匀且可读出的电阻 R 以及精确电阻 R_s 串联而成的回路称为工作回路, 该回路中的电流 I 称工作电流; 精确电阻 R_s、电动势准确已知标准电源 E_s、检流计 G 串联而成的回路称为定标补偿回路, 其目的是确定工作回路的电流值为规定值; 待测电源 E_x, c, b 两点之间的电阻 R_{cb} 及检流计 G 串联而成的回路叫做测量补偿回路.

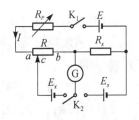

图 4-10 电位差计基本电路

单刀双掷开关 K_2 拨向标准电源 E_s 一侧, 通过调节电阻 R_P, 使定标补偿回路的电流为零 (检流计指零), 则定标补偿回路得到补偿. 此时, 电阻 R_s 两端的电压与 E_s 相等, 从而工作回路中的电流为

$$I = \frac{E_s}{R_s} \tag{4-4}$$

这一步工作称为电位差计的定标, 目的就是使电位差计工作回路的电流为规定值. 所以工作回路中的电阻 R_P 称为定标电阻. 定标完成后, 工作回路中的电源 E、定标电阻 R_P 的值不能再改变, 确保电位差计在规定的电流下工作, 这是使用电位差计的关键所在.

单刀双掷开关 K_2 拨向待测电源 E_x 一侧, 调节 c 触点改变 c, b 间阻值 R_{cb}, 使检流计指零, 则测量补偿回路得到补偿. 此时 c, b 两点之间的电压 U_{cb} 满足

$$E_x = U_{cb} = I \cdot R_{cb} = \frac{E_s}{R_s} R_{cb} \tag{4-5}$$

式 (4-5) 表明: 待测电源电动势 E_x, 可通过已知标准电源电动势 E_s 和两次补偿时的 R_s 及 R_{cb} 的比值求得. 可见电位差计测电动势是通过两次补偿及比较完成的.

4.2.3 实验仪器

UJ33b 型携带式直流电位差计, ZX-21 型电阻箱, 待测甲电池 (电动势约 1.5 V), 单刀开关, 导线若干.

UJ33b 型携带式直流电位差计面板如图 4-11 所示, 所有元器件装入一个箱内, 使用 220 V 市电经内置变压器提供 4.5 V 工作回路用电源, 工作回路电流为 5.5 mA, 测量或输出范围 0~21.11 mV (×0.1 档)、0~211.1 mV (×1 档)、0~2.111 V (×10 档).

图 4-11 UJ33b 型携带式直流电位差计面板

1. 各部件功用

电源指示：当电源接通时，该指示灯点亮.

未知：被测电源接入端，联接时电源正极接"＋"，负极接"－"；该端口也可作为标准电压输出端.

调零：用于调节内附检流计未接通电路无电流通过时指示为零.

工作电流调节：调节该旋钮可改变工作回路定标电阻的阻值大小，从而改变工作回路电流. 当电位差计定标时，通过调节该旋钮，可以校准电位差计，完成定标工作.

单刀双掷开关：开关拨向"标准"接通定标补偿回路，校准电位差计工作回路电流；开关拨向"未知"，接通测量补偿回路，测量待测电源电动势或者输出标准电压.

注意：为保护标准电源，拨向标准一侧的开关设置成弹簧式，松开即断开电路.

测量、输出：将旋钮转到"测量"，电位差计测量未知端接入的待测电源电动势；将旋钮转到"输出"，电位差计未知端输出一定的标准电压.

倍率：分为断，×0.1，×1，×10 四档. 将旋钮转到"断"，断开电位差计工作电路；当转到×0.1，×1，×10 三档时，测量或输出范围 0～21.11 mV（×0.1 档）、0～211.1 mV（×1 档）、0～2.111 V（×10 档）.

读数盘：由×10 盘，×1 盘，×0.1 盘总计 422.2 Ω 电阻串联而成，其中×10 盘有 20 个 20 Ω 电阻串联，每变一格，电阻变化 20 Ω；×1 盘有 10 个 2 Ω 电阻，每变一格，电阻变化 2 Ω；×0.1 盘是一个 2.2 Ω 电阻丝，分成 110 格，每变一格电阻变化 0.02 Ω. 在读数盘上电阻间引出了两根测量线，一根在×0.1 盘电阻上，另一根在×10 盘和×1 盘上，与定标补偿回路、测量补偿回路补偿用的大小可变且已知电压，就是这两根测量线间电阻上的电压. 为方便测量，盘上读数为电压值，是所用电阻与规定的工作电流的乘积，单位 mV.

2. 电路原理

UJ33b 型携带式直流电位差计的电路如图 4-12 所示.

（1）工作回路. 工作回路由直流电源 E、可调定标电阻 R_P、测量电阻、精确定值电阻 185.2 Ω 组成. 为了达到改变测量范围的目的，测量电阻由分流电阻、读数电阻两部分并联构成. 工作回路工作电压 4.5 V，工作电流 5.5 mA.

分流电阻分别为 4.222 Ω，42.22 Ω，4 222 Ω；读数电阻 422.2 Ω，由×10 盘 R_1，×1 盘 R_2，×0.1 盘 R_3 串联组成. R_1 阻值 400 Ω，由 20 个 20 Ω 电阻串联而成；R_2 阻值 20 Ω，由 10 个 2 Ω 串联而成；R_3 是一个阻值 2.2 Ω 电阻丝.

（2）定标补偿回路. 定标补偿回路由标准电源 $E_s=$

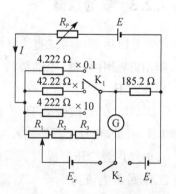

图 4-12　UJ33b 型携带式直流电位差计电路

1.018 6 V、精确定值电阻 $R_s=185.2\ \Omega$、检流计三部分组成,用于标定工作回路的电流是否等于规定值. 当定标补偿回路得到补偿时,精确定值电阻 R_s 上的电压为 E_s,通过的电流为 $\dfrac{E_s}{R_s}=5.5\ \text{mA}$.

(3) 测量补偿回路. 测量补偿回路由待测电源 E_x、读数电阻间引出的两根测量线之间电阻及检流计组成. 当测量补偿回路得到补偿时,两根测量线间的电压与待测电动势相等.

读数电阻上引出的两根测量线间电压有三个数值范围,这也就是 UJ33b 型携带式直流电位差计的三个量程. 倍率开关至 $\times 0.1$ 档,量程为 $0\sim 21.11\ \text{mV}$;倍率开关至 $\times 1$ 档,量程为 $0\sim 211.1\ \text{mV}$;倍率开关至 $\times 10$ 档,量程 $0\sim 2.111\ \text{V}$.

当倍率开关至 $\times 10$ 档,测量电阻由分流电阻 $4\ 222\ \Omega$ 与读数电阻并联接入电路,此时流过读数电阻的电流值为 $5\ \text{mA}$,读数盘上 R_1 变化一格,电压变化 $0.100\ \text{V}$;R_2 变化一格,电压变化 $0.010\ \text{V}$;R_3 变化一格,电压变化 $0.000\ 1\ \text{V}$.

当倍率开关至 $\times 1$ 档,测量电阻由分流电阻 $42.22\ \Omega$ 与读数电阻并联接入电路,此时流过读数电阻的电流值为 $0.5\ \text{mA}$,为 $\times 10$ 档的十分之一,相应读数盘上各电阻变化单位格值时,电压的变化也同样减为十分之一.

当倍率开关至 $\times 0.1$ 档,测量电阻由分流电阻 $4.222\ \Omega$ 与读数电阻并联接入电路,此时流过读数电阻的电流值为 $0.05\ \text{mA}$,为 $\times 10$ 档的百分之一,相应读数盘上各电阻变化单位格值时,电压的变化也同样减为百分之一.

由于有三个测量量程,使用时可根据实际情况选择,以提高测量结果的有效数字位数.

3. 使用方法

电位差计在使用前必须定标,使其工作电流为其规定值,这样读数盘上电压读数与相应的倍率乘积和实际值一致. 定标之前应将工作电流旋钮(定标电阻)置于适当值,然后接通定标补偿回路,防止有较大电流通过标准电源及检流计. 测量时,也因根据待测电动势的大小,选择合适的量程,并将读数盘上电压读数调到该值附近,然后接通测量补偿电路,避免有较大电流通过待测电源及检流计.

(1) 电位差计的定标. 工作电流调节旋钮居中;倍率开关置 $\times 10$ 档;单刀双掷开关 K_2 置向标准电源一侧,调节工作电流旋钮使检流计为零. 此时,电位差计按要求定标完成,即工作回路电流 I 已达到规定值.

(2) 测量电源电动势. 由于电位差计测量用到了比较法,因此测量过程中决不能改变工作电流,即不能再次调节改变工作回路定标电阻及电源电压输出.

根据待测电源电动势大小,选择倍率档位;按待测电动势的近似值调好读数盘 R_1,R_2 和 R_3;K_2 掷向待测 E_x 一侧,调节读数盘 R_1,R_2 和 R_3 使检流计指零. 此时 R_1,R_2 和 R_3 的读数值之和与倍率乘积即为 E_x 值,单位 mV.

4.2.4　实验内容与方法

1. 甲电池电动势的测量

（1）将待测甲电池接到"未知"端.注意正极接"＋"，负极接"－".

（2）调零：打开仪器工作电源，调节"调零"旋钮，使检流计指零.

（3）校准：将"测量、输出"开关旋转到"测量"位置；"倍率"开关转到合适的倍率，单刀双掷开关拨向"标准"一侧，调节"工作电流调节"旋钮，使检流计指针再次指零.

（4）测量：将"倍率"开关转到合适的倍率，单刀双掷开关拨向"未知"一侧，旋转读数盘 R_1，R_2，R_3，使检流计指零，则待测甲电池电动势为读数盘 R_1，R_2，R_3 读数值之和与倍率乘积，单位 mV.

对待测甲电池电动势测量三次，测量结果取其平均值.

注意：

在测量过程中，电位差计工作条件也许会发生变化（如工作回路电源 E 不稳定，定标电阻不稳定等），为保证电流保持规定的数值不变，每次测量都必须经过校准和测量两个基本步骤，两个基本步骤的间隔时间不能过长.

2. 甲电池内阻的测量

按图 4-13 所示连接电路，改变标准电阻箱 R_0 取值，测量待测甲电池相应的端电压，利用全电路欧姆定律计算出待测甲电池内阻 r.三次测量取平均值.

讨论分析电阻箱 R_0 取值大小对实验测量结果的影响.

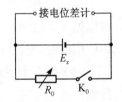

图 4-13　测量内阻电路

4.2.5　原始数据记录及处理

1. 甲电池电动势的测量（表 4-3）

表 4-3　　　　　　　　　　　　测量甲电池电动势数据记录

倍率	读数盘读数	电动势 E_x /V

待测甲电池电动势平均值

2. 甲电池内阻的测量（表 4-4）

计算内阻的公式

表 4-4　　　　　　　　　　　　测量甲电池内阻数据记录

倍率	R_0/Ω	读数盘读数	路端电压	r/Ω

甲电池内阻平均值

电阻 R_0 取值对测量结果的影响

4.2.6　分析与思考

1. 预习思考题

(1) 何谓补偿原理？补偿的标志是什么？

(2) 电位差计有几个回路？为什么电位差计在测量前要定标？如何定标？

(3) 电位差计定标电阻取值是否固定？受哪些因数影响？其估计值多少？

(4) 为了使电路较快达到补偿，应该如何进行调节？

2. 实验思考题

(1) 在使用电位差计的过程中，如发现检流计指针总往一边偏，无法调到补偿，试分析可能有哪些原因？

(2) 假如本实验用电位差计允许通过的最大电流 15 mA，且定标用精确定值电阻可调，能否用来测量 3 V 的待测电源？请设计实验测量方法，阐述测量过程.

(3) 如何用电位差计测量电路中的电流、电阻？

4.2.7　附录

电路故障现象分析

电学实验中，电路如发生故障，一定会产生各种反常现象. 首先应进行分析，根据电路理论预测何处发生何种故障，会产生何种现象，反过来再判断某种现象会由何处的何种故障引起. 如果因接错线(包括器件极性接错)而产生电路异常，这时应该依照电路图，按回路接线法接线和查线而尽早排除. 电路故障通常表现为短路、断路或接触不良，短路就是电阻为零，断路就是电阻为无穷大，而接触不良则是时通时不通或电阻大大增加，这些都会引起电路中电压或电流的变化. 具体实验过程中所观察到的现象是进行分析的重要依据.

以本实验电位差计测电动势为例，由线路图 4-12 可知，它有三个回路，指示仪器是检流计，所以对故障的分析主要靠检流计判断. 一般故障的主要表现有两种：一种是检流计始终不动；另一种是反复调节定标电阻和改变读数盘电阻都无法调到补偿，检流计指针总是偏向一边. 这时,应分析这两种情况的故障分别产生在哪个回路,进而采取一定的方法来排除. 对于第一种情况,故障肯定出现在补偿回路中,此时应首先检查检流计是否接通,其次再检查电路中是否有断线、虚接存在,逐一排查. 对第二种情况,回路若有故障都可能导致这一现象. 首先检查补偿回路的电动势的极性是否与工作回路的极性"正极对应正极、负极对应负极"正确连接,然后再来检查工作回路是否有短路、断路、虚接现象的存在,其次检查工作回路电源输出是否太低或太高. 如此就能排除这一异常现象.

  总之,结合实验中的具体现象进行具体分析,就能很好地解决并排除各种电路故障.

4.3 RLC 串联电路的谐振

交流电路中反映某一元件上电压 $U(t)$ 和电流 $I(t)$ 的关系需要两个量,一是二者峰值之比(即有效值之比),称其为元件的阻抗,用 Z 表示,$Z=\dfrac{U_0}{I_0}=\dfrac{U}{I}$;另一是两者位相之差 φ,$\varphi=\varphi_U-\varphi_I$. 对于电阻元件,其交流阻抗 Z_R 就是它的电阻 R,电压、电流位相一致;电容元件,容抗 $X_C=\dfrac{1}{\omega C}=\dfrac{1}{2\pi fC}$,位相差 $\varphi=\varphi_U-\varphi_I=-\dfrac{\pi}{2}$;电感元件,感抗 $X_L=\omega L=2\pi fL$,位相差 $\varphi=\varphi_U-\varphi_I=\dfrac{\pi}{2}$. 通常,电容、电感都有一定直流电阻,这个直流电阻和容抗、感抗一起构成了阻抗,阻抗大小由直流电阻和相应的容抗、感抗矢量叠加而求得.

根据电容、电感阻抗的频率特性,电容有隔直流、通交流、高频短路的作用(隔直通交),电感有阻高频、通低频的作用(通直隔交). 由于电容、电感处处表现出相反的性质,当电容、电感两类元件同时出现在一个电路中时,在一定条件下会发生谐振现象. 谐振时电路的阻抗、电压与电流以及它们之间的相位差、电路与外界之间的能量交换等均处于某种特殊状态,因而在实际中有着重要的作用,可用于测量电感、电容、频率,还可用于选频、陷波、调谐放大、作振荡器和频率补偿等. 本实验中,通过 RLC 电路幅频特性、相频特性、品质因数的测量,研究 RLC 电路的谐振现象.

4.3.1 实验目的

1. 观测 RLC 串联电路的谐振现象,明确 RLC 串联电路谐振条件;
2. 测量 RLC 串联电路谐振频率、幅频特性、相频特性、品质因素;
3. 了解提高 RLC 串联电路品质因数的途径.

4.3.2 实验原理

RLC 串联电路如图 4-14 所示,其总阻抗 Z、电流 I、电压 U 与电流 I 之间的相位差 φ 分别为

$$Z=\frac{U}{I}=\sqrt{R^2+\left(\omega L-\frac{1}{\omega C}\right)^2}$$

$$I=\frac{U}{Z}=\frac{U}{\sqrt{R^2+\left(\omega L-\frac{1}{\omega C}\right)^2}}$$

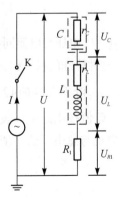

图 4-14 RLC 串联电路

$$\varphi = \tan^{-1}\frac{\omega L - \dfrac{1}{\omega C}}{R}$$

式中，$\omega = 2\pi f$ 为角频率，f 为频率．总阻抗 Z、电流 I、电压 U 与电流 I 之间的相位差 φ 都是 f 的函数，其随频率变化关系如图 4-15 所示．

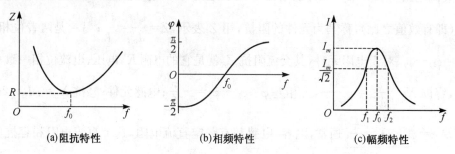

(a)阻抗特性　　　　　　　　(b)相频特性　　　　　　　　(c)幅频特性

图 4-15　RLC 串联电路的频率特性

图 4-15(a)、(b)、(c)分别为 RLC 串联电路的阻抗、相位差、电流随频率的变化曲线．其中，(b)图 $\varphi \sim f$ 曲线称为相频特性曲线；(c)图 $I \sim f$ 曲线称为幅频特性曲线，它表示在总电压 U 保持不变的条件下 I 随 f 的变化曲线．

由曲线图可以看出，RLC 串联电路特点为

1. 当 $f < f_0$ 时，$\varphi < 0$，电压相位落后于电流，整个电路呈电容性，且随 f 降低，φ 趋近于 $-\dfrac{\pi}{2}$；而当 $f > f_0$ 时，$\varphi > 0$，电压相位超前于电流，整个电路呈电感性，且随 f 升高，φ 趋近于 $\dfrac{\pi}{2}$．

2. 随 f 偏离 f_0 越远，阻抗越大，而电流越小．

3. 当 $\omega L - \dfrac{1}{\omega C} = 0$，即

$$\omega_0 = \frac{1}{\sqrt{LC}} \quad \text{或} \quad f_0 = \frac{1}{2\pi\sqrt{LC}} \tag{4-6}$$

时，$\varphi = 0$，电压与电流同相位，整个电路呈纯电阻性，且总阻抗达到极小值、总电流达到极大值．这种特殊的状态称为串联谐振，此时角频率 ω_0 称为谐振角频率，频率 f_0 称为谐振频率．

4. 谐振电路的 Q 值

Q 值在电路中代表着谐振电路的品质因数，它定义为谐振电路中任一电抗器件的谐振电抗与总电阻的比值，即

$$Q = \frac{\omega_0 L}{R} = \frac{1}{R\omega_0 C} = \frac{1}{R}\sqrt{\frac{L}{C}} \tag{4-7}$$

式中，$R = R_1 + r_C + r_L + R_2$；$r_C$ 为电容的直流损耗电阻；r_L 为电感的直流损耗电阻；R_2 为"铁耗""铜耗"所反映的电阻大小．

谐振电路的品质因数 Q,由电路的固有特性决定的,是标志和衡量谐振电路性能优劣的重要参量。串联谐振电路的 Q 值标明三方面的意义

(1) 电压分配特性。谐振时 $U_C = U_L = QU$,电容、电感上的电压均为总电压的 Q 倍,因此,串联谐振为电压谐振。利用电压谐振,在某些传感器、信息接收中,可显著提高灵敏度或效率.

(2) 频率选择性。设 f_1,f_2 为谐振峰两侧 $I = \frac{\sqrt{2}}{2} I_m$ 所对应的频率,如图4-15(c)所示,则 $\Delta f = f_2 - f_1$ 称为通频带宽度,简称带宽. 不难证明

$$Q = \frac{f_0}{\Delta f} = \frac{f_0}{f_2 - f_1} \tag{4-8}$$

显然,Q 值越大,带宽越窄,峰越尖锐,频率选择性越好。Q 值对于放大器、滤波器的选频特性影响甚大,因而在有关电路的设计中是一个很重要的参量。

(3) 储耗能特性. Q 值越大,相对耗能越小,储能效率越高,即较小的通频带储存较大的能量.

由式(4-7)可知,一旦电路参数 L、C、R 确定之后,电路的 Q 值也就确定了.该式指明了提高 Q 值的三种途径.

5. 谐振时的电压

通常,电容的直流损耗电阻 r_C 非常小,电感的直流损耗电阻 $r_L^2 << (\omega L)^2$.谐振时电阻、电容、电感上的电压分别为

$$U_{R_1} = I_m \cdot R_1 = \frac{U}{R} \cdot R_1$$

$$U_C = I_m Z_C = I_m \sqrt{r_C^2 + \left(-\frac{1}{\omega_0 C}\right)^2} \approx \frac{U}{R} \cdot \frac{1}{\omega_0 C} = QU$$

$$U_L = I_m Z_L = I_m \sqrt{r_L^2 + (\omega_0 L)^2} \approx \frac{U}{R} \cdot \omega_0 L = QU \tag{4-9}$$

4.3.3　实验仪器

MOS-6021 型双踪示波器,DDS 函数信号发生器,RX7-1 电容箱,GX9 电感箱,ZX-21 型电阻箱,单刀开关,导线若干.

4.3.4　实验内容与方法

实验测量电路如图 4-16,示波器 CH1 通道接电阻 R_1 两端,测量 R_1 两端电压 U_{R1},借以获知电路中电流 I;示波器 CH2 通道接信号源输出两端,用于监测测量过程中 RLC 电路总电压 U 不变.

对于 RLC 串联电路,为了减小电阻 R_1 上的功耗,R_1 取值小于 30 Ω. 本实验选取

$R_1 = 20\ \Omega, L = 20.0\ mH, C = 0.500\ \mu F.$ 信号发生器输出正弦波，峰峰值电压 $U_{PP} = 3.0\ V.$

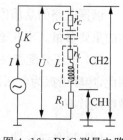

图 4-16　RLC 测量电路

1. RLC 串联电路谐振频率的测量

(1) 由公式(4-6)计算出给定 L、C 下的理论谐振频率 f_0.

(2) 用李萨茹图形法测量 RLC 电路谐振频率.

示波器置 X-Y 工作模式，CH1 输入的 U_{R1} 信号(电流信号)与 CH2 输入的电压信号 U 垂直合成，示波器上呈现李萨茹图形. 改变信号发生器输出的正弦波频率，当李萨茹图形变为直线时，信号发生器输出的正弦波频率即为实验测量的 RLC 电路谐振频率 f_0'.

(3) 比较分析理论计算及实验测量的 RLC 电路谐振频率值.

2. 测量 RLC 串联电路的幅频特性($I \sim f$ 关系)

(1) 示波器置 Y-t 工作模式，在示波器上同时显示出 CH1 输入的 U_{R1} 信号(电流信号)与 CH2 输入的电压信号 U.

(2) 在上述测量出的 RLC 串联电路谐振频率值两侧微调，同时观察电阻 R_1 两端电压 U_{R1}. 当 U_{R1} 达到最大值时，记下 f_0'' 值，相应的 U_{R1} 最大值 U_{R1m} 及总电压 U 的大小. 这也是一种测量 RLC 串联电路谐振频率的方法.

(3) 在 f_0'' 两侧合理取点，测量 U_{R1}、f 对应关系数据 11 组，在坐标纸上作出 $I \sim f$ 关系图线.

注意：

① 在测量 $I \sim f$ 幅频特性曲线时，由于信号源具有一定的内阻，其输出端电压 U 随负载阻抗的变化而变化. 因此，每选好一个频率时，都必须调节信号源输出电压，使其输出端电压 U 在整个测量过程中不变. 通常以谐振时的 U 为参考值.

② 实验中特别注意 $U_{R1} = \dfrac{\sqrt{2}}{2} U_{R1m}$ 时谐振峰两侧 f_1，f_2 实验值的测量.

③ 在 $f_1 \sim f_2$ 范围内，频率间隔小，比如 50 Hz，包含 f_0'' 点；$f < f_1$ 及 $f > f_2$，频率间隔适中，比如 100 Hz；偏离 f_1，f_2 越多，频率间隔越大.

3. 测量 RLC 串联电路的相频特性($\varphi \sim f$ 关系)

(1) 示波器置 Y-t 工作模式，在示波器上同时显示 CH1 输入的 U_{R1} 信号(电流信号)与 CH2 输入的电压信号 U.

(2) 调节改变信号发生器输出的正弦波频率，分别使电压、电流之间的相位差 $\varphi = 0°$，$\pm15°$，$\pm30°$，$\cdots$，$\pm90°$(接近)，通过测量示波器显示的电压波形一个周期的水平距离，以及电压与电流信号波形同一相点在水平方向的距离，实测 $\varphi \sim f$ 关系数据.

在研究 $\varphi \sim f$ 关系时，可通过下式估算频率的大小

$$f = \dfrac{\left[\tan\varphi + \sqrt{(\tan\varphi)^2 + \dfrac{4L}{R^2 C}} \right]}{\dfrac{4\pi L}{R}}$$

（3）在坐标纸上作出 $\varphi \sim f$ 关系图线.

4. 测量 RLC 串联电路的品质因数 Q

（1）根据式（4-7）测量

当 RLC 串联电路谐振时，电压与电流同相位，整个电路呈纯电阻性. 如此，利用示波器测出的总电压 U、U_{R1} 数值，利用下式

$$\frac{U}{R} = \frac{U_{R1}}{R_1} \qquad R = \frac{U}{U_{R1}} R_1$$

计算出直流损耗的总电阻 R，将有关参数 L、C 代入式（4-7），即可算出 Q 值大小 Q_1.

（2）根据式（4-8）测量

从 $I \sim f$ 幅频特性曲线上找出 $I = \frac{\sqrt{2}}{2} I_m$、亦即 $U_{R1} = \frac{\sqrt{2}}{2} U_{R1m}$ 时对应的谐振峰两侧 f_1，f_2 值，将其代入式（4-8），计算 Q 值大小 Q_2.

（3）根据式（4-9）测量

将图 4-16 RLC 测量电路中 R_1，C 位置互换，此时示波器 CH1 测量的是 U_C 大小、CH2 测量的是总电压 U，RLC 串联电路谐振时，U_C 值最大. 为了确保测量结果的准确性，应在谐振并且总电压 U 不变的情况下测量 U_C. 将有关值代入式（4-9）计算 Q 值大小 Q_3.

注意：变换器件位置要断开电路，测量谐振下的 U_C 时不要触摸器件两端.

（4）不同直流损耗电阻下的品质因数 Q 的测量

① 改变电阻 R_1 取值，比如，$R_1 = 50, 100, 150 \ \Omega$，调节信号发生器输出频率使 RLC 串联电路谐振，在总电压 U 不变的情况下，测出并记录谐振频率 f_0'''、总电压 U 及 C 上最大电压 U_C. 将有关值代入式（4-9）计算 Q 值大小.

② 测量 $Q = 1$ 时，电阻 R_1 取值以及此时的直流损耗电阻值.

（5）对上述结果分析讨论.

4.3.5　原始数据记录及处理

1. RLC 串联电路谐振频率的测量

谐振频率理论计算值 $f_0 =$

谐振频率实验测量值 $f_0' =$

2. 测量 RLC 串联电路的幅频特性（$I \sim f$ 关系）（表 4-5）

谐振时电阻 R_1 两端最大电压（峰峰值）$U_{R1m} =$ 垂直偏转因数×高度 $=$

谐振时 RLC 串联电路的总电压（峰峰值）$U =$ 垂直偏转因数×高度 $=$

实测谐振频率 $f_0'' =$

f_1，f_2 实验测量值 $f_1 =$ 　　　　　　$f_2 =$

表 4-5   测量 $I\sim f$ 数据记录

f /Hz								
U_{R1} /V								
I /mA								

3. 测量 RLC 串联电路的相频特性($\varphi\sim f$ 关系)(表 4-6)

示波器同时显示 CH2 电压 U 波形以及 CH1 的电流波形

示波器水平偏转因数 _____ CH2 垂直偏转因数 _____ CH1 垂直偏转因数 _____

表 4-6   测量 $\varphi\sim f$ 数据记录

f /Hz							
U 的 2π 相位点 水平距离 S							
U、I 同一相点 水平距离 ΔS							
φ /(°)							

4. 测量 RLC 串联电路的品质因数 Q(表 4-7)

(1) 根据式(4-7)测量

(2) 根据式(4-8)测量

(3) 根据式(4-9)测量

(4) 不同直流损耗电阻下的品质因数 Q 的测量

表 4-7   品质因数 Q 和电阻 R_1 的关系数据记录

R_1 /Ω	f_0''' /Hz	U /V	U_C /V	Q

结论:

4.3.6 分析与思考

1. 预习思考题

(1) RLC 串联电路谐振特点是什么?

2. 实验思考题

(1) 当信号源输出频率高于或低于电路的谐振频率时,RLC 串联电路呈现什么性质(电感性还是电容性)? 如何判断?

4.4 折射率的测量

折射率是反映介质材料光学性质的一个重要参数,其与材料的性质、入射光的波长有关.本实验利用最小偏向角法和掠入射法测量固体材料的折射率.

4.4.1 实验目的

1. 进一步掌握分光计的调节和使用方法;
2. 观察棱镜的色散现象,掌握用最小偏向角法、掠入射法测定折射率.

4.4.2 实验原理

1. 最小偏向角法测折射率

最小偏向角法以折射定律为基础,通过测量光线的有关角度,求出折射率.当利用最小偏向角法测量固体折射率时,需要把待测固体加工成规则的三棱镜,同时要求单色平行光照射棱镜.若用此法测定液体的折射率,可用平面平行玻璃板制做一个中空的三棱镜,将待测液体充入其中即可.

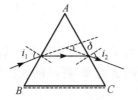
图 4-17 光在三棱镜中的折射

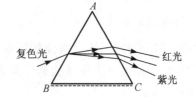
图 4-18 棱镜的色散

如图 4-17 所示,单色平行光以入射角 i_1 射到等腰三棱镜的光学面 AB 上,经棱镜两次折射后以 i_2 角从另一光学面 AC 出射,光线传播方向总的变化可用此入射光线和出射光线延长线的夹角 δ 来表示,δ 称为偏向角.δ 的大小与入射角 i_1、棱镜的顶角 A 及折射率 n 等有关.入射角 i_1 变化时,出射角 i_2 也随之变化,当 $i_1 = i_2$ 时,入射光线与出射光线对称的站在棱镜两侧,而在三棱镜的内部光线平行于底面 BC.此时,偏向角 δ 取最小值,称为最小偏向角,用 $\delta_{\min}$ 表示,它与棱镜顶角 A 及折射率 n 有如下关系

$$n = \frac{\sin\dfrac{A+\delta_{\min}}{2}}{\sin\dfrac{A}{2}} \tag{4-10}$$

有关(4-10)式推导证明见 4.4.7 附录.

由于折射率 n 与光的波长 λ 有关,当一束复色光照射棱镜时,不同波长的光出射方向不同,从而发生色散,如图 4-18 所示.实验证明,在具有各种颜色的光中,紫光波长短,折射率大,光线偏折也大;红光波长长,折射率小,光线偏折小. 由此可见,棱镜具有将入射光分成按波长排列的光谱特性,所以它是常用的一种分光元件.

从式(4-10)可知,实验中只要用分光计分别测出棱镜的顶角 A 和最小偏向角 δ_{min},即可求得棱镜的折射率 n.对于棱镜的顶角 A,可用自准直法或反射法测得(见实验 3.8 分光计的调节和使用),而最小偏向角 δ_{min} 可采用如下方法测量.

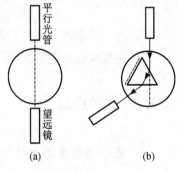

如图 4-19(a)所示,把望远镜直对准平行光管,使十字叉丝竖线与入射光线(狭缝像)重合,读出入射光位置读数 φ_0 和 φ_0'.然后将棱镜按图 4-19(b)置于载物台边缘,先用眼睛找到入射光线经棱镜折射后出射的光线,再将望远镜转到该方向,通过望远镜看到该出射光线,此时的偏向角不一定最小. 随后转动载物台使入射角增大、偏向角变小,望远镜也随之转动观察,直至偏向角不再变小,即出射光线不再继续向入射光方向靠拢,而开始后退为止,这时对应的偏向角为最小偏向角. 转动望远镜使分划板竖直叉丝与出射光线重合,读下此时的出射光位置读数 φ_1 及 φ_1'. 则

图 4-19 测量最小偏向角

$$\delta_{min} = \frac{1}{2}(\,|\,\varphi_0 - \varphi_1\,| + |\,\varphi_0' - \varphi_1'\,|\,) \qquad (4\text{-}11)$$

2. 掠入射法测折射率

掠入射法可用来测定固体或液体的折射率,为了产生各方向的入射光,要求光源为单色扩展光源. 由于掠入射法测量的是样品表面的折射率,样品的表面情况对测量结果有一定的影响.

当某波长的光线从空气中斜射到折射率为 n 的介质时,在分界面处发生折射现象,如图 4-20 所示,i 为入射角,φ 为折射角. 根据折射定律

$$n = \frac{\sin i}{\sin \varphi}$$

当 $i = 90°$ 时,$\varphi = \varphi_0$(φ_0 称为临界角),则

图 4-20 光的折射

$$n = \frac{1}{\sin \varphi_0}$$

通常把入射角为 90° 的入射光叫掠入射光. 这样,只要测出临界角 φ_0,就可确定材料的折射率 n. 于是测量折射率 n 的问题,便成为测量临界角 φ_0 的问题.

设入射光沿 AC 面掠射入棱镜,经过两次折射,从 AB 面射出,如图 4-21 所示. 由折射定律

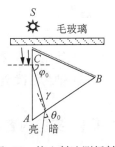

图-21 掠入射法测折射率

$$n = \frac{1}{\sin \varphi_0} = \frac{\sin \theta_0}{\sin \gamma}$$

又

$$A = \varphi_0 - \gamma$$

可得

$$n = \sqrt{1 + \left(\frac{\cos A + \sin \theta_0}{\sin A} \right)^2} \tag{4-12}$$

由上式可见,只要测出 θ_0 及三棱镜顶角 A,就可求得折射率 n.

实验中,将光源 S 置于棱镜 AC 边的延长线上,在其出光孔或棱镜处放置一块毛玻璃,这样光源 S 发出的光经毛玻璃向各方向散射,形成扩展面光源. 毛玻璃散射的光从不同的方向照射 AC 面,故总可以获得以 90°入射的掠入射光,此光线经过棱镜的两次折射后,由 AB 面以 θ_0 角出射. 当扩展光源的光线从各个方向射向 AC 面时,凡入射角 i 小于90°时的光线,其出射角必大于 θ_0;大于 90°的光线则不能进入棱镜. 由此可见,θ_0 是所有照射到 AC 面上光线的最小出射角,称 θ_0 为极限角. 这样,若用眼睛或将望远镜对着从 AB 面出射光线的方向进行观察,可看到由 i 小于 90°的光产生的各种方向的出射光,其出射角大于 θ_0,形成亮视场;而 i 大于 90°的光被挡住,使在出射角小于 θ_0 的方向,没有光线射出,形成暗视场. 显然,该明暗视场的分界线就是极限角 θ_0 的方位. 用分光计测出明暗分界线的角度位置读数 α, α',AB 面法线角度位置读数 β, β',则极限角 θ_0.

$$\theta_0 = \frac{1}{2} \left[|\beta - \alpha| + |\beta' - \alpha'| \right] \tag{4-13}$$

再测出顶角 A 代入式(4-12)就可求出 n. 这种用扩展光源掠入射棱镜以寻求折射极限方位的方法,称为掠入射法(或折射极限法).

4.4.3 实验仪器

JJY-1′型分光计,双平面镜,汞灯,钠灯,三棱镜.

1. JJY-1′型分光计

JJY-1′型分光计的结构、各部件的功能、使用调节方法见 3.8 分光计的调节和使用.

2. 钠灯

钠光灯是气体放电灯,灯管内充有金属钠及氩气. 当接通电源的瞬间,由于灯管内启辉器的作用,产生高压使氩气放电,导致金属钠被蒸发成钠蒸气,蒸气放电发出黄色的光,在可见光波段内有两条强谱线 588.996 nm 和 589.593 nm,即通常说的钠双线或钠 D 线. 由于这两条谱线很接近,可以把它视为单色光源,并取其平均值 589.3 nm 为钠光灯波长.

注意事项:

(1) 通电 15 min 左右才能正常发光.

(2) 使用完毕,待灯管冷却后方能移动摇晃,以免金属钠流动,影响灯的性能.

(3) 钠为活泼金属,极易氧化,遇水会剧烈反应而爆炸,应防止灯管与水、火接触.

4.4.4 实验内容与方法

1. 最小偏向角法测折射率

最小偏向角法采用汞灯作为光源.

(1) 进一步熟悉分光计的构造、各调节旋钮的作用、合理的使用方法,按光学实验粗调、细调的步骤,调节分光计至使用状态.

(2) 用反射法测定三棱镜顶角 A,三次测量取平均值.

(3) 按图 4-19 所示方法,测出棱镜对汞灯中 576.960 nm(黄光)、546.073 nm(绿光)、435.833 nm(紫光)三个波长的 δ_{min},三次测量取平均值.

注意:

转动载物台寻找棱镜对某一波长光的最小偏向角位置时,在折射(出射)光线移动的同时,必须转动望远镜跟随,当折射(出射)光线刚好在望远镜十字叉丝竖线位置处返回时,则望远镜处于最小偏向角位置.为了达到准确测量目的,首先转动望远镜使十字叉丝竖线与某一折射(出射)光线对齐,然后一点点转动载物台,同时移动望远镜使十字叉丝竖线与折射(出射)光线对齐,直到处于最小偏向角位置.

(4) 将各相关数据平均值代入公式(4-10),计算棱镜对不同波长光的折射率.

2. 掠入射法测折射率

掠入射法采用钠灯作为光源.

(1) 调节三棱镜主截面与分光计旋转主轴垂直.在载物台偏靠边上放置棱镜,通过调节载物台,使透过望远镜分划板十字发出的光,经棱镜光学表面垂直反射后清晰成像在分划板的平面上,并且反射回的十字与分划板上方十字线重合.

(2) 如图 4-22 所示,光源 S 置于棱镜 AC 边的延长线上,并使棱镜与钠光灯出光孔中心等高,然后在钠光灯出光孔或棱镜顶角 C 处放置一毛玻璃片,毛玻璃片平面要与棱镜光入射面 AC 垂直且毛面朝向棱镜,以得到较多的掠入射光线.

(3) 极限角的测量.先用眼睛观察棱镜 AB 面出射光线形成的明暗现场,然后用望远镜找出明暗视场分界线,使望远镜十字竖直叉丝与分界线重合,读出分界线的角度位置读数 α, α'.再用自准直法测出三棱镜光学面 AB 法线的角度位置读数 β, β',计算极限角.三次测量,取平均值.

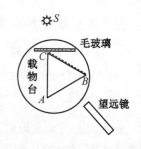

图 4-22 掠入射法测折射率

（4）将各相关数据平均值代入公式(4-12)，计算棱镜对钠黄光的折射率.

4.4.5 原始数据记录及处理

1. 最小偏向角法测折射率（表 4-8—表 4-11）

表 4-8 反射法测量三棱镜顶角 A 数据记录

次数 项目	反射光线 1 位置		反射光线 2 位置		顶角 A
	左游标 β_1	右游标 β_1'	左游标 β_2	右游标 β_2'	
1					
2					
3					

顶角平均值 $\overline{A} =$

表 4-9 576.960 nm(黄光)最小偏向角测量数据记录

次数 项目	入射光线位置		最小偏向角时出射光线位置		最小偏向角 δ_{min}
	左游标 φ_0	右游标 φ_0'	左游标 φ_1	右游标 φ_1'	
1					
2					
3					

最小偏向角平均值 $\overline{\delta}_{min} =$

三棱镜对 576.960 nm(黄光)的折射率 $n_{黄} =$

表 4-10 546.073 nm(绿光)最小偏向角测量数据记录

次数 项目	入射光线位置		最小偏向角时出射光线位置		最小偏向角 δ_{min}
	左游标 φ_0	右游标 φ_0'	左游标 φ_1	右游标 φ_1'	
1					
2					
3					

最小偏向角平均值 $\overline{\delta}_{min} =$

三棱镜对 546.073 nm(绿光)的折射率 $n_{绿} =$

表 4-11 435.833 nm(紫光)最小偏向角测量数据记录

次数 项目	入射光线位置		最小偏向角时出射光线位置		最小偏向角 δ_{min}
	左游标 φ_0	右游标 φ_0'	左游标 φ_1	右游标 φ_1'	
1					
2					
3					

最小偏向角平均值　　$\overline{\delta}_{\min}=$

三棱镜对 435.833 nm(紫光)的折射率　　$n_{\text{紫}}=$

2. 掠入射法测折射率(表 4-12)

表 4-12　　　　　　　　　　极限角测量数据记录

项目　　次数	明暗分界线位置		法线位置		极限角 θ_0
	左游标 α	右游标 α'	左游标 β	右游标 β'	
1					
2					
3					

极限角平均值　　$\overline{\theta}_0=$

三棱镜对钠黄光的折射率　　$n_{\text{黄}}=$

4.4.6　分析与思考

1. 预习思考题

(1) 什么是最小偏向角?什么是掠入射光线?试比较分析最小偏向角法与掠入射法的相同与不同.

(2) 对同一种材料而言,当转动载物台寻找最小偏向角时,应使谱线向红光移动,还是向紫光移动?

(3) 掠入射法测量折射率时,为使明暗视场分界线清晰,应如何摆放布置各有关器件?

2. 实验思考题

(1) 最小偏向角法测液体折射率时,空心棱镜的玻璃厚度会不会影响"液体棱镜"的最小偏向角?

(2) 最小偏向角法实验中,改变入射角,偏向角会发生变化.能否通过作出偏向角与入射角关系图线,从图线上确定最小偏向角?

(3) 利用掠入射法是否能测量液体的折射率? 如能,请对有关测量原理、公式、方法加以说明,并实验测量之.

4.4.7　附录

公式(4-10)的证明

如图 4-23 所示,由于 $A=r_1+r_2$,则

$$\delta=i_1-r_1+i_2-r_2=i_1+i_2-A$$

当 i_1 变化时 i_2 也变,同时引起 δ 变化.上式对 i_1 求导得

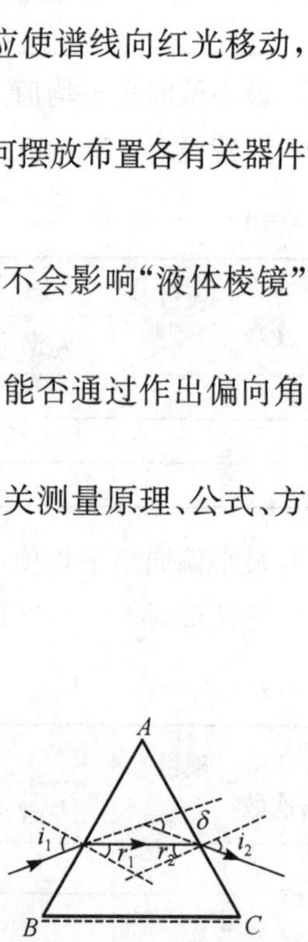

图 4-23　光在三棱镜中的折射

$$\frac{\mathrm{d}\delta}{\mathrm{d}i_1} = 1 + \frac{\mathrm{d}i_2}{\mathrm{d}i_1}$$

要使 $\frac{\mathrm{d}\delta}{\mathrm{d}i_1} = 0$ 时,则必须 $\frac{\mathrm{d}i_2}{\mathrm{d}i_1} = -1$,这时 δ 才有最小值. 由于 $A = r_1 + r_2$,$\sin i_1 = n \sin r_1$,$\sin i_2 = n \sin r_2$,则

$$\frac{\mathrm{d}i_2}{\mathrm{d}i_1} = \frac{\mathrm{d}i_2}{\mathrm{d}r_2} \cdot \frac{\mathrm{d}r_2}{\mathrm{d}r_1} \cdot \frac{\mathrm{d}r_1}{\mathrm{d}i_1} = \frac{n \cos r_2}{\cos i_2} \cdot (-1) \cdot \frac{\cos i_1}{n \cos r_1} = (-1) \frac{\cos r_2}{\cos r_1} \cdot \frac{\cos i_1}{\cos i_2}$$

$$= -\frac{\cos r_2}{\cos r_1} \cdot \frac{\sqrt{1 - n^2 \sin^2 r_1}}{\sqrt{1 - n^2 \sin^2 r_2}} = \frac{\sqrt{\sec^2 r_1 - n^2 \tan^2 r_1}}{\sqrt{\sec^2 r_2 - n^2 \tan^2 r_2}} = -\frac{\sqrt{1 + (1 - n^2) \tan^2 r_1}}{\sqrt{1 + (1 - n^2) \tan^2 r_2}}$$

可以看出,当 $r_1 = r_2$ 时,$\frac{\mathrm{d}i_2}{\mathrm{d}i_1} = -1$,$\delta$ 有最小值. 当 $r_1 = r_2$ 时,有 $i_1 = i_2$. 所以 δ 取极小值的条件是 $r_1 = r_2$ 或 $i_1 = i_2$. 此时

$$\delta_{\min} = 2i_1 - A \quad \text{即} \quad i_1 = \frac{\delta_{\min} + A}{2}$$

$$A = 2r_1 \quad \text{即} \quad r_1 = \frac{A}{2}$$

由折射定律得

$$n = \frac{\sin i_1}{\sin r_1} = \frac{\sin \dfrac{A + \delta_{\min}}{2}}{\sin \dfrac{A}{2}}$$

4.5 霍尔效应测量磁场

德国物理学家霍尔1879年研究载流导体在磁场中受力的性质时发现,任何导体通以电流时,若存在垂直于电流方向的磁场,则导体内部产生与电流和磁场方向都垂直的电场,这一现象称为霍尔效应.霍尔效应是一种磁电效应,磁能转换为电能.利用霍尔效应制成的霍尔元件具有频率响应宽、小型、无接触测量等优点,使它在测试、自动化、计算机和信息处理技术等方面,得到了广泛的应用.本实验利用霍尔效应测量长直螺线管的磁场.

4.5.1 实验目的

1. 了解霍尔效应的物理原理;
2. 掌握用磁电传感器——霍尔元件测量磁场的基本方法;
3. 学习用异号法消除不等位电压产生的系统误差.

4.5.2 实验原理

1. 霍尔电压

如图 4-24 所示,一块长、宽、厚分别为 l, b, d 的半导体薄片(霍尔元件)置于磁场中,磁场 B 垂直于薄片平面.当电流 I_S 流过霍尔元件时,载流子(N 型半导体为电子,P 型半导体为空穴)在磁场中受洛仑兹力 f_B 的作用产生横向偏转.由于半导体薄片有边界,偏转的电荷在边界处积累起来,从而在与电流和磁场方向都垂直的方向上产生一个电场,该电场对电荷产生作用力 f_E.电荷所受的电场力和洛仑兹力方向相反,从而阻止电荷继续偏转.当两个力大小相等时,电荷累积达到动态平衡,从而在与电流和磁场方向都垂直的半导体薄片两侧产生恒定的电势差 U_H,称为霍尔电压.

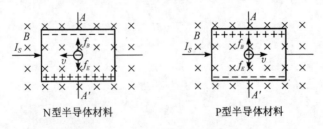

图 4-24 霍尔效应原理

2. 霍尔效应测磁场原理

设载流子平均速率为 v,当载流子所受洛仑兹力与电场力相等时,U_H 达到稳定,此

时有

$$evB = e\frac{U_H}{b}$$

若载流子浓度为 n,则

$$I_S = bdnev$$

所以有

$$U_H = \frac{1}{ne}\frac{I_S B}{d} = R_H \frac{I_S B}{d} \tag{4-14}$$

系数 $R_H = \dfrac{1}{ne}$ 称为霍尔系数,是反映材料霍尔效应强弱的重要参数,载流子浓度 n 越小,则 R_H 越大,U_H 也越大,所以只有当半导体(n 比金属的小得多)出现以后,霍尔效应的应用才得以发展. 对于特定的霍尔元件,其厚度确定,定义霍尔灵敏度 K_H 为

$$K_H = \frac{R_H}{d} = \frac{1}{ned}$$

这样,由式(4-14)得

$$U_H = K_H I_S B$$

$$B = \frac{U_H}{I_S K_H} \tag{4-15}$$

为了提高 K_H,一般霍尔元件的厚度均很薄. 式(4-15)是霍尔效应测磁场的基本理论依据. 只要已知 K_H,测出 I_S 及 U_H,则可求出磁感应强度 B.

式(4-15)是在直流的情况得到的,当磁场是交变时,得到的霍尔电压也是交变电压,测量的是磁场的有效值. 同样,霍尔元件中也可通过交流工作电流,通过后面的分析可知,交流电可以减小有些附加效应的影响.

3. 附加效应及系统误差的消除

公式(4-15)是在理想的情况下得到的,其中霍尔电压是关键的待测量,它直接影响磁场的测量精度. U_H 应是完全由霍尔效应产生的电压,但由于加工工艺,以及附加效应的影响,会产生附加电压.

(1) 不等位电压. 如图 4-25 所示,在焊接电压测试引线 A,A' 时,不可能完全对齐,所以,即使磁场 $B=0$,由于 A,A' 端不在同一等位面而产生不等位电压 U_0,U_0 的正负随工作电流方向的改变而改变. 实际上,若霍尔元件材料不均匀、几何尺寸不规则,即就是 A,A' 焊接对齐,但其内部等位面不规则,也会产生不等位

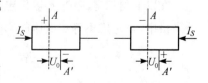

图 4-25　不等位电压

电压.

(2) 厄廷豪森效应. 推导公式(4-15)时认为载流子的平均速率是 v, 而实际上, 载流子速率各不相同. 霍尔电场建立后, 速度大于 v 的载流子所受洛仑兹力大于霍尔电场力; 速度小于 v 的载流子所受洛仑兹力小于霍尔电场力. 因此, 使得霍尔元件的一侧(A 或 A')聚集的高速载流子多, 与晶格碰撞使该侧温度较高; 而另一侧(A 或 A')聚集低速载流子多、温度较低, 结果在 A, A' 两端产生附加的温差电动势 U_E. 由图 4-24 可知, 载流子所受洛仑兹力的方向与工作电流 I_S 和外磁场 B 的方向有关, 所以 U_E 的正负随 I_S 或 B 方向的改变而改变.

(3) 能斯特效应. 给霍尔元件焊接工作电流引线时, 由于两端焊点电阻不等, 当电流 I_S 通过时, 在两端产生温度差, 从而形成附加的温差电流, 该电流在磁场作用下, 形成类似于 U_E 的附加电势 U_N. 由于附加电流方向由两端温差决定, 所以 U_N 的正负与工作电流方向无关, 随外磁场方向改变而变.

(4) 里纪-勒杜克效应. 能斯特效应中产生的附加电流的载流子速度不同, 因此, 也会由于厄廷豪森效应产生温差电势 U_R, 由于附加电流方向与工作电流方向无关, 所以, U_R 的正负只随磁场方向的改变而变.

由以上讨论分析可知, 当工作电流 I_S 和磁场 B 确定后, 实际测量的 A, A' 两端的电压 U, 不仅包括霍尔电压 U_H, 还有 U_0, U_E, U_N, U_R. 为了减小和消除以上效应引起的附加电势差, 利用这些附加电势差与霍尔元件工作电流 I_S、外加磁场 B 方向的关系, 采用异号测量法进行测量. 例如, 测量时首先选取某一方向的 I_S 和 B 为正, 用 $+I_S$, $+B$ 表示, 当改变它们的方向时为负, 用 $-I_S$, $-B$ 表示. 保持 I_S, B 的数值不变, 在($+I_S$, $+B$), ($+I_S$, $-B$), ($-I_S$, $+B$), ($-I_S$, $-B$)四种条件下进行测量, 测量结果分别为

$$当(+I_S, +B) 时, U_1 = U_H + U_0 + U_E + U_N + U_R$$
$$当(+I_S, -B) 时, U_2 = -U_H + U_0 - U_E - U_N - U_R$$
$$当(-I_S, +B) 时, U_3 = -U_H - U_0 - U_E + U_N + U_R$$
$$当(-I_S, -B) 时, U_4 = U_H - U_0 + U_E - U_N - U_R$$

从上述结果中消去 U_0, U_N, U_R, 并考虑到 U_E 比 U_H 小得多, 得到

$$U_H = \frac{1}{4}(U_1 - U_2 - U_3 + U_4) - U_E \approx \frac{1}{4}(U_1 - U_2 - U_3 + U_4)$$

在以上附加电压中, 不等位电压 U_0 影响最大, 其他三个附加效应的影响均较小. 本实验测量中, 只考虑不等位电压的影响. 这样,

$$当(+I_S, +B)时, U_1 = U_H + U_0$$
$$当(-I_S, -B)时, U_4 = U_H - U_0$$

可得

$$U_H = \frac{1}{2}(U_1 + U_4) \tag{4-16}$$

4.5.3 实验仪器

WS-HL/LC 型霍尔效应—螺线管磁场实验装置.

WS-HL/LC 型霍尔效应—螺线管磁场实验装置由测试仪和实验仪两部分组成,测试仪面板如图 4-26 所示,实验仪面板如图 4-27 所示.

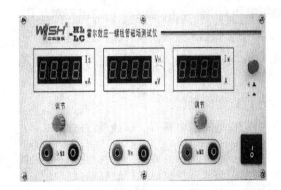 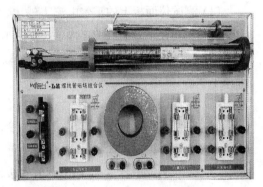

图 4-26　测试仪面板　　　　　　　　图 4-27　实验仪面板

1. 测试仪

测试仪面板如图 4-26 所示,除最右下角处仪器电源开关以及其上方的励磁电流 I_M 输出功率选择按键(H/L)外,还有最左边霍尔电流 I_S 调节、输出端、数显窗口(毫安表);中间霍尔电压 U_H 输入端、数显窗口(毫伏表);右边激磁电流 I_M 调节、输出端、数显窗口(安培表).

(1) 霍尔电流 I_S 输出.霍尔元件工作电流源与实验仪 K_1 开关下方接线柱相连接,输出电流 0～10.00 毫安,通过 I_S 调节旋钮连续调节,数值大小由数显窗口毫安表显示.

(2) 霍尔电压 U_H 输入.霍尔元件霍尔电压输入端与实验仪 K_2 开关下方接线柱相连接,数值大小由数显窗口毫伏表显示.

(3) 激磁电流 I_M 输出.螺线管激磁电流源与实验仪 K_3 开关下方接线柱相连接,输出电流 0～1.000 A,通过 I_M 调节旋钮连续调节,数值大小由数显窗口安培表显示.

(4) H/L 键.置"H"位置时 I_M 最大输出功率为 22 W;置"L"时,I_M 最大输出功率为 12 W.本实验置"L"档.

2. 实验仪

实验仪由三部分组成,如图 4-27 所示.

(1) 长直螺线管.长直螺线管允许通过的最大电流为 1A.当其通以激磁电流 I_M 后,

内部产生磁场,该磁场就是实验要测量的磁场.

(2) 霍尔元件和调节机构. 霍尔元件已放入螺线管内部,位置可由面板左上角附近的调节螺钉调节. 霍尔元件引出四条线,两条是工作电流线,最大允许通过电流 10 mA;另两条是霍尔电压测量线.

(3) 三组双刀双掷换向开关. 从左到右 K_1,K_2,K_3 中间接线柱上依次接入霍尔元件工作电流引线、霍尔电压测量引线、螺线管两端线,刀口合向上方或下方,可以分别改变工作电流 I_S 通过霍尔元件的方向、霍尔电压 U_H 值显示的正负、激磁电流 I_M 通过螺线管的方向.

3. 仪器使用注意事项

(1) 测试仪面板上的霍尔电流 I_S 输出、霍尔电压 U_H 输入、激磁电流 I_M 输出三对端孔,应分别与实验仪上双刀双掷换向开关 K_1,K_2,K_3 下方接线柱正确连接(红接红、黑接黑).

(2) 测试仪接通电源前,应将 I_S,I_M 输出调节旋钮逆时针方向到底,使其输出电流趋于最小状态,然后再接通电源.

(3) 仪器接通电源,应预热十分钟左右方可进行实验测量.

(4) 在使用实验仪上 K_1,K_3 开关改变流向霍尔元件的电流 I_S、螺线管的电流 I_M 方向前,必须先将 I_S,I_M 调节到最小,再换向. 以防损坏霍尔片以及仪器.

(5) 实验测量中,I_S,I_M 输出调节要缓慢,细心.

(6) 关机前,应将 I_S,I_M 输出调节旋钮逆时针方向到底,使其输出电流趋于最小状态,然后再切断电源.

4.5.4 实验内容与方法

实验电路连接如图 4-28 所示,电路连接并检查正确后,将 I_S,I_M 输出调节旋钮逆时针方向到底,接通测试仪电源,预热十分钟左右进行实验测量.

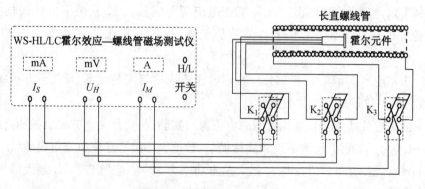

图 4-28 霍尔效应实验电路

1. 测量长直螺线管中心处磁场

(1) 向上合上 K_1,K_2,K_3 开关,假设此时流经霍尔元件电流 I_S 方向、螺线管激磁电

流 I_M 方向为正. 调节 I_S,I_M 输出,使 $I_S=8.00$ mA,$I_M=0.800$ A,从毫伏表中读取电压值 U_1,若 U_1 为负,将 K_2 反向,使其为正. 在以后的测量中 K_2 方向不再变化.

(2) 调节 I_S,I_M 输出为最小值,向下合上 K_1,K_3 开关,此时流经霍尔元件电流 I_S 方向、螺线管激磁电流 I_M 方向为负. 调节 $I_S=8.00$ mA,$I_M=0.800$ A,从毫伏表中读取电压值 U_4. U_1,U_4 相加除 2 即为消除不等位电压后的霍尔电压 U_H 值. 此即一次异号测量.

(3) 保持 I_S,I_M 大小不变,重复上述测量步骤 5 次,测出 U_H. 将其平均值代入式(4-15)计算长直螺线管中心处的磁场强度 B.

注意: 对给定的霍尔元件,灵敏度 K_H 是一常数,数值大小标示在实验仪参数标签上.

2. 研究霍尔电压与磁场的关系

螺线管内部磁场强度的大小与螺线管通过的激磁电流成正比,研究霍尔电压与磁场的关系实际上就是研究霍尔电压与激磁电流的关系. 此外,考虑到变换霍尔元件电流、螺线管激磁电流方向的目的是消除或减小不等位电压等附加效应引起的系统误差,为突出研究霍尔电压与磁场的关系问题,测量有关数据时,固定霍尔元件电流、螺线管激磁电流取正方向不变.

霍尔元件置于螺线管的中心处,调节霍尔元件工作电流 $I_S=8.00$ mA,改变长直螺线管的激磁电流 I_M 的大小,使其在 0.100 A 到 0.800 A 之间变化,每隔 0.100 A 记录与之对应的电压 U_1. 在直角坐标纸上作出 $U_1 \sim I_M$ 关系图线,选取图线上两点算出图线斜率,以此证明两者成线性关系.

3. 研究霍尔电压与霍尔元件电流的关系

霍尔元件置于螺线管的中心处,调节螺线管激磁电流 $I_M=0.800$ A,改变霍尔元件工作电流 I_S 的大小,使其在 1.00 mA 到 8.00 mA 之间变化,每隔 1.00 mA 记录与之对应的电压 U_1. 利用最小二乘法线性回归处理 U_1 与 I_S 关系数据,得出函数关系式,并计算出线性相关系数,以此说明所做的线性回归是否合理.

4.5.5 原始数据记录及处理

1. 测量长直螺线管中心处磁场(表 4-13)

实验测量条件:$I_S=8.00$ mA,$I_M=0.800$ A.

表 4-13 测量长直螺线管中心处磁场数据记录

次数 \ 项目	1	2	3	4	5
$(+I_s$,$+B)$ U_1/mV					
$(-I_s$,$-B)$ U_4/mV					
U_H/mV					

霍尔电压 U_H 的平均值

霍尔元件灵敏度 K_H

螺线管中心处磁场 B

2. 研究霍尔电压与磁场的关系(表 4-14)

表 4-14　　　　　　　　　　霍尔电压与磁场的关系据记录　　　　　　　　$I_S = 8.00$ mA

I_M /A							
U_1 /mV							

3. 研究霍尔电压与霍尔元件电流的关系(表 4-15)

表 4-15　　　　　　　　　　霍尔电压与霍尔元件电流的关系数据记录　　　　　　　$I_M = 0.800$ A

I_S /mA							
U_1 /mV							

4.5.6　分析与思考

1. 预习思考题

(1) 什么是霍尔效应? 产生霍尔效应的机理是什么?

(2) 有哪些附加效应导致存在系统误差? 实验中是如何消除或减少的? 可否用有关数学表达式加以说明.

(3) 若磁场的方向不是恰好与霍尔元件的法线一致,对测量结果会有何影响? 可否利用实验的方法进行判断?

2. 实验思考题

(1) 根据磁场 B 的方向,工作电流 I_S 的方向及霍尔电压 U_H 的正负,能否判断所用霍尔元件是 N 型还是 P 型半导体? 可以的话用图示之.

(2) 假设实验用霍尔元件灵敏度 K_H 未知,在厚度 d 已知的情况下,能否求知所用霍尔元件载流子浓度 n?

(3) 能否利用霍尔效应现象实现微位移的测量? 试简述测量方法.

4.6 冲击电流计法测磁场

磁场是自然界广泛存在的一种物质形态,在工农业、国防和科学研究(如粒子回旋加速器,地震预测和磁性材料研究)等方面,经常要对磁场进行测量.根据被测磁场的类型和强弱的不同,测量磁场的方法也不同,霍尔效应法、冲击电流计法是常用的两种测量方法.本实验利用冲击电流计法测量磁场.

4.6.1 实验目的

1. 掌握冲击电流计法测量磁场的原理;
2. 学会使用冲击电流计.

4.6.2 实验原理

1. 冲击电流计法测量磁场

冲击电流计法是利用磁通迅速变化时,处在磁通变化区域内的探测线圈将产生感应电动势的原理进行测量的.将探测线圈与冲击电流计相连组成闭合回路,当探测线圈所在处的磁通迅速发生变化时,在探测线圈内产生瞬时感应电流,用冲击电流计测量这一瞬时电流所迁移的电量,即可测出探测线圈所在处的平均磁感应强度.

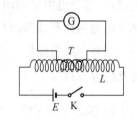

图 4-29 是将上述原理用于本实验的原理线路.探测线圈 T 与螺线管 L 同轴,当探测线圈在管内移动时其横截面始终与管轴垂直.由于探测线圈位于长直密绕螺线管的里面,磁场全部约束在长直螺线管内,通电后其内磁场为 B,若探测线圈截面积为 S,探测线圈的匝数为 N,则穿过探测线圈的磁通量 Φ 为

图 4-29 冲击电流计法测磁场

$$\Phi = NBS$$

若使图 4-29 中 K 断开,电流突然降为零,磁场随之消失,Φ 也降为零.则通过冲击电流计 G 的脉冲感应电流为

$$i = \frac{\varepsilon}{R} = -\frac{1}{R} \cdot \frac{\mathrm{d}\Phi}{\mathrm{d}t}$$

上式中 R 为探测回路的总电阻.在磁通变化的时间 τ 内通过冲击电流计的总电量为

$$Q = \int_0^\tau i\mathrm{d}t = \int_\Phi^0 -\frac{\mathrm{d}\Phi}{R} = \frac{\Phi}{R} = \frac{NBS}{R}$$

由上式可得

$$B = \frac{QR}{NS} \qquad\qquad\qquad (4\text{-}17)$$

对于给定的探测线圈,其匝数 N、截面积 S 为常量,这样,只要利用冲击电流计测出脉冲感应电流所迁移的电量 Q,在探测回路的总电阻 R 已知情况下,利用式(4-17)可以计算出探测线圈所在处的长直螺线管的磁场强度.

2. 探测回路的总电阻 R 的测量

利用式(4-17)测量磁场,必须首先测出探测回路的总电阻 R,本实验用标准互感器测量探测回路的总电阻 R,测量电路如图 4-30 所示. 图中:I_S-互感器励磁恒流源(0~10 mA);I_M-螺线管励磁恒流源(0~1 A);K_1-互感器励磁电流换向开关;K_3-螺线管励磁电流换向开关. L_1-螺线管;L_2-探测线圈,匝数 $N = 10^3$,横截面积 $S = 25.95 \times 10^{-6}$ m^2;L_1'-标准互感器原线圈;L_2'-标准互感器副线圈;标准互感器互感系数 $M = 0.042\,5$ H.

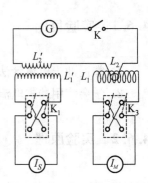

图 4-30　测量 R 电路

图 4-30 测量电路中,探测回路由冲击电流计、探测线圈及标准互感器副线圈三部分组成,三部分电阻之和即为探测回路的总电阻 R. 如此保证了用互感器测量探测回路的总电阻与用探测线圈测量磁场时电路的总电阻相同.

断开螺线管励磁电流开关 K_3,断开探测回路开关 K,接通标准互感器电流开关 K_1,使互感器原线圈 L_1' 中通过恒定电流 I_S. 接通探测回路开关 K,然后断开 K_1,互感器原线圈中的电流由 I_S 突然变为零. 由互感系数的定义 $M = \dfrac{\Delta\Phi}{\Delta I}$ 可知,当 L_1' 中电流变化 $\Delta I = I_S$ 时,在互感器副线圈 L_2' 中的磁通量的变化量为

$$\Delta\Phi = MI_S$$

在磁通量变化为 $\Delta\Phi$ 的时间内,通过冲击电流计的总电量为

$$Q' = \frac{\Delta\Phi}{R} = \frac{MI_S}{R}$$

这样

$$R = \frac{MI_S}{Q'} \qquad\qquad\qquad (4\text{-}18)$$

将式(4-18)代入式(4-17)得

172

$$B = \frac{QR}{NS} = \frac{QMI_S}{NSQ'}$$ (4-19)

上式即为冲击电流计法测磁场强度原理公式.

4.6.3 实验仪器

WS-HL/LC霍尔效应－螺线管磁场实验装置,WS-DQ3型冲击电流计.

1. WS-HL/LC霍尔效应－螺线管磁场实验装置

WS-HL/LC霍尔效应－螺线管磁场实验装置与4.5霍尔效应测磁场所用装置相同,有关具体参数及使用方法见4.5装置介绍.本实验供电系统由WS-HL/LC霍尔效应－螺线管磁场实验装置测试仪部分提供,其中标准互感器由工作电流I_S输出端供电,螺线管由励磁电流I_M输出端供电.

2. WS-DQ3型冲击电流计

冲击电流计主要用于测量脉冲电流所迁移的电量,还可用来测量与此相关的物理量,如电容、电感和直流磁场的磁感应强度等.

WS-DQ3型冲击电流计面板如图4-31所示,整个面板主要由开关、量程选择键、电流输入端、电量显示及测量/调零旋钮组成.冲击电流计的量程:量程Ⅰ,199.9×10⁻⁹ C;量程Ⅱ,19.99×10⁻⁹ C.本实验选择量程Ⅰ.

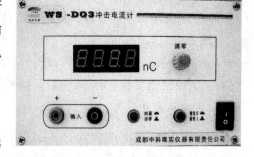

使用方法如下:

(1) 打开开关接通电源,预热十分钟后选择合适的测量量程.

图4-31 WS-DQ3型冲击电流计面板

(2) "测量/调零"开关置"调零"位置,旋动调零旋钮,使仪器显示为"0000";然后将"测量/调零"开关置"测量"位置,仪器处于待测状态.

(3) 当输入一脉冲电流时,仪器自动消除前面的数据而将该次测量的数据显示在显示区数字显示器上.

(4) 若显示为"±1",后面三个数字显示不亮,则表示仪器过载,应更换大量程档重新调零测量.

4.6.4 实验内容与方法

实验电路如图4-32所示,电路连接并检查正确后,将I_S,I_M输出调节旋钮逆时针方向到底,接通测试仪电源,预热十分钟左右进行实验测量.

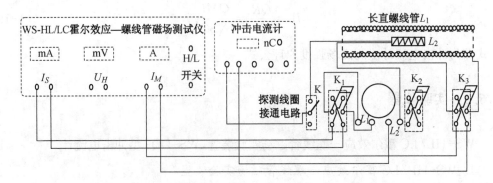

图 4-32　冲击电流计法测磁场实验电路

1. 探测回路总电阻 R 的测量

断开螺线管励磁电流开关 K_3，断开探测回路开关 K，接通标准互感器电路开关 K_1，调节测试仪工作电流 I_S 输出，使标准互感器原线圈 L'_1 中通过恒定电流 $I_S = 8.00$ mA. 接通探测回路开关 K，然后断开 K_1，原线圈 L'_1 中的电流由 I_S 突然变为零，记录冲击电流计迁移的电量 Q'；改变通过原线圈的电流方向重复上述步骤进行测量，记录相应的电荷迁移量；将变换电流方向的两次测量量取平均，称为一次交换测量. 三次交换测量 Q'，取平均值，将其代入式(4-18)计算探测回路总电阻 R.

注意:

(1) 测量前要对冲击电流计进行调零，完成调零后方可进行测量.

(2) 改变测量状态时，应先断开探测回路开关 K，待测量前再接通探测回路开关 K.

2. 螺线管中心处磁场的测量

探测线圈置于长螺线管的中心. 断开标准互感器电流开关 K_1，断开探测回路开关 K，接通螺线管励磁电流开关 K_3. 调节测试仪励磁电流 I_M 输出，使螺线管中通过恒定电流 $I_M = 0.800$ A. 接通探测回路开关 K，然后断开 K_3，螺线管中的电流由 I_M 突然变为零，记录冲击电流计迁移的电量 Q；改变通过螺线管励磁电流的方向重复上述步骤进行测量，记录相应的电荷迁移量；将变换电流方向的两次测量量取平均，称为一次交换测量. 三次交换测量 Q，取平均值.

将 Q'，Q 平均值代入公式(4-19)计算螺线管中心处的磁感应强度 B.

3. 螺线管沿长度方向磁场分布的测量

将探测线圈 L_2 置于螺线管 L_1 的不同位置，根据曲线的变化趋势合理选择测量点（端口处 2 cm 到中心处每隔 2 cm 一个点，端口处 2 cm 内每隔 0.5 cm 一个点），按上述测量方法，变换电流方向一次，测出相应的电荷迁移量 Q，计算该处的磁感应强度 B.

以探测线圈位置 x 为横坐标，相应的 B 为纵坐标，作 $B \sim x$ 曲线. 分析螺线管内磁场分布的特点.

4.6.5 原始数据记录与处理

1. 探测回路总电阻的测量(表 4-16)

表 4-16   探测回路总电阻测量数据记录

次 数	1	2	3
电流正向时 Q'/nC			
电流负向时 Q'/nC			
电荷迁移量 Q'/nC			

电荷迁移量 Q' 的平均值

标准互感器互感系数 M

探测回路总电阻 R

2. 螺线管中心处磁场的的测量(表 4-17)

表 4-17   螺线管中心处磁场测量数据记录

次 数	1	2	3
电流正向时 Q/nC			
电流负向时 Q/nC			
电荷迁移量 Q/nC			

电荷迁移量 Q 的平均值

螺线管中心处的磁场强度 B

3. 螺线管沿长度方向磁场分布的测量(表 4-18)

表 4-18   螺线管沿长度方向磁场分布测量数据记录

距端口位置读数/cm	0.0	0.5	1.0	1.5	2.0	4.0	8.0	10.0	12.0
电流正向时 Q/nC									
电流负向时 Q/nC									
电荷迁移量 Q/nC									
B/($\times 10^{-3}$ T)									

4.6.6 分析与思考

1. 预习思考题

(1) 冲击电流计法测磁场是哪个物理现象的应用?

（2）冲击电流计法测磁场与霍尔效应法测磁场二者有何区别？

（3）在测量长直螺线管沿长度方向的磁场时，是否还需要在每个位置重新测量探测回路的电阻，为什么？

（4）实验中为什么在断开探测回路开关 K 后才可以改变输入电流的方向？

2. 实验思考题

（1）本实验中系统误差主要是哪一部分引起的？

（2）冲击电流计的探测精度以及测量结果的重复性对本实验有无影响，为什么？

4.7　温敏元件温度特性的测量

温度是重要的物理量,不仅和生活环境密切相关,科研生产中也经常需要检测、控制.为了将温度这个非电量转化为电学量测量,设计了温度传感器.温度传感器由温敏元件及转换元件组成,其是利用一些金属、半导体等材料与温度相关的特性制成的,这些特性包括热膨胀、电阻、电容、磁性、热电势、热噪声、弹性及光学特性等.

在各种温度传感器中,把温度转换为电阻和电压的方法最为普遍,本实验通过测量半导体热敏电阻、PN 结等温敏元件的温度特性,来学习这些传感器的工作原理.

4.7.1　实验目的

1. 了解铂(Pt)电阻、NTC 型热敏电阻、PN 结的温度特性;
2. 学习 NTC 型热敏电阻、PN 结温度特性的测量方法;
3. 测量 NTC 型热敏电阻、PN 结的温度特性.

4.7.2　实验原理

物质的电阻率随温度变化而变化的现象称为热电阻效应,当温度变化时,导体或半导体的电阻值随温度变化.在一定温度范围内,通过测量电阻值的变化可得知温度的变化.根据热电阻效应制成的传感器叫做热电阻传感器.热电阻传感器按电阻—温度特性的不同分为金属热电阻和半导体热电阻两大类.一般金属热电阻称为热电阻,半导体热电阻称为热敏电阻.

1. 金属铂(Pt)电阻温度特性

铂电阻温度传感器具有准确度高、灵敏度高、稳定好等优点,适用于$-200\ ℃\sim$ $650\ ℃$范围的温度测量.在国际实用温标中,铂电阻还作为$-259.34\ ℃\sim630.74\ ℃$的温度基准.

铂电阻的阻值随温度的升高而增大,阻值与温度之间近似线性关系.当温度 t 在$-200\ ℃\sim0\ ℃$之间时,电阻、温度关系式为

$$R_t = R_0\left[1 + At + Bt^2 + C(t-100)t^3\right]$$

当温度在 $0\sim650\ ℃$之间为

$$R_t = R_0(1 + At + Bt^2)$$

式中,R_t,R_0分别为铂电阻在温度为 t,$0\ ℃$时的电阻值;A,B,C 为温度系数,对于常用

的工业铂电阻，$A=3.908\,02\times10^{-3}/℃$，$B=-5.801\,95\times10^{-7}/℃^2$，$C=-4.273\,50\times10^{-12}/℃^3$.

本实验用 Pt100 型铂电阻标定加热器加热腔内的温度. Pt100 型铂电阻，$t=0\ ℃$ 时，$R_0=100\ \Omega$；$t=100\ ℃$ 时，$R_t=138.5\ \Omega$；允许通过的最大电流小于 2.5 mA. 在 0～100℃范围内，电阻、温度关系式近似为

$$R_t = R_0(1+At) \tag{4-20}$$

式中，A 为温度系数，近似为 $3.85\times10^{-3}/℃$.

使用铂电阻测温时，先测得某一温度下铂电阻温度传感器的电阻值，再根据相关公式可算出相应温度.

2. 半导体热敏电阻温度特性

热敏电阻大多由金属氧化物半导体材料制成，其电阻值随温度呈显著变化. 根据电阻率随温度变化的特性不同，分为 NTC(负温度系数)型热敏电阻、PTC(正温度系数)型热敏电阻以及 CTC(临界温度系数)型热敏电阻. 与金属热电阻相比，半导体热敏电阻具有以下特点：温度系数大，测量灵敏度高；体积小，常用作点温或表面温度以及快速变化温度的测量；具有很大的电阻值，可以忽略线路导线电阻和接触电阻等的影响；制造工艺简单，价格便宜；温度测量范围较窄. 本实验只研究 NTC(负温度系数)型热敏电阻.

NTC 型热敏电阻随着温度升高阻值下降，其电阻温度特性符合负指数规律. 在不太宽的温度范围内(小于 450 ℃)，NTC 型热敏电阻的电阻-温度特性通用公式为

$$R_T = Ae^{\frac{B}{T}} \tag{4-21}$$

式中，R_T 是温度为 T/K 时热敏电阻的阻值；B 是热敏电阻材料常数(也称热敏指数)，由材料的物理特性及加工工艺决定，通常为 2 000～6 000 K.

热敏电阻的温度系数 α_T 定义为热敏电阻温度变化 1 K，电阻值的相对变化量. 由式(4-21)可知

$$\alpha_T = \frac{1}{R_T}\frac{dR_T}{dT} = -\frac{B}{T^2} \tag{4-22}$$

热敏电阻的温度系数 α_T 随温度增加而迅速减小，非线性十分显著，在使用时一般要对其进行线性化处理.

对式(4-21)线性化，可得

$$\ln R_T = \ln A + B\frac{1}{T}$$

实验时测出一系列 R_T 与 T 的对应值,利用最小二乘法对 $\ln R_T$,$\dfrac{1}{T}$ 作线性拟合,此直线斜率即为 B,截距为 $\ln A$. 依据式(4-22),可算出 α_T.

3. PN 结温度特性

由 PN 结构成的二极管和三极管,其伏安特性对温度有很大的依赖性. 实验表明,在一定的电流下,PN 结的正向电压与温度之间具有很好的线性关系. 利用这一点制成了 PN 结温度传感器(温敏二极管)和晶体管温度传感器,实现对温度的检测、控制和补偿等功能.

在常温条件下,当 U 大于 0.1 V 时,二极管正向电流 I 与正向电压 U 近似满足

$$I = I_s \mathrm{e}^{\frac{qU}{kT}}$$

式中,$q=1.602\times10^{-19}$ C,为电子电量;$k=1.381\times10^{-23}$ J/K,为玻尔兹曼常数;T 为绝对温度,单位开尔文;I_s 为反向饱和电流.

测温时,令正向电流 I 保持恒定(通常取 $I=100\ \mu\text{A}$),则从上式可得到 PN 结两端正向电压 U 与结温 t(单位℃)近似满足下列关系

$$U = Kt + U_{g0} \tag{4-23}$$

式中,U_{g0} 是半导体材料参数,表示温度-273.15 ℃时的电压值;$K\approx-2.3\text{ mV}/℃$,为电压灵敏度,即温度每升高 1 ℃,正向电压 U 减小约 2.3 mV. 这就是 PN 结温度传感器的测温原理.

本实验用 In4007PN 结,正常工作温度范围-50 ℃$\sim$150 ℃.

4. 温敏元件温度特性测量电路

温敏元件温度特性测量线路如图 4-33 所示. 单刀双掷开关 K_1 拨向取样电阻 R_1,通过测量其两端电压 U_1 获知电路中电流 I;K_1 拨向温敏元件 R_t 测量其两端电压 U_t,这样,一定温度下的

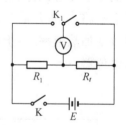

$$R_t = \frac{U_t}{I} = \frac{U_t}{U_1}R_1 \tag{4-24}$$

图 4-33　温度特性测量线路

如此就可测出不同温度下的温敏元件两端电压及相应的电阻值.

在研究电阻类温敏元件温度特性时,为避免电流热效应导致电阻值的变化,检测时,国标规定流过温敏元件的电流小于 $300\ \mu\text{A}$.

在研究电压类温敏元件温度特性时,电路中电流取 $100\ \mu\text{A}$. 同时为保证测试电路中电流恒定,应采用恒流源作为工作电源. 实验测量中也可通过监测取样电阻上电压的变化,通过调节取样电阻数值使电路中电流恒定不变,来测量研究不同温度下,电压与温度的关系.

4.7.3 实验仪器

NKJ-B 智能温控辐射式加热器，MPS-3003L-1 直流电源，ZX-21 型直流多值电阻箱，UT39 A 数字万用表，NTC 型热敏电阻，In4007PN 结，Pt100 型铂电阻，单刀双掷开关，单刀开关，导线若干.

NKJ-B 智能温控辐射式加热器

NKJ 智能温控辐射式加热器采用新式热惯性小的加热管辐射加热，借助直接照射、反射面反射和二次辐射等，在风冷降温作用下，使加热器中心的温度场具有很高的均匀性.

采用智能温控，应用模糊规则进行 PID 调节，利用电压表和指示灯明暗变化指示加热管两端所加脉冲电压的大小，内置了常用热电偶和热电阻（Cu50，Pt100）的非线性校正数据，自动进行数字校正，使加热器的温度在设定值的 $\pm(0.1 \sim 0.2)$℃范围内基本保持垣定.

NKJ 智能温控辐射式加热器前面板如图 4-34 所示、装置如图 4-35 所示. 图 4-34 中，温度智能表设置温度、显示温度；电源开关接通装置工作电源；温控开关拨向上方加热器加热，加热指示灯亮，拨向下方停止加热；风冷按键按下风机运转，上方指示灯亮；T_1，T_2 输出选择端口，拨向 T_1 接通 T_1 输出端口（后面板），拨向 T_2，接通 T_2 输出端口（后面板）；电压表瞬时指示加热管两端所加脉冲电压的大小. 装置图 4-35 加热腔上方有三个插孔，中间孔插入实时温度显示用的铂电阻 Pt100，余下两孔可同时分别插入两个待测温度传感元件，它们的引线连接仪器背面相应插孔，再通过相应连接线接入到供电电路中. 加热腔下方主机右侧有一个电位器调节杆，用来调节加热电压的大小以改变加热速率. 由于该加热器在出厂时已作过温度校正工作，不允许随意调节电压电位器.

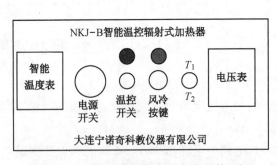

图 4-34　NKJ-B 智能辐射式加热器前面板　　　图 4-35　NKJ-B 加热器装置

智能温度表面板如图 4-36 所示，⟨V⟩功能键（兼参数设置进入）；◀小数点移位；▼数据减少键；▲数据增加键；SV 显示窗，显示设定值，PV 显示窗，显示实际值.

温度设定方法:接通电源,短按◄功能键一下,SV 中数字位的小数点闪动,点按◄将小数点移到需要改变的数字右侧,利用▼、▲减小、增加数字到设定值. 如此可分别完成小数点后一位、个位、十位数字的设定. 设定好温度后,如果设定值高于环境温度,当温控开关拨向上方即接通加热器电源. 在设定好温度开始加热前,应先打开风机工作电源使风机运转,保证辐射加热场均匀.

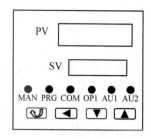

图 4-36 智能表面板

当加热升温到最大设定温度后,如需降温测量,此时只需将温度设定为需要下降到的温度,加热器自动停止加热,利用风机风冷快速降温到设定值.

1. 智能温控辐射式加热器使用方法

(1) 开机前,Pt100 传感探头、待测器件置于加热腔插孔内,其引线端插入后面板相应位置,待测器件通过连接线接入到供电电路中;温控开关拨杆向下处于关断位置;冷却风机在关闭状态.

(2) 开机后,按下风冷按键风机运转;设定温度值;将温控开关拨向上方,加热器加热. 待温度稳定后,进行测量并记录相应测量值.

如需降温测量,只需将温度设定为低于加热腔内的温度值,加热器自动停止加热,依靠风冷降到设定的温度值,然后进行测量并记录相应测量值.

(3) 测量结束关机前,将温度设在低于室温 10 ℃以上,如－10 ℃,待加热腔内温度接近环境温度时,将温控开关拨向下方切断加热管电源,关闭风机电源,最后切断仪器工作电源.

2. 常见故障及注意事项

常见故障及注意事项见表 4-19.

表 4-19   常见故障及注意事项

故　　障	原　　因	排除方法
上显示窗口出现测量值和"orAL"交替闪动	未插入 Pt100 传感探头或探头已断	更换 Pt100 传感器
下显示窗口显示 HIAL 与设定值交替闪动	表示发生了上限报警,即超过最高限温. 原因是炉子已启动加热,炉温已很高才插入 Pt100 传感探头	将温控开关拨到下方位置停止加热,并用风冷强迫降温
测定值异常变动	1. Pt100 温度传感器损坏; 2. 初始状态设定值 SV 较高,开机后回调 SV 至较低值	1. 更换 Pt100 传感器 2. 降温后,再重新开机升温
不能修改设定值	Loc 不为零	将 Loc 变为零

故　　障	原　　因	排除方法
炉温不断升高甚至出现糊味,但测量值不变	Pt100 传感器探头没有插入炉内,这是绝不允许的错误	立即切断电源或将设定值改为室温以下,将 Pt100 插入炉内,打开风机冷却
没有待测量信号	被测探头损坏或测量端线路故障	检查被测量探头,重新更换探头或检查线路

4.7.4　实验内容与方法

1. NTC 型热敏电阻温度特性测量

(1) 按图 4-33 连接线路.

本实验用热敏电阻 25 ℃时,阻值约 12 kΩ;60 ℃时,阻值约 1.5 kΩ;允许通过的最大电流小于 0.4 mA. 选取 $R_1 = 10$ kΩ,电源电压输出 4.0 V.

(2) 检查 Pt100 连线、热敏电阻 R_T 接线(T_1 输入)、引线是否正确. 实验完毕,不要拆除. 智能温控辐射式加热器温控开关拨向下方,输出端口拨向 T_1,接通加热器工作电源,按下风机工作电源按键,记录此时环境温度值.

(3) 接通电路开关 K,单刀双掷开关 K_1 分别拨向取样电阻 R_1、热敏电阻 R_T 测量其两端电压 U_1,U_T. 代入式(4-24)计算出该温度下的 R_T 值.

(4) 以逐次增加 5 ℃步幅设定加热器温度,待温度稳定后,测量不同温度时 U_1,U_T 六组数据,计算出不同温度时的 R_T 值.

(5) 用最小二乘法对 $\ln R_T$,$\dfrac{1}{T}$ 作线性拟合,求出 A,B. 计算 25 ℃即 298.15 K 时的 α_T.

注意:(1) 由于仪器精度所限,稳定后的温度不一定与设定值完全一致. 只要与设定值相差 $\pm(0.1 \sim 0.2)$℃范围内即认为稳定. 此时记录实际温度值,比如,60.1, 60.2. 此外,本加热器具有学习、记忆、自整定功能,随着使用次数的增加,温度恒定的准确度越高.

(2) 为保护温敏元件,延长加热器使用寿命,设定的加热温度不要超过 65 ℃.

2. PN 结温度特性测量

上一实验测量任务完成后,智能温控辐射式加热器温度稳定在设定值. 利用降温法完成以下测量工作.

(1) 按图 4-33 连接线路,检查 Pt100 连线、PN 结接线(T_2 输入)、引线、输出端口是否正确.

(2) 选取 $R_1 = 30$ kΩ,电源电压输出 3.0 V.

（3）接通电路开关 K，单刀双掷开关 K_1 首先拨向取样电阻 R_1，监测其两端电压 U_1，在 $R_1 = 30\ \text{k}\Omega$ 的基础上通过调节 R_1 使流过 PN 结电流等于 $100\ \mu\text{A}$，然后单刀双掷开关 K_1 拨向 PN 结，测量其两端电压 U_t，并记录此时温度值.

（4）以逐次减少 5 ℃ 步幅设定加热器温度，待温度稳定后，测量不同温度时 U_t 六组数据. 测量过程中注意按（3）所述方法，确保不同温度测量 U_t 时电流为 $100\ \mu\text{A}$.

（5）利用最小二乘法直线拟合 U_t，t，确定函数关系式，得到电压灵敏度.

注意：测完数据后，将温度设定为 -10 ℃，加热管停止加热，加热腔由于风冷的作用继续降温. 待完成后续数据处理，加热腔温度接近室温时，将温控开关拨向下方切断加热管电源，关闭风机电源，最后切断仪器工作电源.

4.7.5 原始数据记录及处理

1. NTC 型热敏电阻温度特性测量（表 4-20）

取样电阻 $R_1 =$ 电源输出电压＝

表 4-20   热敏电阻 R_T 与温度 t 关系数据记录

$t/℃$					
T/K					
U_1/V					
U_T/V					
R_T/Ω					
$\ln R_T/\ln \Omega$					
T^{-1}/K^{-1}					

利用最小二乘法对 $\ln R_T$，$\dfrac{1}{T}$ 作线性拟合，函数关系式为

线性相关系数 $\gamma =$

热敏电阻材料常数 $B =$

25 ℃ 时热敏电阻的温度系数 $\alpha_T =$

2. PN 结温度特性测量（表 4-21）

表 4-21   PN 结正向电压 U 与温度 t 关系数据记录

$t/℃$					
R_1/Ω					
U_1/V					
U_t/V					

利用最小二乘法对 U_t, t 作线性拟合,函数关系式为

线性相关系数 $\gamma=$

PN 结电压灵敏度＝

4.7.6 分析与思考

1. 预习思考题

(1) 测量热敏电阻温度特性时应注意什么?

(2) 测量 PN 结温度特性时应注意什么?

2. 实验思考题

用 PN 结温度特性测量数据说明,实验中采用的替代恒流源的做法是否可行?

4.7.7 附录

常见的将非电学量转变为电学量的传感器

物质的电阻率随温度变化而变化的现象称为热电阻效应. 当温度变化时,导体或半导体的电阻值随温度变化. 这样,在一定温度范围内,我们可以通过测量电阻阻值的变化得知温度的变化. 根据热电阻效应制成的传感器叫做热电阻传感器,通过热电阻传感器可将温度这个非电量转化成电阻这个电学量加以测量,这种测量方法称之为非电量的电测法. 常见的将非电学量转变为电学量的传感器如下.

1. 热电转换

利用某些元件的电磁参数随温度变化而改变的特征制成的传感器称为热电传感器,它是一种将温度变化转化成电学量变化的装置. 常用的有热电阻、热敏电阻和热电偶.

(1) 热电阻:利用金属的电阻率随温度变化而变化的物理现象制成的热电式传感器称为热电阻.

(2) 热敏电阻:利用某些半导体材料的电阻随温度变化而变化的物理现象制成的热电式传感器称为热敏电阻.

(3) 热电偶:用两种不同材料的金属组成闭和回路,若其结点所处的温度不同,则回路中有电流流动,这说明回路中有电动势存在. 电动势的大小除与材料本身的性质有关外,还与结点处的温度差有关. 这种现象称为热电势效应或温差电效应. 热电偶就是据此原理制作的将温度转换为电势量大小的热电式传感器.

2. 力电转换

力电传感器是基于物质受力变形后,引起相应的电学性质发生变化这一原理,完成力学量与电学量之间的转换,从而实现力的非电学量(加速度、压力、应力等)电测之目的.

常见的力电传感器基于压电效应原理,所谓压电效应是指某些介质当沿其一定的方

向施以机械力使其变形时,介质内部就会产生极化现象.相应地在电介质一定的表面上产生异号电荷,去掉外力后,电介质表面的电荷随之消失,这种现象称为压电效应.若作用力方向改变,电荷极性随之改变.与此相反,当电介质沿某个方向受到电场作用时,相应地在电介质一定的方向上产生机械形变或机械应力,这种效应称之为电致伸缩效应,也叫逆压电效应.一旦外加电场撤去,电介质的机械形变或机械应力随之消失.由于压电效应是可逆的,所以既可以实现力—电转换,也可实现电—力转换.

另外,当金属材料受力变形时,其电阻率发生相应的变化,利用这一现象也可以制成力—电传感器.

3. 光电转换

光电转换是将光学量转换为电学量的过程,光电转换器件的原理是光电效应.根据光电效应产生的机理,可将光电效应分为外光电效应、内光电效应、光生伏打效应等.

(1) 外光电效应:物体中的电子吸收了入射光光子的能量后,逸出物体表面的现象称为外光电效应.利用外光电效应制成的电真空器件有光电管、光电倍增管等.

(2) 内光电效应:在入射光照射下,半导体材料价带中的电子受到光子的轰击,由价带跃入导带,使材料导带中的电子和价带中的空穴浓度增大,从而使材料的电阻率发生改变的现象称为内光电效应.利用内光电效应制成的光电传感器件有光敏电阻(光导管)、光敏二极管、光敏三极管.

(3) 光生伏打效应:P 型和 N 型半导体组成 PN 结时,由于载流子扩散形成结电场,在光照的激发下,PN 结处形成新电子、空穴对,在结电场作用下,电子和空穴分别向 N 区和 P 区移动,于是在 PN 结两端出现光电动势的现象称为光生伏打效应.

光电池是依据光生伏打效应制成的有源器件,既可以作为电池使用,又可以用作光信息接收器件来使用.

4.8 AD590 特性测量及应用研究

AD590 是电流型集成电路温度传感器,只需提供简单直流电源(4～30 V)即可实现温度到电流的线性变换,然后在终端使用一只取样电阻将电流转化为电压. 该类传感器在一定温度下,相当于一个恒流源,因此,不易受接触电阻、引线电阻的影响和电压噪声的干扰,且准确度高,目前该传感器广泛用于－55 ℃～＋150 ℃范围内的温度检测、控制和补偿等.

4.8.1 实验目的

1. 了解 AD590 的特性及工作原理;
2. 测量 AD590 室温时的伏安特性曲线;
3. 观测 AD590 线性使用时两端最小电压与温度的关系;
4. 测量 AD590 的输出电流与温度的关系;
5. 用 AD590 设计一个 0～60 ℃数字式温度计,并作简单校准测试.

4.8.2 实验原理

AD590 为两端式集成电路温度传感器,由多个参数相同的三极管和电阻组成,其特性、内部电路及工作原理见 4.8.7 附录.

AD590 两端加有一定直流工作电压时,其输出电流与温度满足如下关系

$$I = B\theta + A \tag{4-25}$$

式中,I 为输出电流,单位 μA;θ 为摄氏温度;A 为 0 ℃时的电流值,其值恰好与冰点的热力学温度 273 K 相对应;B 为斜率,设计上要求 AD590 的 $B = 1\ \mu A/℃$,即温度升高或降低 1 ℃,传感器的输出电流增加或减少 1 μA.

利用 AD590 温度传感器的上述特性,采用非平衡电桥线路,可以制作一台数字式摄氏温度计,即 AD590 器件在 0 ℃时,电压显示值为"0"mV,而当 AD590 器件处于 θ ℃时,电压显示值为"θ"mV.

AD590 伏安特性、温度特性测量线路如图 4-37 所示,数字式温度计线路如图 4-38 所示.

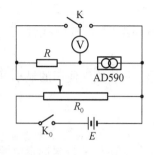
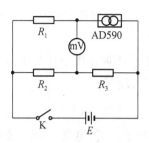

图 4-37　AD590 特性测量线路　　　图 4-38　数字温度计线路

4.8.3　实验仪器

NKJ-B 智能温控辐射式加热器,MPS-3003L-1 直流电源,ZX-21 型直流多值电阻箱(3 个),UT39A 数字万用表,AD590 电流型集成温度传感器,电位器(1 kΩ, 25 W),单刀双掷开关,单刀开关,导线若干.

4.8.4　实验内容与方法

1. AD590 伏安特性测量

图 4-39 为温度 3 ℃时 AD590 伏安特性曲线,从图中可知,当 AD590 两端电压大于等于2.70 V时,流过 AD590 的电流恒定,不再随两端电压的变化而变化.2.70 V 电压值即为温度 3 ℃,AD590 线性使用时两端的最小电压.

(1) Pt100,AD590 置于加热腔内,其相应输入、输出引线位置正确.将加热器温控开关拨向下方,测量输出开关打向 AD590 所在位置,接通加热器工作电源,按下风机工作电源按键,记录环境温度值.

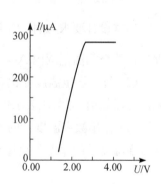

图 4-39　AD590 伏安特性曲线

(2) 按图 4-37 连接线路,注意使 AD590 正极接电路中高电位,负极接电路中低电位.取样电阻 R=10 000 Ω,电位器置安全位置,调节电源输出 10 V.

(3) 接通直流电源,调节电位器电阻大小逐步增加并合理记录 AD590 电压 U_A,通过单刀双掷开关换接测量电路读取 U_A 增加过程中对应的电阻 R 两端电压 U_R.

(4) 通过取样电阻上的电压计算出 AD590 两端电压 U_A 对应的电流值 I.

(5) 以 U_A 为横坐标、电流 I 为纵坐标,在直角坐标纸上作出 AD590 伏安特性曲线,从曲线上确定该温度下 AD590 线性使用的两端最小电压.

2. 观测 AD590 线性使用时两端最小电压与温度的关系

(1) 电路如图 4-37,电路中参数同上.

（2）每次设定加热器温度增加 5 ℃，最后达到 60 ℃.待温度稳定后，数字万用表监测电阻 R 电压，改变 AD590 两端电压，以确定不同温度 AD590 线性使用时的两端最小电压.

（3）通过测量不同温度电压与电流对应数据，获知线性使用的最小电压，借以说明线性使用时电压与温度关系.

3. AD590 温度特性测量

（1）电路如图 4-37，电路中 R 取值同上.根据上述相关数据选定电源输出，以保证在不同温度时 AD590 均可线性使用.

（2）从 60 ℃ 开始，逐次将温度设定降低 5 ℃，由于风冷作用导致加热腔内温度降低.待温度稳定后，记录温度每降低 5 ℃ 电阻上的电压，从而得到不同温度 θ 对应的电路中电流值 I.同时记录不同温度时 AD590 两端电压，分析 AD590 类似电阻阻值与温度的关系.

（3）用最小二乘法直线拟合处理 $I\sim\theta$ 对应数据，得到函数关系式，确定 B，A 值.

4. 用 AD590 设计并组装 0～60 ℃ 数字式温度计

（1）按图 4-38 连接线路，注意使 AD590 正极接电路中高电位，负极接电路中低电位.桥路中的电压表正端接 R_2，R_3 之间，负端接 R_1，AD590 之间.

（2）确定电路参数

根据设计要求，选择 $R_1=\dfrac{R_2}{B}$，$R_2=1\ 000\ \Omega$，$R_3=\dfrac{B}{A}E-R_2$，确定电源输出电压 E，保证在整个测温范围内 AD590 均可线性使用.

（3）每次设定温度变化 5 ℃，最后达到 60 ℃.待温度稳定后，测量不同温度时数字式温度计读数值，即电压表示值.

（4）作出数字温度计的校准曲线.根据校准曲线及有关测量数据，修正电路参数，要求数字温度计的误差不超过 0.1 ℃.

4.8.5　原始数据记录及处理

1. AD590 伏安特性测量（表 4-22）

环境温度　　　　　　　　　　　取样电阻 $R=$

表 4-22　　　　　　　　　　　　AD590 伏安特性测量数据记录

U_A /V									
U_R /V									
I /μA									

此温度下线性使用的最小电压

2. 观测 AD590 线性使用时两端最小电压与温度的关系(表 4-23)

表 4-23　　　　　　　　　**AD590 不同温度下线性使用最小电压测量数据记录**

θ /℃							
U /V							

3. AD590 温度特性测量(表 4-24)

取样电阻 $R=$

表 4-24　　　　　　　　　**AD590 温度特性测量数据记录**

θ /℃							
U_R /V							
I /μA							
U_A /V							
R_A /Ω							

$I\sim\theta$ 函数关系式

线性相关系数

$B=$　　　　　　　　　　$A=$

4. 用 AD590 设计并组装 0~60 ℃数字式温度计(表 4-25)

$R_1=$　　　　　　Ω, $R_2=1\,000\ \Omega$, $E=$　　　　　V, $R_3=$　　　　　Ω

表 4-25　　　　　　　　　**不同温度时数字温度计读数记录**

θ /℃							
U /mV							

4.8.6　分析与思考

1. 预习思考题

(1) AD590 是何种类型的传感器,其工作范围及工作特点是什么?

(2) 实验测量 AD590 伏安特性曲线的目的是什么?

(3) 实验测量 AD590 输出电流和温度关系的目的是什么?

2. 实验思考题

AD590 集成温度传感器在使用中应注意什么问题?

4.8.7 附录

AD590 特性及工作原理

AD590 是美国模拟器件公司利用 PN 结正向电流与温度的关系,制成的电流输出型两端式温度传感器,通过对电流的测量得到所需要的温度值.该器件具有良好的线性和互换性,测量精度高,尤其当被测温度一定时,即使电源在 5~15 V 之间波动,其电流也只是在 1 μA 以下作微小变化.

1. AD590 功能及特性

根据特性分档,AD590 的后缀以 I,J,K,L,M 表示,M 等级最高.AD590 外形如图 4-40 所示,采用金属壳 3 脚封装,其中 1 脚为电源正端 $V+$,接电路中高电位;2 脚为电流输出端 I,接电路中低电位;3 脚为管壳,一般不用.AD590 的电路符号如图 4-41 所示.

图 4-40　AD590 外形结构　　　图 4-41　AD590 电路符号

AD590 特性参数:工作电压,4~30 V;工作温度,−55 ℃~+150 ℃;正向电压,+44 V;反向电压,−20 V;灵敏度:1 μA/K.

2. AD590 工作原理

当被测温度一定时,AD590 相当于一个恒流源,把它和 5~30 V 的直流电源相连,并在输出端串接一个 1 kΩ 的定值电阻,那么,此电阻上流过的电流将和被测温度成正比,此时电阻两端将会有 1 mV/K 的电压信号,其基本电路如图 4-42 所示.

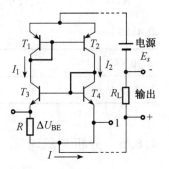

图 4-42 是利用 ΔU_{BE} 特性的集成 PN 结传感器的感温部分核心电路.其中 T_1,T_2 起恒流作用,使左右两支路的集电极电流 I_1 和 I_2 相等;T_3,T_4 是感温用的晶体管,两个管的材质和工艺完全相同,但 T_3 实质上是由 n 个晶体管并联而成的,因而其结面积是 T_4 的 n 倍. T_3 和 T_4 的发射结电压 U_{BE3} 和

图 4-42　AD590 基本电路

U_{BE4} 经反极性串联后加在电阻 R 上,所以 R 上端电压为 ΔU_{BE}. 因此,电流 I_1 为

$$I_1 = \frac{U_{BE}}{R} = \frac{kT}{qR}\ln n \qquad (4\text{-}26)$$

式中,k 和 q 分别为玻尔兹曼常数和电子电量.

对于 AD590,$n=8$,这样,电路的总电流将与热力学温度 T 成正比,将此电流引至负

载电阻 R_L 上便可得到与 T 成正比的输出电压. 由于利用了恒流特性, 所以输出信号不受电源电压和导线电阻的影响. 图 4-42 中的电阻 R 是在硅板上形成的薄膜电阻, 该电阻已用激光修正了其电阻值, 因而在基准温度下可得到 $1\,\mu A/K$ 的 I 值.

图 4-43 是 AD590 的内部电路, 图中的 $T_1 \sim$ T_4 相当于图 4-42 中的 T_1, T_2, 而 T_9, T_{11} 相当于图 4-42 中的 T_3, T_4. R_5, R_6 是薄膜工艺制成的低温度系数电阻, 供出厂前调整之用. T_7, T_8, T_{10} 为对称的 Wilson 电路, 用来提高阻抗. T_5, T_{12} 和 T_{10} 为启动电路, 其中 T_5 为恒定偏置二极管. T_6 可用来防止电源反接时损坏电路, 同时也可使左右两支路对称. R_1, R_2 为发射极反馈电阻, 可用于进一步提高阻抗. $T_1 \sim T_4$ 是为热效应而设计的连接方式. 而 C_1 和 R_4 则可用来防止寄生振荡. 该电路的设计使得 T_9, T_{10}, T_{11} 三者的发射极电流相等, 并同为整个电路总电流 I 的 $\dfrac{1}{3}$. T_9 和 T_{11} 的发射结面积比为 $8:1$, T_{10} 和 T_{11} 的发射结面积相等. T_9 和 T_{11} 的发射结电压互相

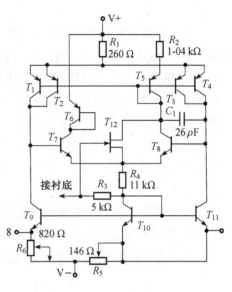

图 4-43　AD590 内部电路

反极性串联后加在电阻 R_5 和 R_6 上, R_6 上只有 T_9 的发射极电流, 而 R_5 上除了来自 T_{10} 的发射极电流外, 还有来自 T_{11} 的发射极电流, 所以 R_6 上的压降是 R_5 的 $\dfrac{2}{3}$. 因此可以写出

$$\Delta U_{BE} = \frac{(R_6 - 2R_5)I}{3} \tag{4-27}$$

根据上式不难看出, 要想改变 ΔU_{BE}, 可以在调整 R_5 后再调整 R_6, 而增大 R_5 的效果和减小 R_6 是一样的, 其结果都会使 ΔU_{BE} 减小, 不过, 改变 R_5 对 ΔU_{BE} 的影响更为显著, 因为它前面的系数较大. 实际上就是利用激光修正 R_5 以进行粗调, 修正 R_6 以实现细调, 最终使其在 $250\,℃$ 之下使总电流 I 达到 $1\,\mu A/K$.

4.9　非平衡电桥测热敏电阻温度特性

使用平衡电桥可以准确测量电阻. 如果平衡电桥电路中的待测元件为热敏电阻, 在某一温度下, 先调整电桥达到平衡. 当温度改变时, 热敏电阻阻值发生变化, 电桥不再平衡, 桥路电流不为零, 且随着温度的变化而变化. 因此, 通过测量电桥非平衡状态时桥路的电流, 可以检测温度的变化. 本实验利用非平衡电桥研究 NTC 型热敏电阻的温度特性.

4.9.1　实验目的

1. 掌握平衡电桥和非平衡电桥的测量原理、方法;
2. 学习利用非平衡电桥测量热敏电阻温度特性;
3. 用最小二乘法做线性拟合, 测定热敏电阻材料常数及温度系数.

4.9.2　实验原理

1. NTC 型热敏电阻

NTC 型热敏电阻随着温度升高阻值下降, 其电阻温度特性符合负指数规律. 在不太宽的温度范围内 (小于 450 ℃), NTC 型热敏电阻的电阻-温度特性通用公式为

$$R_T = A e^{\frac{B}{T}} \tag{4-28}$$

式中, R_T 是温度为 T/K 时热敏电阻的阻值, K 为热力学温度, 单位开尔文; B 是热敏电阻材料常数 (也称热敏指数), 由材料的物理特性及加工工艺决定, 通常为 $2\,000 \sim 6\,000\ \mathrm{K}$.

热敏电阻的温度系数 α_T 定义为热敏电阻温度变化 1 K, 电阻值的相对变化量. 由式 (4-28) 可知

$$\alpha_T = \frac{1}{R_T} \frac{\mathrm{d}R_T}{\mathrm{d}T} = -\frac{B}{T^2} \tag{4-29}$$

由上式可知, 热敏电阻的温度系数 α_T 随温度增加而迅速减小, 非线性十分显著.

对式 (4-28) 线性化, 可得

$$\ln R_T = \ln A + B \frac{1}{T} \tag{4-30}$$

实验时测出一系列 R_T 与 T 的对应值, 利用最小二乘法对 $\ln R_T$, $\frac{1}{T}$ 作线性拟合, 此直

线斜率即为 B,截距为 $\ln A$.依据式(4-29),可算出 α_T.

2. 平衡电桥测电阻

直流电桥电路如图 4-44 所示,R_1,R_2 和 R_c 是已知阻值的标准电阻,它们和 R_x 连成四边形,在四边形的一对对角之间接电源 E,另一对对角之间接检流计.若调节 R_c 使桥路两端 B 点和 D 点电位相等,电桥达到平衡.当 K_2 开关闭合时,检流计中电流为零.可得

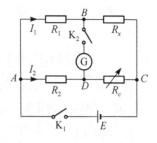

图 4-44 直流电桥电路

$$I_1 R_1 = I_2 R_2 \quad I_1 R_x = I_2 R_c$$

两式相除得

$$R_x = \frac{R_1}{R_2} R_c \tag{4-31}$$

只要电桥灵敏度合适,此等式可相当好地成立,被测电阻可以从三个标准电阻来求得.这一过程相当于把 R_x 和标准电阻相比较,因而测量准确度较高.

3. 非平衡电桥测电阻

所谓非平衡电桥,是指在测量过程中电桥是不平衡的.如图 4-44 所示,若待测电阻为某个初值 R_x 时,电桥平衡,当其他各电阻不变而 R_x 变为 $R_x + \Delta R_x$ 时,电桥失去平衡,桥路上有电流通过,ΔR_x 越大,桥路上通过的电流 I_g 也越大.在恒定的工作电压以及 R_1,R_2,R_c 不变化时,I_g 与 R_x 具有一一对应的关系,由 I_g 的值就可以确定 R_x 的大小.由于桥路上电流不为零,所以,这种方法称为非平衡电桥法.非平衡电桥的优点是可对一动态过程进行实时测量.

一般情况下,$I_g \sim R_x$ 的关系是非线性的,可用实验的方法来确定.首先,用一可调标准电阻箱代替 R_x,调节标准电阻箱,使电桥平衡,桥路电流 $I_g = 0$.然后,用电流表代替检流计测量 I_g,改变标准电阻箱电阻 R,使桥路中有电流通过,记下不同阻值 R 及其对应的 I_g 值,直至电流表满偏为止.作出 $I_g \sim R$ 曲线,称为定标曲线.这一过程称为非平衡电桥的定标.用标定好的非平衡电桥即可对一动态过程实时测量,只要测出桥路电流 I_g 值,就可由定标曲线查出 R_x 值.

注意:$I_g \sim R$ 定标曲线只对给定状态有效(电源电压、R_1,R_2,R_c 均不变),一旦状态变化,则必须重新定标.实测时,电桥的工作状态(R_1,R_2,R_c、电源电压)必须和定标保持一致.否则,它们之间不存在任何对应关系.

4.9.3 实验仪器

NKJ-B 智能温控辐射式加热器,MPS-3003L-1 直流电源,AC5 直流检流计,ZX-21 型直流多值电阻箱(2 个),XHR-1 型定值电阻板(10 000 Ω),NTC 型热敏电阻(25 ℃时约 12 kΩ),单刀开关 2 个,导线若干.

4.9.4 实验内容与方法

1. 用平衡电桥测定室温时热敏电阻阻值 R_0。

注意检查温度计探头 Pt100、待测热敏电阻是否正确插入加热腔孔内,连接引线位置、输出端口是否正确.实验测量完毕,不要拆除 Pt100、热敏电阻与加热器连接线.

加热器温控开关拨向下方,打开加热器仪器工作电源,风冷风机运转,PV 显示环境温度.

按图 4-44 连接电路.电源电压输出选择为适当值,既要保证电桥的灵敏度,同时也要兼顾热敏电阻内不能通过的电流太大(<0.4 mA),以防自身发热引起阻值变化.

本实验用热敏电阻 25 ℃时,阻值约为 12 kΩ;60 ℃时,阻值约为 1.5 kΩ.选取 $R_1 = R_2 = 10$ kΩ,电源电压输出 4.0 V,调 R_c 使电桥平衡,此时的 R_c 示值即为热敏电阻在室温 t_0 时的阻值 R_0.

2. 用非平衡电桥测定不同温度热敏电阻阻值 R_T

(1) 测量电桥电路桥路电流与温度(室温～60 ℃)的关系

将检流计量程选为 100 μA 档,当作电流表使用,电源输出电压先调节为 1.0 V.

设定温度值为 60 ℃;温控开关拨向上方使加热管加热;待温度稳定后,在上述平衡法测 R_0 的基础上,保持 R_1,R_2 及 R_c 不变,调节电源电压 E,使桥路上电流表指示 100 μA.

注意:在上述选择非平衡电桥参数过程中,为保护检流计,电源电压需先下调为 1.0 V 左右.然后接通电桥电路,观察热敏电阻温度升高过程中桥路电流的变化.若电流表满偏,要及时减小电源电压输出.

利用降温法,逐次将温度设定值降低 5 ℃,待温度稳定后记录不同温度 t 及其对应的桥路电流值 I_g.测量 8 组数据.

记录完数据后,将温度设定为 -10 ℃,加热管停止加热,加热腔由于风冷的作用而降温.待完成后续测量任务,加热腔温度接近室温,将温控开关拨向下方切断加热管电源,关闭风机电源,最后切断仪器工作电源.

(2) 非平衡电桥定标

拆下热敏电阻接入电桥电路的引线,换接入电阻箱,即用电阻箱代替热敏电阻,在电源电压、R_1,R_2 及 R_c 都不改变的条件下,调节电阻箱阻值 R,使电流从 0～100 μA 变化,记录不同电阻 R 及相应电流 I_g 值(记取 8～10 组数据).

以电阻 R 为横坐标,桥路电流 I_g 为纵坐标,作出非平衡电桥定标曲线 I_g～R.

注意:本实验所用热敏电阻温度系数为负值,随着温度的升高阻值变小.因此,在非平衡电桥定标时,R 阻值的变化应从 R_0 开始逐步减小.

(3) 确定热敏电阻阻值与温度关系

从内容(1) t,I_g 对应数据及内容(2) I_g～R 定标曲线,可得不同温度 t 时热敏电阻阻值 R_T.利用最小二乘法对 $\ln R_T$,$\frac{1}{T}$ 作线性拟合,求出 A,B 值,得到形如式(4-28)的函数关系式,并计算 25 ℃即 298.15 K 时的 α_T.

注意:为方便得到结果,实验中也可记录与测量电桥电路桥路电流与温度的关系时电流值对应的电阻值.这样无需作出非平衡电桥 $I_g \sim R$ 定标曲线,再从定标曲线上查出不同温度 t 时热敏电阻阻值 R_T.

4.9.5 原始数据记录及处理

1. 用平衡电桥测定室温时热敏电阻阻值 R_0

实验测量条件

室温　　　　$t_0 = $　　℃, $T_0 = 273.15 + t_0 = $　　K,

电源输出电压 $E = $　　V,比率臂电阻 $R_1 = R_2 = $　　Ω,

检流计量程　　　　μA,电桥灵敏度 $S = $　　格,

电桥平衡时比较臂电阻 $R_c = $　　Ω,室温下热敏电阻阻值 $R_0 = $　　Ω,

2. 用非平衡电桥测定不同温度热敏电阻阻值 R_T(表 4-26—表 4-28)

实验测量条件

电源输出电压 $E = $　　V,比率臂电阻 $R_1 = R_2 = $　　Ω,比较臂电阻 $R_c = $　　Ω,

(1)测量电桥电路桥路电流与温度(室温—60°)的关系(表 4-26)

表 4-26　　　　　　　　　桥路电流与温度的关系数据记录

$t/℃$								
I /μA								

(2)非平衡电桥定标(表 4-27)

表 4-27　　　　　　　　　桥路电流 I_g 与电阻 R 关系数据记录

R/Ω								
I_g/μA								

(3)确定热敏电阻阻值与温度关系(表 4-28)

表 4-28　　　　　　　　　热敏电阻 R_T 与温度 t 关系数据记录

$t/℃$								
T/K								
R_T/Ω								
$\ln R_T/\ln \Omega$								
T^{-1}/K^{-1}								

利用最小二乘法对 $\ln R_T$，$\dfrac{1}{T}$ 作线性拟合，函数关系式为

线性相关系数 $\gamma=$

热敏电阻材料常数 $B=$

25 ℃时热敏电阻的温度系数 $\alpha_T=$

4.9.6 分析与思考

1. 预习思考题

(1) 什么是平衡电桥？什么是非平衡电桥？

(2) 为什么要对非平衡电桥定标？定标方法？

2. 实验思考题

能否用本实验提供的器材，设计一个电子体温计？

4.10 空气中声速的测定

声波是一种在弹性媒质中传播的机械波,空气中的声波是纵波.声波频域宽广,范围为 20^{-1} Hz～10^{10} Hz,频率在 20 Hz～20 kHz 之间的声波可以被人们听到,称可闻声波;频率低于 20 Hz 的声波称为次声波;频率高于 20 kHz 的声波称为超声波.次声波和超声波人耳都听不到.

声速的测量方法分为两类:一类是根据运动学理论 $v = \dfrac{S}{t}$,通过测量声波传播的距离 S 与所用的时间 t 相比而获得;另一类是根据波动理论,由声速与频率、波长的关系 $v = f\lambda$,测出频率 f 和波长 λ 算出声速.本实验采用的驻波共振干涉法和相位比较法即属于第二类.

声速的测量,在物性研究、定位、探伤、测距等应用中具有十分重要的意义.

4.10.1 实验目的

1. 学习利用驻波共振干涉法和相位法测定空气中的声速;
2. 了解发射和接收超声波的原理和方法;
3. 进一步熟悉、掌握示波器的使用.

4.10.2 实验原理

1. 驻波共振干涉法

根据波动理论,声源发出的频率 f、波长 λ 的声波,经介质到反射面,如果反射面与发射面平行,那么发射波在反射面上被垂直反射.若发射面与反射面之间的距离满足一定的条件,由于反射波与发射波叠加,在介质中形成驻波.具体讨论如下.

设发射波方程为

$$y_1 = A\cos\left(\omega t - \frac{2\pi}{\lambda}x\right)$$

反射波方程为

$$y_2 = A\cos\left(\omega t + \frac{2\pi}{\lambda}x\right)$$

式中,A 为声源振幅;ω 为角频率.介质中某一位置合振动的方程为

$$y = y_1 + y_2 = A\cos\left(\omega t - \frac{2\pi}{\lambda}x\right) + A\cos\left(\omega t + \frac{2\pi}{\lambda}x\right) = 2A\cos\left(\frac{2\pi}{\lambda}x\right)\cos\omega t$$

$$(4\text{-}32)$$

上式表明介质中形成了驻波场，即介质中各点都在作同频率的振动，而各点的振幅 $2A\cos\dfrac{2\pi}{\lambda}x$ 是位置 x 的余弦函数. 对应于 $\left|\cos\dfrac{2\pi}{\lambda}x\right|=1$ 的各点振幅最大，称为波腹；对应于 $\left|\cos\dfrac{2\pi}{\lambda}x\right|=0$ 的点静止不动，振幅最小，称为波节.

根据余弦函数的特性，要使 $\left|\cos\dfrac{2\pi}{\lambda}x\right|=1$，应有 $\dfrac{2\pi}{\lambda}x=\pm n\pi$，$n=0$, 1, 2, …. 因此，在 $x=\pm n\dfrac{\lambda}{2}$ 处就是振幅最大处，也就是波腹的位置. 同样，波节的位置可由 $\left|\cos\dfrac{2\pi}{\lambda}x\right|=0$ 来决定，即 $\dfrac{2\pi}{\lambda}x=\pm(2n+1)\dfrac{\pi}{2}$，$n=0$, 1, 2, …. 所以，波节的位置是 $x=\pm(2n+1)\dfrac{\lambda}{4}$. 可见，相邻两波腹之间、相邻两波节之间的距离均为半波长. 若能通过实验测得介质中驻波场波腹、波节各点的位置，就可算出波长. 然后根据声波频率得到声速值.

为获得好的测量效果，使声源在振动最强（共振）、介质中形成稳定驻波场的情况下进行测量. 因此，上述测量方法称为驻波共振干涉法.

2. 相位比较法

声源振动在其周围形成声场，声场中任一点的振动相位是随时间而变化的，但它与声源振动的相位差 $\Delta\varphi$ 不随时间变化.

设声源位于 x_1 处，接收器位于 x_2 处. 声源处的振动方程为

$$y_1 = A\cos\left(\omega t - \frac{2\pi}{\lambda}x_1\right)$$

位于 x_2 处接收面的振动方程为

$$y_2 = A\cos\left(\omega t - \frac{2\pi}{\lambda}x_2\right)$$

两处振动相位差为

$$\Delta\varphi = \frac{2\pi}{\lambda}(x_2 - x_1) \tag{4-33}$$

声源位置 x_1 固定，另一位置点 x_2 的振动与声源的相位差随 x_2 的改变呈周期性变化. 当 x_2-x_1 改变一个波长时，相位差正好改变一个周期 2π.

如果使发射波与接收波作互相垂直的振动进行合成，声场中某一位置的合成图形，称之为李萨茹图形，其图形形状会随着相位差的变化而变化，如图 4-45 所示.

如此，当接收面与发射面之间的相位差变化一个周期 2π 时，即接收面和发射面之间的距离变化等于一个波长时，相同的图形就会出现. 这样可得出对应声波的波长，再根据声波的频率，即可求出声波的传播速度. 这种测量方法称为相位比较法.

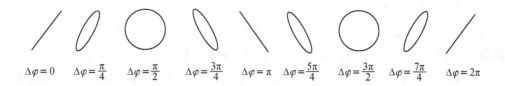

$\Delta\varphi=0 \qquad \Delta\varphi=\dfrac{\pi}{4} \qquad \Delta\varphi=\dfrac{\pi}{2} \qquad \Delta\varphi=\dfrac{3\pi}{4} \qquad \Delta\varphi=\pi \qquad \Delta\varphi=\dfrac{5\pi}{4} \qquad \Delta\varphi=\dfrac{3\pi}{2} \qquad \Delta\varphi=\dfrac{7\pi}{4} \qquad \Delta\varphi=2\pi$

图 4-45　同频率正弦振动垂直合成的李萨茹图形与相位差关系

4.10.3　实验仪器

ZKY-SS 声速测定实验仪,MOS-6021 型双踪示波器.

ZKY-SS 声速测定实验仪由声速测定信号源和超声实验装置组成,如图 4-46,图 4-47 所示.

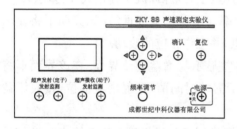

图 4-46　声速测定信号源

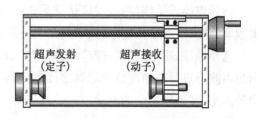

图 4-47　超声实验装置

1. 主要技术参数

(1) 声速测定信号源. 仪器工作电压交流 220 V($\pm10\%$)、最大工作电流 0.1 A;输出连续波(正弦波)、脉冲调制波;输出频率 30 kHz～45 kHz,分辨率 1 Hz,5 位数字显示;最大输出电压 15 Vpp;最大输出功率 2 W,四档可调;接收信号放大器:四档可调,放大倍率 1, 2, 5, 10.

(2) 超声实验装置. 超声实验装置由支架、游标卡尺及两只超声压电换能器组成. 两只换能器的位置分别与游标卡尺的主尺和游标相对定位,因此两只换能器间相对距离的变化量可由游标卡尺直接读出. 两只换能器具有完全相同的结构,位于装置左侧固定于卡尺上的换能器,其平面端面用于发射声波,实现电声转换;位于装置右侧并固定于游标之上的换能器,其平面端面用于接收和反射声波,实现声电转换. 如将两只换能器与检测仪器比如示波器连接,可以同时观察到发射端面和接收端面的声压信号(以电压信号表现).

本装置压电陶瓷换能器谐振频率范围 30 kHz～40 kHz;承受的连续电功率不小于 10 W;两换能器之间有效测量距离 50～250 mm,距离读数精度 0.02 mm.

为了提高电声、声电转换效率,换能器的工作频率为谐振频率,即其固有频率.

2. 仪器操作方法

（1）声速测定信号源具有选择、调节、输出超声发射器驱动信号；接收、处理超声接收器信号；显示相关参数；提供发射监测和接收监测端口连接到示波器等功能.

声速测定信号源面板上部有 LCD 显示屏，上下、左右按键，确认按键，复位按键；LCD 显示屏用于显示信号源的工作信息，上下按键用作光标的上下移动选择，左右按键用作数字的改变选择，确认按键用作功能选择的确认以及工作模式选择界面与具体工作模式界面的交替切换.

面板下部有超声发射驱动信号输出端口（简称 TR，连接到超声波发射换能器），超声发射监测信号输出端口（简称 MT，连接到示波器 CH1 通道），超声接收信号输入端口（简称 RE，连接到超声波接收换能器），超声接收信号监测输出端口（简称 MR，连接到示波器 CH2 通道），频率调节旋钮和电源开关.

开机显示欢迎界面后，自动进入按键说明界面. 按确认键进入工作模式选择界面，可选择连续正弦波工作模式（共振干涉法与相位比较法）或脉冲波工作模式（时差法）.

选择连续波工作模式，按确认键后进入频率与增益调节界面. 在该界面下将显示输出频率值，发射增益档位，接收增益档位等信息，并可作相应的改动.

选择脉冲波工作模式，按确认键后进入时差显示与增益调节界面. 在该界面下将显示超声波通过目前超声波换能器之间的距离所需的时间值，发射增益档位，接收增益档位等信息，并可作相应的改动.

用频率调节旋钮调节频率，在连续波工作模式下显示屏将显示当前输出驱动信号的频率值.

增益可在 0 档到 3 档之间调节，初始值为 2 档. 发射增益调节驱动信号的振幅，接收增益将调节接收信号放大器的增益，以上调节完成后就可进行测量了.

改变测量条件可按确认键，将交替显示模式选择界面或频率（时差显示）与增益调节界面. 按复位键将返回欢迎界面.

4.10.4　实验内容与方法

信号源、超声实验装置、示波器连线示意如图 4-48. 图中，信号发生器超声发射端与发射端换能器相联，使换能器产生、发射超声波；发射监测端与示波器 CH1 相联，通过 CH1 显示发射换能器所加电信号波形；接收换能器输出端与示波器 CH2 相联，通过 CH2 显示接收的已转化为电压信号的声压信号.

为防止 Q9 连接线反复拆、接导致损坏，设

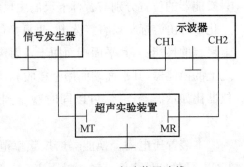

图 4-48　实验装置连线

备之间的连线已接好.同学们只需检查接线是否正确,实验完毕不要拆线.

1. 测定换能器的谐振频率

(1) 接通示波器、信号发生器工作电源,预热 10 min.

(2) 信号发生器输出正弦波,发射、接收增益置 2 档.两换能器间有适当距离,比如 5 cm.

(3) 示波器工作在 Y-t 模式,自动同步,触发方式自动,触发源选择 CH1,显示方式选择 CH2,CH2 输入耦合置"AC".

(4) 调节示波器水平偏转因数、CH2 垂直偏转因数,使荧光屏上出现稳定的、大小适当的正弦波图形,此即接收端换能器电压波形.

(5) 改变信号发生器频率,并略微调整接收端位置,使正弦波图形有最大的幅度,此时信号发生器的频率即为换能器的谐振频率.使换能器工作在谐振状态,可以提高测量灵敏度.

注意:若在观测换能器谐振频率的过程中,示波器上显示波形的高度超出显示范围,可及时改变示波器相应通道上的垂直偏转因数,使波形高度接近三分之二最大值.

2. 驻波共振干涉法测声速

驻波共振干涉法是将接收端信号送入监测用的示波器 CH2 通道,通过显示波形具有最大幅度,来判断发射端与接收端之间形成稳定的驻波场.移动接收端位置,改变接收端与发射端间距,示波器上出现相邻两次具有最大幅度的波形,此时接收端位置的变化量即为半波长.

(1) 记录测量开始前、后声波频率值 f_{01},f_{02},取平均作为声波频率 f.

(2) 将两换能器的间距从 5 cm 开始,缓慢增加,列表记录示波器上出现波形幅度最大时接收端在游标尺的位置读数 x_1,x_2,x_3,$\cdots$,x_{10}.

(3) 用逐差法处理数据,求出波长最佳值及其不确定度(只考虑 A 类不确定度).

(4) 将有关数据代入 $v = f\lambda$,计算声速及其不确定度,并将结果完整表示.

注意:由于发射端发出的声波并非严格意义上的平面波,加上声波传播过程中介质吸收导致的衰减以及反射的损失,使得发射端与接收端之间形成的共振波场基本符合驻波场的特征,当接收端、发射端间距加大时,波形幅度衰减加大.因此,改变接收端、发射端间距时,应适时调节接收端信号 CH2 的垂直偏转因数,以提高判断灵敏度.

3. 相位比较法测声速

将发射端信号输入示波器 CH1,接收端信号输入 CH2,使两路信号垂直合成,其在示波器上显示的李萨茹图形会随着两路信号相位差的变化而变化.改变发射端、接收端的间距,可使两路信号的相位差发生变化.当相位差变化一个周期 2π 时,李萨茹图形周而复始,接收端位置变化一个波长.

(1) 在示波器上同时显示 CH1,CH2 波形,调节水平偏转因数及相应的垂直偏转因数,使波形高度适中.

(2) 将示波器工作模式选为 X-Y,示波器上显示李萨茹图形.

(3) 记录测量开始前、后声波频率值 f_{01},f_{02},取平均作为声波频率 f.

（4）将两换能器的间距从 5 cm 开始，缓慢增加，列表记录示波器上出现同方向直线时接收端在游标尺的位置读数 x_1，x_2，x_3，…，x_{10}.

（5）用逐差法处理数据，求出波长最佳值及其不确定度（只考虑 A 类不确定度）.

（6）将有关数据代入 $v = f\lambda$，计算声速及其不确定度，并将结果完整表示.

4.10.5　原始数据记录及处理

1. 测定换能器的谐振频率

压电陶瓷换能器谐振频率 $f =$ 　　　　　Hz

2. 驻波共振干涉法测声速（表 4-29）

$f_{01} =$ 　　　Hz，$f_{02} =$ 　　　Hz，$f =$ 　　　Hz

表 4-29　　　　　　　　　　　　驻波共振干涉法测量数据记录

位置序数　位置读数	x_i /mm	x_{i+5} /mm	$\lambda_i = \dfrac{2}{5}(x_{i+5} - x_i)$ /mm

波长的平均值

波长的不确定度

声速的最佳值

声速不确定度

结果表示

3. 相位比较法测声速（表 4-30）

$f_{01} =$ 　　　Hz，$f_{02} =$ 　　　Hz，$f =$ 　　　Hz

表 4-30　　　　　　　　　　　　相位比较法测量数据记录

位置序数　位置读数	x_i /mm	x_{i+5} /mm	$\lambda_i = \dfrac{1}{5}(x_{i+5} - x_i)$ /mm

波长的平均值

波长的不确定度

声速的最佳值

声速不确定度

结果表示

4.10.6　分析与思考

1. 预习思考题

(1) 实验测量时,要使换能器工作在谐振状态. 为什么?

(2) 测量波长时,需要测量多组数据,并且在数据处理时不是采用数据顺序相减,而是采用逐差法. 为什么?

(3) 驻波干涉法要在波形幅度最大处进行测量,相位比较法要在李萨茹图形为直线时测量. 为什么?

(4) 声波频率用实验测量前、后频率读数平均值. 为什么?

2. 实验思考题

(1) 驻波干涉法要在波形幅度最大处进行测量,此时接收端面处于声场中的位置是波节还是波腹?

(2) 对实验结果造成影响的主要因数有哪些?

(3) 能否利用最小二乘法直线拟合处理本实验测量数据? 请试做之.

4.11　光电效应实验

1887 年 H. 赫兹发现光电效应,此后许多物理学家对光电效应作了深入的研究,总结出光电效应的实验规律.1905 年爱因斯坦提出"光量子"假设,圆满地解释了光电效应,并给出光电方程.密立根用了 10 年时间对光电效应进行定量的实验研究,证实了爱因斯坦光电方程的正确性,并精确测出了普朗克常数 h. 爱因斯坦和密立根因光电效应等方面的杰出贡献,分别于 1921 年和 1923 年获得诺贝尔物理奖.

在物理学进展中,光电效应现象的发现,对认识光的波粒二象性,具有极为重要的意义,其为量子论提供了一种直观、明确论证的同时,也提供了一种简单有效的测定物理学中重要的物理常数——普朗克常数 $h = 6.626 \times 10^{-34}$ J·s 的方法.学习运用光电效应测定普朗克常数,对于理解量子物理理论,了解人类对光的本性的认识,都是十分有益的.

如今,利用光电效应制成的光电管、光电倍增管等光电器件,在科学技术中得到广泛应用.

4.11.1　实验目的

1. 了解光电效应及其规律,理解爱因斯坦光电方程的物理意义;

2. 确定不同频率 ν 的截止电压 U_s,作出 $U_s \sim \nu$ 关系曲线,验证爱因斯坦光电方程,测定普朗克常数;

3. 掌握用光电管进行光电效应研究的方法,测量光电管的伏安特性及光照特性.

4.11.2　实验原理

1. 光电效应

当一定频率的光照射到金属表面上时,有电子从金属表面逸出,这一物理现象即为光电效应.

根据爱因斯坦光量子假设,每一个光子具有能量 $E = h\nu$, h 是普朗克常数,ν 是照射光频率.当光照射到金属表面上时,其能量被电子吸收.金属中电子吸收光子能量后,一部分用于克服逸出金属表面所需的能量 W_s(逸出功),多余的能量 $(h\nu - W_s)$ 转化为电子逸出金属表面后的初动能.

如果电子的质量为 m,且当其从金属中逸出时不因内碰撞而损失能量,则由能量守恒定律得:整个多余的能量 $(h\nu - W_s)$ 成为电子逸出金属表面后的最大初动能,即

$$\frac{1}{2}mV^2 = h\nu - W_s \tag{4-34}$$

式中,V 为电子逸出金属表面时的最大速度.式(4-34)即为著名的爱因斯坦光电方程,用其圆满解释了光电效应的基本实验事实.

(1)对任何金属存在一个截止频率 ν_S,$\nu_S = \dfrac{W_S}{h}$.当照射光的频率小于 ν_S 时,不论光的强度如何,都不会产生光电效应.

(2)光电效应是瞬时效应,一经光线照射,立刻产生电子(也称光电子).

(3)光电流大小,即电子数目与光强成正比,且只决定光的强度.

(4)光电子的初动能与光强无关,但与照射光频率成正比.

显然,爱因斯坦光电方程是可以定量的用实验来进行验证的.

2. 验证爱因斯坦光电方程,求普朗克常数

验证爱因斯坦光电方程电路如图 4-49 所示,频率为 ν 的单色光从真空光电管的窗口入射到阴极 K 上,从 K 上发射出的光电子向阳极 A 运动,在外电路产生光电流.如果在阳极 A 上加一相对于阴极 K 为负的反向电压 U,则在阴极 K、阳极 A 之间形成一个阻止光电子运动到阳极的反向电场.当反向电压 U 增大到使具有最大初动能的光电子也被阻止时,所有光电子都不能到达阳极,光电流为零.此时的电压称为截止电压,记为 U_S.这也就是说,此时光电子的初动能全部用于克服反向电场做功,初动能与反向电场之间满足关系式

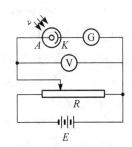

图 4-49 验证光电方程电路

$$\frac{1}{2}mV^2 = eU_S$$

由爱因斯坦光电方程式(4-34)可知

$$eU_S = h\nu - W_S \tag{4-35}$$

由于金属材料的逸出功 W_S 是金属的固有属性,它与照射光的频率无关.这样,实验中用不同频率的光照射光电管阴极,测出对应电流为零时的截止电压,以频率 ν 为横坐标、截止电压 U_S 为纵坐标,作出 $U_S \sim \nu$ 关系图线.若图线为一直线,则验证了爱因斯坦光电方程;从图线上选取两点求出斜率 $\dfrac{h}{e}$,由于电子电量 $e = 1.602 \times 10^{-19}$ C 已知,从而求出普朗克常数 h;此外,从图线的截距可获知阴极材料的逸出功 W_S.

3. 光电管的光照特性和伏安特性

光电管是基于光电效应原理工作的光电转换元件,基本特性有光照特性和伏安特性.所谓光照特性(也称光电特性),是指一定电压下,光电流与入射到光电元件上光强度之间的关系;而伏安特性,是指一定光照下,光电流与所加电压的关系.

电路图 4-49 也为光电管反向伏安特性测量电路,如将图中电源正负极调换使光电管加正向电压,即为光电管正向伏安特性测量电路.

光电管由于结构及加工制作等原因,在用一定频率的单色光照射光电管进行伏安特性测量时,必然会有以下不利因数影响测量结果.

(1) 暗电流.光电管在外加电压下,不受任何光照射时,仍有微弱电流流过,称之为光电管的暗电流.形成暗电流的主要原因之一是光阴极与阳极之间的绝缘电阻(包括管座以及光电管玻壳内外表面等的漏电阻)漏电,另一是阴极在常温下的热电子发射等.从实测情况来看,光电管的暗电流特性,即无光照时的伏安特性,基本上接近线性.

(2) 阳极的光电子发射.光电管的阳极使用逸出功较高的铂、钨、镍等材料做成,在使用时由于沉积了阴极材料,当光入射到光阴极上后,必然有部分漫反射到阳极上,促使阳极也发射光电子,这些光电子在外电场的加速作用下,很容易到达阴极,形成反向电流.

(3) 光电管的阴极采用逸出电位低的碱金属材料制成.这种材料在高真空中也有易被氧化的趋势,这样,阴极表面的逸出电位不尽相同.随着反向电压的增加,光电流不是陡然截止,而是在较快的降低后平缓地趋近零点.

由于以上各种原因,光电管的 $I \sim U$ 关系曲线如图 4-50 所示.实测曲线上每一点的电流值实际上为正向光电流、反向光电流、暗电流三者的代数和,所以伏安曲线并不与 U 轴相切.由于暗电流与阴极正向电流相比其值很小,因此可忽略其对截止电压的影响.阳极发射电流虽然在实际中较显著,但它服从一定规律.通过以上对这些不利因素的分析可知,通过对光电管的结构合理设计及采用适当的数据处理方法可以减小或排除这些不利因素的干扰.

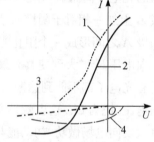

1—理论曲线;2—实测曲线;
3—暗电流;4—阳极发射电流

图 4-50　光电管伏安特性曲线

4.11.3　实验仪器

ZKY-GD-4 智能光电效应(普朗克常数)实验仪.

实验仪主要由智能实验仪主机、汞灯及电源、滤色片、光阑、光电管等组成,有手动和自动两种工作模式,具有数据自动采集、存储、实时显示采集数据及采集完成后查询数据的功能.整个实验装置如图 4-51 所示,实验仪主机前面板如图 4-52 所示.

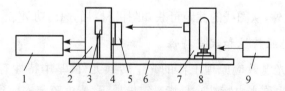

1—实验仪;2—光电管暗盒;3—光电管;4—入射光阑;
5—滤色片;6—基座;7—汞灯暗盒;8—汞灯;9—汞灯电源

图 4-51　实验装置图

1. 主要技术参数

(1) 微电流放大器.电流测量范围 $10^{-8} \sim 10^{-13}$ A,分 6 档,三位半数显,最小显示位 10^{-14} A.

(2) 光电管工作电源.测量截止电压时,电压调节范围 $0 \sim -2$ V,手动测量最小调节电压 2 mV,自动测量扫描步长 4 mV.测量伏安特性时,电压调节范围 $-1 \sim +50$ V,手动测量最小调节电压 0.5 V,自动测量扫描步长 1 V.

(3) 光电管光谱响应范围:$340.0 \sim 700.0$ nm;

(4) 滤光片组.中心波长分别为 365.0,404.7,435.8,546.1,578.0 nm.

(5) 入射光阑.直径分别为 2 mm,4 mm,8 mm.

(6) 数据存贮区.具有 5 个独立的测试数据存贮区,每区可存储 500 组数据.

2. 实验仪面板说明

实验仪前面板如图 4-52 所示.

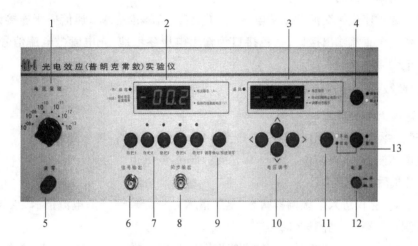

图 4-52　实验仪主机前面板

图中:

1—电流量程调节旋钮及其指示.

2—复用区,用于电流指示和自动扫描起始电压设置指示.

当实验仪处于测试状态或查询状态时,是电流指示区;当实验仪处于设置自动扫描电压时,是自动扫描起始电压设置指示区;四位七段数码管指示电流或电压值.

3—复用区,用于电压指示、自动扫描终止电压设置指示和调零状态指示.

当实验仪处于测试状态或查询状态时,是电压指示区;当实验仪处于设置自动扫描电压时,是自动扫描终止电压设置指示区;当实验仪处于调零状态时,是调零状态指示区,显示"－－－－".四位七段数码管指示电压值.

4—实验类型选择区:当绿灯亮时,实验仪选择伏安特性测试实验;当红灯亮时,实验仪选择截止电压测试实验.

5—调零状态区,用于系统调零.

6,8—示波器连接区,可将信号送示波器显示.

7—存贮选择区,通过按键选择存贮区,并有指示灯表示其状态.灯亮表示该存储区已存有数据,灯不亮为空存储区,灯闪烁表示系统预选的或正在存储数据的存储区.

9—复用区,用于调零确认和系统清零.

当实验仪处于调零状态时,按下此键则跳出调零状态;当实验仪处于测试状态或查询状态时,按下此键则系统清零,重新启动,并进入调零状态.

10—电压调节区,通过按键调节电压.

11—工作状态指示选择区,用于选择及指示实验仪工作状态;通信指示灯指示实验仪与计算机的通信状态.

12—仪器工作电源开关.

13—查询按键.

实验仪后面板说明

交流电源插座连接交流220 V电压,插座上自带有保险管座;通信插座连接计算机;光电管工作电压直流输出接口,兰色接口为输出电压参考地;光电管微电流信号输入接口连接光电管微电流输入.

3. 实验仪操作使用方法

(1) 建议工作状态.

伏安特性测试:电流档位:10^{-10} A;光阑:4 mm,测试距离:400 mm

截止电压测试:电流档位:10^{-13} A;光阑:4 mm,测试距离:400 mm

(2) 开机后的初始状态

开机后,实验仪进入系统调零状态,电压指示为"－ － － －";电流指示为零电流值;截止电压测试灯亮;手动测试灯亮.

当实验仪处于调零状态时,旋转"调零"旋钮,使电流指示值为"000.0".调零完成后,按下"调零确认/系统清零"键,跳出调零状态,进入手动测试状态.

注意:当实验仪开机或改变电流量程后,都会自动进入调零状态,按"调零确认/系统清零"键,系统进入测试状态.

(3) 手动测试

① 开启实验仪,检查开机状态,选择电流量程,进行测试调零.

② 选择实验类型

按下实验类型选择按键,选择"伏安特性测试"或"普朗克常数"实验.实验类型改变时,原有保存的实验数据均被清除.

③ 选择存贮区

按下存贮区相应按键,选择存贮区保存实验数据,原来的数据将被清除.已经保存有数据的存贮区的灯长亮,正在处理的存贮区的灯闪烁,没有保存数据的存贮区的灯不亮.

④ 设定手动测试电压值

按下电压调节区的〈/〉键,当前电压的修改位(闪动位)将进行循环移动.按下面板上的∧/∨键,电压值在当前修改位递增/递减一个增量单位.如果当前电压值加上一个单位电压值的和值超过了允许输出的最大电压值,再按下∧键,电压值只能修改为最大电压值.如果当前电压值减去一个单位电压值的差值小于零,再按下∨键,电压值只能修改为零.

⑤ 测试操作与数据记录

测试操作过程中每改变一次电压值,光电管的光电流值随之改变.记录显示的电流值、电压值数据,待实验完成后,进行实验数据分析.

为了快速改变光电管扫描电压,可按④叙述的方法先改变调整位的位置,从高位电压调起,再调整低位电压.

⑥ 存贮区清零

在手动测试状态下,按下需要清零的存贮区按键,相应的存贮区被清零.存贮区清零后,原来存贮的数据将无法恢复.

注意: 在手动测试状态,查询键无效,无查询功能.

⑦ 系统清零

在手动测试的过程中,按下"调零确认/系统清零"按键,实验仪重新启动,进入开机状态.

(4) 自动测试

光电效应(普朗克常数)实验仪除可以进行手动测试外,还能自动产生光电管扫描电压,完成整个测试过程.

① 自动测试状态设置

自动测试时电流量程设置、调零、实验类型等操作过程、存贮区的选择与手动测试操作过程一样.

② 光电管扫描电压起始、终止值的设定

将"手动/自动"测试键按至自动测试指示灯亮,则"起止电压设置指示"灯闪烁;实验仪自动提供一个默认的光电管扫描起始、终止电压.如果需要修改电压,则用∧/∨、〈/〉完成光电管扫描起始、终止电压的具体设定.

③ 自动测试启动

启动自动测试过程前应检查电压设定值是否正确,电流量程选择是否恰当,自动测试指示灯是否正确指示,选择测试数据存贮区.

按下选择的存贮区启动自动测试,等待约 30 s,扫描电压按 4mV 或 1 V 的步长自动变化,通过电流指示区、电压指示区,观察扫描电压与电流相关变化情况.当扫描电压等于设定的测试终止电压值后,本次自动测试过程结束,进入数据查询工作状态,测试数据保留在实验仪主机的存贮器中.

自动测试过程中,除"手动/自动"按键外,所有按键都被屏蔽禁止.只要按下"手动/自动"键,手动测试指示灯亮,自动测试过程中断,回复到手动测试状态.

④ 自动测试后的数据查询

自动测试过程结束后,进入数据查询工作状态,自动测试及查询指示灯亮.改变扫描电压值,就可查阅到对应的光电管光电流值的大小,该数值显示于电流指示表上.按下相应存贮区的按键,即可查询到相应存贮的扫描电压和电流值.

当需要结束查询过程时,只要按灭"查询"键,实验仪回到自动测试的电压设置状态.

4.11.4 实验内容与方法

1. 测试前准备

(1) 熟悉实验仪使用操作方法.

(2) 检查仪器连接线是否正确.光电管电压输入端与实验仪电压输出端连接(红—红、蓝—蓝),高频匹配电缆 Q9 线连接光电管电流输出、实验仪电流输入.实验完毕不要拆线.

(3) 光电管与汞灯距离为 40 cm 不变,将汞灯及光电管暗箱遮光盖盖上,接通实验仪及汞灯电源,预热 15 分钟左右.

2. 手动测量截止电压 U_S,计算普朗克常数 h

(1) 设置仪器为"手动"工作状态;"伏安特性/普朗克常数"状态键为截止电压测试状态;选用光阑直径 4 mm;测试距离 40 cm;电流档位:10^{-13} A.

(2) 分别将不同波长滤色片置于光电管暗箱光输入口上,打开汞灯遮光盖,调节电压 U_{AK} 的大小,观察电流与电压 U_{AK} 对应变化,列表记录不同波长的 U_S 值.

注意:

① 本实验用 ZKY—GD—4 智能光电效应实验仪的电流放大器灵敏度高、稳定性好,加上光电管阳极反向电流、暗电流比较小,在测量各谱线的截止电压 U_S 时,可采用零电流法,即直接将各谱线照射下测得的电流为零时对应的电压 U_{AK} 的绝对值作为截止电压 U_S.

② 在更换光阑及滤色片时,请将汞灯出光口用遮光盖盖上,防止强光直接照射光电管,导致灵敏度下降.

③ 对各条谱线,U_{AK} 取值范围大致设置为:365.0 nm,$-1.90 \sim -1.60$ V;404.7 nm,$-1.60 \sim -1.20$ V;435.8 nm,$-1.35 \sim -0.95$ V;546.1 nm,$-0.80 \sim -0.40$ V;577.0 nm,$-0.65 \sim -0.25$ V.

(3) 在直角坐标纸作出 $U_S \sim \nu$ 关系图线,验证爱因斯坦光电方程,计算普朗克常数 h,并与 $h = 6.626 \times 10^{-34}$ J·s 公认值比较,计算实验测量值与公认值的相对百分误差.

3. 自动测量光电管的伏安特性

(1) 选择入射光阑直径为 4 mm;测试距离 40 cm;电流档位 10^{-10} A;测试状态键为伏安特性;设置仪器为"自动"工作状态,设置扫描起始电压 0 V,终止电压 50 V.

(2) 选择入射光波长 365.0 nm;按下某存储区按键,自动测试开始,仪器将先清除该存储区原有数据,等待倒数 30 s后,按 1 V的步长自动递增光电管两端电压,并显示、存储相应的电压、电流值.

（3）扫描完成后,仪器自动进入数据查询状态,此时查询指示灯亮,显示区显示扫描起始电压和相应的电流值.用电压调节键改变电压值,就可查阅到测试过程中,扫描电压为当前显示值时相应的电流值.合理读取测量数据,列表记录电压、电流对应数据.

按"查询"键,查询指示灯灭,系统回复到扫描范围设置状态,可进行下一次测量.

（4）按上述方法及条件,选用不同的存储区,分别测量入射光波长为 435.8 nm, 546.1 nm时光电管的伏安特性,并将数据列入表中.

（5）在直角坐标纸上作出不同波长光入射时的光电管伏安特性曲线,对同一电压下的电流分析,讨论光电流与入射光波长的关系.

4. 自动测量光电管的光照特性

选择入射光波长 546.1 nm;测试距离 40 cm;电流档位 10^{-10} A;测试状态键为伏安特性;设置仪器为"自动"工作状态,设置扫描起始电压 0 V,终止电压 50 V.

改变入射光澜直径分别为 2 mm, 4 mm, 8 mm,测量光电管的伏安特性,列表记录光电管两端电压为 30 V, 35 V, 40 V, 45 V, 50 V时电流值.分析、讨论光电流与入射光强的关系.

4.11.5 原始数据记录及处理

1. 手动测量截止电压 U_S,计算普朗克常数 h（表 4-31）

表 4-31 截止电压与频率关系数据记录

λ_i /nm	365.0	404.7	435.8	546.1	577.0
v_i /($\times 10^{14}$ /Hz)	8.214	7.408	6.879	5.490	5.196
U_S /V					

$U_S \sim v$ 关系图线斜率

普朗克常数实验测量值 $h=$

实验测量值与公认值相对百分误差 $=$

2. 自动测量光电管的伏安特性（表 4-32—表 4-34）

表 4-32 一定光照下光电管伏安特性数据记录 $\lambda = 365.0$ nm

U_{AK} /V								
I /($\times 10^{-10}$ /A)								

表 4-33 　　　　　一定光照下光电管伏安特性数据记录　　　　　 $\lambda = 435.8\ \text{nm}$

U_{AK}/V										
$I/(\times 10^{-10}/\text{A})$										

表 4-34 　　　　　一定光照下光电管伏安特性数据记录　　　　　 $\lambda = 546.1\ \text{nm}$

U_{AK}/V										
$I/(\times 10^{-10}/\text{A})$										

3. 自动测量光电管的光照特性(表 4-35—表 4-37)

表 4-35 　　　　　　　光电管光照特性数据记录　　　　　　　 $\Phi = 2\ \text{mm}$

U_{AK}/V					
$I/(\times 10^{-10}/\text{A})$					

表 4-36 　　　　　　　光电管光照特性数据记录　　　　　　　 $\Phi = 4\ \text{mm}$

U_{AK}/V					
$I/(\times 10^{-10}/\text{A})$					

表 4-37 　　　　　　　光电管光照特性数据记录　　　　　　　 $\Phi = 8\ \text{mm}$

U_{AK}/V					
$I/(\times 10^{-10}/\text{A})$					

4.11.6　分析与思考

1. 预习思考题

(1) 光电效应有哪些规律?

(2) 爱因斯坦方程的物理意义是什么?

(3) 何为电子的逸出功? 从 $U_S \sim \nu$ 关系图线上可否确定光电管阴极材料的逸出功? 该阴极材料的截止频率如何计算?

2. 实验思考题

为了验证光电流与入射光强成正比,除了本实验所用方法外,还有什么方法可行? 请用测量数据说明.

4.12　电子电量的测定

电子电量是物理学的基本常数之一,从 1909 年至 1917 年,密立根(R. A. Millikan)用了 8 年时间来测量微小油滴上所带的电荷,测定了电子电量值 $e=1.602\times10^{-19}$ C,证实了基本电荷的存在,同时用无可辩驳的事实证实了物体带电的不连续性,即所有电荷都是基本电荷的整数倍.密立根因测定了电子电荷和借助光电效应测量出普朗克常数等成就,荣获 1923 年诺贝尔物理学奖.

密立根油滴实验原理清晰易懂,设备和方法简单、直观、有效,测量结果准确、富有说服力,一直被公认为实验物理学的光辉典范.利用密立根油滴仪测定电子电量,关键在于测出油滴的带电量.本实验采用平衡测量法、动态测量法测定油滴所带的电量.

4.12.1　实验目的

1. 学习密立根油滴实验的设计思想、实验方法及实验技巧;
2. 测定电子电量 e,验证电荷的不连续性.

4.12.2　实验原理

1. 平衡测量法

用喷雾器将质量为 m、带电量为 q 的油滴(油滴在喷射时由于摩擦,一般都是带电的)喷入两块相距为 d,水平放置的平行板之间,如图 4-53 所示.若两板间的电压为 U,如果油滴所受的空气浮力不计,根据力学和电学原理,油滴将受到重力 mg、静电力 $qE=\dfrac{qU}{d}$ 这两个力的作用.若油滴在板间某处静止不动,说明两力大小相等、方向相反,此时有

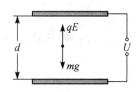

图 4-53　电场中的电荷

$$mg = q\frac{U}{d} \tag{4-36}$$

从式(4-36)可知,为了获知油滴所带的电量 q,只要测出 U, d, m 即可.由于油滴直径很小(约为 10^{-6} m),其质量 m 无法直接测得,需用如下特殊的方法来测定.

当两平行板间未加电压时,油滴在重力的作用下加速下降,下降过程中同时受到向上的空气黏滞阻力的作用.由于空气对油滴运动的黏滞阻力与油滴运动速度成正比,当油滴运动达到某一速度 v 后,阻力与重力平衡(空气浮力忽略不计),油滴将匀速下降.由

斯托克斯定律知

$$f_r = 6\pi r \eta v = mg \tag{4-37}$$

式中,η 为空气的黏度系数,r 是油滴的半径(由于表面张力的原因,油滴总是呈小球状).

设油滴密度为 ρ,则油滴的质量 m 为

$$m = \frac{4}{3}\pi r^3 \rho \tag{4-38}$$

由式(4-37)、式(4-38)得油滴的半径

$$r = \sqrt{\frac{9\eta v}{2\rho g}} \tag{4-39}$$

由于油滴的半径小到 10^{-6} m,与空气分子的平均自由程接近. 相对于如此小的油滴而言,空气介质不能再认为是连续均匀的,必须对空气的黏度系数进行修正. 修正值为

$$\eta' = \frac{\eta}{1 + \dfrac{b}{pr}} \tag{4-40}$$

式中,b 为修正常数,$b = 6.17 \times 10^{-6}$ cmHg · m;p 为大气压强,单位 cmHg. 这时油滴半径

$$r = \sqrt{\frac{9\eta v}{2\rho g\left(1 + \dfrac{b}{pr}\right)}} \tag{4-41}$$

上式根号中还包括油滴的半径 r,但因为是处于修正项中,不需要十分精确,故它仍可用式(4-39)计算. 将式(4-41)代入式(4-38)得

$$m = \frac{4}{3}\pi\left[\frac{9\eta v}{2\rho g}\frac{1}{\left(1 + \dfrac{b}{pr}\right)}\right]^{\frac{3}{2}}\rho \tag{4-42}$$

对于油滴匀速下降的速度 v,可用下法测出. 当两极板间的电压 $U = 0$ 时,设油滴匀速下降距离 l,时间为 t,则

$$v = \frac{l}{t} \tag{4-43}$$

将式(4-43)代入式(4-42),式(4-42)代入式(4-36),得

$$q = \frac{18\pi}{\sqrt{2\rho g}}\left[\frac{\eta l}{t\left(1 + \dfrac{b}{pr}\right)}\right]^{\frac{3}{2}}\frac{d}{U} \tag{4-44}$$

实验发现,对于同一油滴,如果改变它所带的电量,则能够使油滴达到平衡的电压必须是某些特定的值 U_n. 研究这些电压变化的规律,可以发现,它们都满足下列方程

$$q = ne = mg \frac{d}{U_n}$$

式中,$n = \pm 1, \pm 2, \cdots$,而 e 则是一个不变的值. 对于不同的油滴,也发现有同样的规律,而且 e 的值是共同的常数,这就表明了电荷的不连续性,并存在着最小的电荷单位,即电子的电荷值 e. 这样,由式(4-44)知

$$ne = \frac{18\pi}{\sqrt{2\rho g}} \left[\frac{\eta l}{t \left(1 + \frac{b}{pr} \right)} \right]^{\frac{3}{2}} \frac{d}{U} \tag{4-45}$$

上式就是本实验的理论公式.

结合实验给定的条件,油的密度 $\rho = 0.981 \times 10^3 \ \text{kg/m}^3$,重力加速度 $g = 9.79 \ \text{m/s}^2$,空气黏度系数 $\eta = 1.83 \times 10^{-5} \ \text{kg/(m·s)}$,油滴匀速运动距离 $l = 1.60 \times 10^{-3} \ \text{m}$,修正常数 $b = 6.17 \times 10^{-6} \ \text{cmHg·m}$,大气压强 $P = 76.0 \ \text{cmHg}$,两极板间距离 $d = 5.00 \times 10^{-3} \ \text{m}$. 将上述各有关量代入式(4-45)中有

$$ne = \frac{1.022 \times 10^{-14}}{U \left[t(1 + 0.023\sqrt{t}) \right]^{\frac{3}{2}}} \tag{4-46}$$

式(4-46)即为平衡测量法实验测量、验证公式.

2. 动态测量法

一个质量为 m、带电量为 q 的油滴处在两块平行极板之间,在平行极板未加电压时,油滴受重力作用而加速下降,由于空气阻力的作用,下降一段距离后,油滴将做匀速运动,速度为 v_g,这时重力与阻力平衡(空气浮力忽略不计). 根据斯托克斯定律,黏滞阻力为

$$f_r = 6\pi r \eta v_g = mg \tag{4-47}$$

当在平行极板上加电压 U 时,油滴处在场强为 $E = \frac{U}{d}$ 的静电场中,设电场力 qE 与重力相反,油滴受电场力加速上升,由于空气阻力作用,上升一段距离后,油滴所受的空气阻力、重力与电场力达到平衡(空气浮力忽略不计),则油滴将以匀速上升,此时速度为 v_e,则有

$$6\pi r \eta v_e = qE - mg \tag{4-48}$$

由式(4-47)、式(4-48)可解出

$$q = mg \frac{d}{U} \left(\frac{v_g + v_e}{v_g} \right) \tag{4-49}$$

实验时取油滴匀速下降和匀速上升的距离相等,都为 l,测出油滴匀速下降的时间 t_g,匀速上升的时间 t_e,则

$$v_g = \frac{l}{t_g}, \quad v_e = \frac{l}{t_e} \tag{4-50}$$

将式(4-50)、式(4-42)代入式(4-49),可得

$$q = \frac{18\pi}{\sqrt{2\rho g}} \left[\frac{\eta l}{\left(1 + \frac{b}{pr} \right)} \right]^{\frac{3}{2}} \frac{d}{U} \left(\frac{1}{t_e} + \frac{1}{t_g} \right) \left(\frac{1}{t_g} \right)^{\frac{1}{2}}$$

同样,结合实验所给条件,油滴带电量

$$q = ne = \frac{1.022 \times 10^{-14}}{U \left(1 + 0.023 \sqrt{t_g} \right)^{\frac{3}{2}}} \left(\frac{1}{t_e} + \frac{1}{t_g} \right) \left(\frac{1}{t_g} \right)^{\frac{1}{2}} \tag{4-51}$$

式(4-51)即为动态测量法实验测量、验证公式.

4.12.3　实验仪器

ZKY-MLG-6-CCD 显微密立根油滴仪.

ZKY-MLG-6-CCD 显微密立根油滴仪由主机、CCD 成像系统、油滴盒、监视器等部件组成.

1. 主要部件介绍

主机包括可控高压电源、计时装置、A/D 采样、视频处理等单元模块. CCD 成像系统包括 CCD 传感器、光学成像部件等. 油滴盒包括高压电极、照明装置、防风罩等部件. 监视器是视频信号输出设备. 仪器部件示意如图 4-54 所示.

CCD 模块及光学成像系统用来捕捉油滴室中油滴的像,同时将图像信息传给主机的视频处理模块,最终使油滴的像清晰的呈现在监视器屏幕上.

电压调节旋钮可以调整极板之间的电压,用来控制油滴的平衡、下落及提升;计时开始/结束按键用来计时;0 V/工作按键用来切换两极板间无电压、有电压状态;平衡/提升按键可以切换油滴平衡或使平衡的油滴提升;确认按键可以执行设置、将测量数据显示在屏幕上及某些计算.

油滴盒是一个关键部件,由中间垫有胶木圆环的两块精磨圆形铝板组成,圆形铝板直径 45 mm,板间距 $d = 5.00$ mm. 在上板上方有一个可以左右拨动的压簧,将压簧拨向最边位置,就可取出上铝板. 为使油滴进入油滴盒,上铝板中央开有一个 $\phi = 0.4$ mm 的进

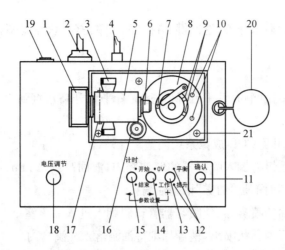

1—CCD部件；2—电源插座；3—调焦旋钮；4—Q9视频接口；5—光学系统；6—镜头；7—观察孔；8—上极板压簧；9—进光孔；10—光源；11—确认键；12—状态指示灯；13—平衡/提升切换键；14—0 V/工作切换键；15—计时开始/结束切换键；16—水准泡；17—紧定螺钉；18—电压调节旋钮；19—仪器工作电源开关；20—喷雾器放置杯；21—调平螺钉(3颗)

图 4-54　实验仪部件示意

油小孔. 当上下极板间加有直流电压时,两板间相当大的范围内产生均匀电场. 两板间胶木圆环上开有进光孔、观察孔,分别利用带聚光的半导体发光器件照明以及 CCD 成像系统观测. 整个油滴盒装在有机玻璃防风罩中,以防周围空气流动时对油滴的影响. 防风罩上部是油雾室,室底中心有一个油雾孔及一个挡片,用来遮挡油雾孔. 油滴用喷雾器从喷雾口喷入,并经油雾孔落入油滴盒中. 如图 4-55 为油滴盒装置所示.

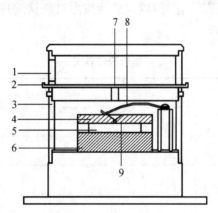

1—喷雾口；2—进油量开关；3—防风罩；4—上极板；5—油滴室；6—下极板；7—油雾孔；8—上极板压簧；9—油滴孔

图 4-55　油滴盒装置

2. 使用操作方法

1) 仪器硬件接口连接.

主机接线:电源线接交流 220 V/50 Hz. 监视器:视频线缆输入端接"VIDEO",另一 Q9 端接主机"视屏输出". DC12 V 适配器电源线接 220 V/50 Hz 交流电压. 前面板调整旋钮自左至右依次为显示开关、返回键、方向键、菜单键(建议亮度调整为 20、对比度调整为 80).

2) 水平调整.

调节调平螺钉旋钮(顺时针平台降低,逆时针平台升高),直到水准泡正好处于中心.此时,极板平面水平.

3) 喷雾器的使用及 CCD 成像系统调整.

将少量钟表油缓慢地倒入喷雾器的储油腔内,液面高约 2 mm,不可高于喷管上口,否则会喷出很多"油"而不是"油雾"堵塞油滴孔.

竖拿已有少许油的喷雾器,使喷雾器管口斜朝上进入油雾室 0.5 cm 左右,用手掌挤压气囊使油从提油管内雾状喷出,稍等片刻待油滴落入油滴盒内.

若仪器处于开机状态,监视器屏幕上将出现大量油滴,前后微调 CCD 成像系统调焦手轮,使油滴清晰,尤如夜空繁星.

注意:喷雾器的喷雾出口比较脆弱,防止其损坏;不要连续喷油,防止大量油滴堵塞油滴孔;喷雾器不用时请将喷雾器喷雾口朝上放在安置杯内,防止油泄漏.

4) 主机使用方法.

(1) 开机

打开主机电源及监视器电源,监视器出现仪器名称及研制公司界面;按主机上任意键,监视器出现参数设置界面;首先通过"平衡/提升"按键设置实验方法,然后通过"计时"按键左移、"0 V/工作"按键右移、"平衡/提升"按键修改数据,设置重力加速度、油密度、大气压强、油滴下落距离等有关参数,最后按主机确认键进入实验操作测量界面. 实验操作界面如表 4-38 所示.

表 4-38 实验操作界面

		极板电压　计时时间
0		电压保存提示栏
		保存结果显示区(共 5 格)
距离标志		下落距离栏
		实验方法栏
		仪器生产厂家

表 4-38 中：

极板电压：实际加到极板的电压，显示范围 0～1999 V.

计时时间：计时开始到结束所经历的时间，显示范围 0～99.99 s.

电压保存提示：将要作为结果保存的电压，每次完整的实验后显示. 当按下确认键保存实验结果后自动清零.

保存结果显示：显示每次保存的实验结果，共 5 次，显示格式与实验方法有关.

平衡法：

平衡电压
下落时间

动态法：

提升电压	平衡电压
上升时间	下落时间

下落距离：显示设置的油滴下落距离. 当需要更改下落距离的时候，按住平衡/提升键 2 s 以上，此时距离设置栏被激活（动态法 1 步骤和 2 步骤之间不能更改），通过平衡/提升键修改油滴下落距离，然后按确认键确认修改. 距离标志相应变化.

距离标志：显示当前设置的油滴下落距离，在相应的格线上做数字标记，显示范围 0.2～1.8 mm. 垂直方向视场范围为 2 mm，分为 10 格，每格 0.2 mm.

（2）选择油滴

进入实验操作测量界面后，将 0 V/工作键至"工作"，红色指示灯亮；将平衡/提升按键设置为"平衡"，平衡指示灯亮；调节电压旋钮使上下极板加上一定电压值.

选择油滴时，每次喷油并稍等片刻后，注意监视器上油滴直径在 0.5～1 mm、缓慢运动、较为清晰明亮的油滴，微调平衡电压使其静止. 将 0 V/工作键置"0 V"档，观察油滴下落的速度，从中选取测量对象.

用于测量的油滴，体积既不能太大，也不能太小. 在一定的电压下，太大则必须带很多的电荷才能保持平衡，且运动速度很快，不易测量；太小则由于热扰动和布朗运动的影响，使结果涨落很大. 大量的测量实验表明：选择油滴时，一般选取平衡电压在 200～300 V，匀速下落 1.6 mm 所用时间在 10～20 s 的油滴为好.

注意：油滴盒两极板间预先加有一定的电压，目的是筛选油滴. 当有满足此电压的油滴时，油滴运动较慢，此时，微调电压即可使油滴静止. 否则，当监视器上油滴快速下落完后，重新喷入油雾.

（3）练习控制油滴

① 平衡电压的确认

仔细调整平衡电压旋钮使油滴平衡在某一格线上，观察油滴是否飘离格线. 若其基本稳定在格线或只在格线上下作轻微的布朗运动，则可以认为其基本达到了力学平衡. 由于油滴在实验过程中处于挥发状态，在对同一油滴进行多次测量时，每次测量前都需要重新调整平衡电压，以免引起较大的实验误差. 事实证明，同一油滴的平衡电压将随着时间的推移有规律地递减，且其对实验误差的贡献很大.

② 控制油滴的运动

调整平衡电压，使油滴平衡在某一格线上，将 0 V/工作键切换至"0 V"，绿色指示灯点亮，此时上下极板同时接地，电场力为零，油滴将在重力、浮力及空气阻力的作用下做下落运动,当油滴下落到有 0 标记的刻度线时,立刻按下计时开始键,记录油滴下落的时间,待油滴下落至有距离标志(例如 1. 6 mm)的格线时,立即按下计时结束键停止计时. 此时 0 V/工作键自动切换至"工作"、平衡/提升按键处于"平衡",油滴将停止下落. 通过确认键将此次测量数据记录到显示窗口上.

0 V/工作键至"工作",红色指示灯点亮,此时仪器根据平衡或提升状态分两种情形: 若置于"平衡",则可以通过平衡电压调节旋钮调整平衡电压;若置于"提升",则极板电压将在原平衡电压的基础上再增加 200 V 左右的电压,用来向上提升油滴.

(4) 测量

① 平衡法测量油滴带电量

平衡法测量方法如表 4-39 所示.

表 4-39　　　　　　　　　　平衡法测量方法

下落距离			
0		● 开始下落位置	
		● 开始计时位置	平衡电压 下落时间
1.6		结束计时位置	
		● 停止下落位置	

采用平衡法测量时,一次测量完成后,按主机确认键,可在显示器显示窗口右边显示出相应的下落时间、平衡电压等数据. 对同一油滴重复测量五次并每次测量完成后按确认键记录相应数据(最多记录五组数据)后,再次按确认键,此时在显示器显示窗口左边显示出五次测量的下落时间、平衡电压、油滴带电量等平均值.

② 动态法测量油滴带电量

动态法测量方法如表 4-40 所示.

表 4-40　　　　　　　　　　动态法测量方法

上升距离			
1.6		● 停止上升位置	
		结束计时位置	提升电压 平衡电压 上升时间 下落时间
0		开始计时位置	
		● 开始上升位置	

按照动态法测量原理,第一步先完成平衡状态下油滴的下落运动时间测量,按确认键保存相关参量(平衡电压、下落时间);第二步测量在提升电压作用下的油滴上升运动的时间,按确认键保存相关参量(提升电压、下落时间),此即完成一次测量.

采用动态法,下降、上升一次测量完成后,按主机确认键,可在显示器显示窗口右边显示出相应的下落时间、平衡电压、上升时间、提升电压等数据. 对同一油滴重复测量五次并每次测量完成后按确认键记录相应数据(最多记录五组数据)后,再次按确认键,此时在显示器显示窗口左边显示出五次测量的有关数据平均值以及油滴带电量的平均值.

注意:

a. 实验多次重复测量过程中,若某次测量失误,需要删除当前保存的实验结果时,按下确认键 2 s 以上,当前结果被清除(不能连续删).

b. 实验过程中,若要改变实验方法,必须重新启动仪器(关、开仪器电源).

4.12.4 实验内容与方法

1. 实验前的准备工作

(1) 检查仪器连接线是否正确,实验完毕不要拆线.

(2) 熟悉仪器结构、按键功用及使用方法,掌握喷雾器的正确使用.

(3) 测量练习

将 0 V/工作键切换至"工作",红色指示灯点亮;平衡/提升键置于"平衡";调节平衡电压为一定值;用喷雾器将油喷入油雾室,眼睛盯住监视器上缓缓移动的某一油滴,仔细调节平衡电压,使油滴静止不动,去掉平衡电压,油滴下落,待油滴下落至某一刻线处,加上平衡电压使油滴静止,然后再加上提升电压,使油滴上升. 如此反复多次直至熟练掌握控制油滴.

判断油滴是否平衡要有足够的耐性,用"提升"将油滴移至某条刻度线上,经一段时间观察油滴确实不再移动才认为是平衡了.

测准油滴上升或下降某段距离所需的时间,一是要统一油滴到达刻度线什么位置才认为油滴已踏线,二是眼睛要平视刻度线,不要有夹角.

(4) 测量数据的存储、计算等

在练习控制油滴的同时,使用确认键熟悉数据的存储、计算等过程.

2. 实验测量

(1) 选择宜于测量的油滴

选择油滴时,一般选取平衡电压在 200~300 V 之间,显示直径在 0.5~1 mm 范围,匀速下落 1.6 mm 所用时间在 10~20 s 的油滴为好.

(2) 平衡法测量油滴电量

分别对 3 个不同带电量的油滴进行 5 次重复测量,列表记录数据,求出各油滴所带电量的平均值,计算电子电量值.

注意: 重复测量时,考虑到油滴的挥发及其他因素导致平衡电压的变化,每一次重复测量时,需重新调整平衡电压.

（3）动态法测量油滴电量

分别对 3 个不同带电量的油滴进行 5 次重复测量，列表记录数据，求出各油滴所带电量的平均值，计算电子电量.

注意：在熟悉掌握仪器正确使用前提下，对某一选定的油滴，平衡法测量时的有关数据，在距离不变的情况下，动态法可以利用. 换言之，动态法下落、上升一次测量过程中，下落数据即为平衡法测量所需的数据.

3. 数据处理要求

为了证明电荷的不连续性和所有电荷都是基本电荷 e 的整数倍，并得到基本电荷值，应对实验测得的各个电荷值求最大公约数，这个最大公约数就是基本电荷 e 值，也就是电子电量值. 但由于求出这个最大公约数有时比较困难，因此，可用"倒过来验证"的方法进行数据处理. 即用公认的电子电量值 $e = 1.602 \times 10^{-19}$ C 去除实验测得的电荷值 q，得到一个很接近于某一个整数的数值，然后去其小数，取其整数，这个整数就是油滴所带的电荷数 n. 再用这个 n 去除实验测得的数值，所得结果即为电子电量值 e.

4.12.5 原始数据记录及处理

1. 平衡法测量数据记录及处理（表 4-41—表 4-43）

表 4-41　　　　　　　　　　　**1 号油滴测量数据记录**

测量次数	1	2	3	4	5	平均值
平衡电压 /V						
下落距离 /mm			1.6			
下落时间 /s						
油滴带电量 /C						
最大公约数						
电子电量 /C						

表 4-42　　　　　　　　　　　**2 号油滴测量数据记录**

测量次数	1	2	3	4	5	平均值
平衡电压 /V						
下落距离 /mm			1.6			
下落时间 /s						
油滴带电量 /C						
最大公约数						
电子电量 /C						

表 4-43　　　　　　　　　　　　　**3 号油滴测量数据记录**

测量次数	1	2	3	4	5	平均值
平衡电压/V						
下落距离/mm				1.6		
下落时间/s						
油滴带电量/C						
最大公约数						
电子电量/C						

电子电量平均值 $e=$　　　　　　（C）

电子电量理论值 $e_0=$　　　　　　（C）

实验测量值与理论值相对百分误差

$$E_e = \frac{|e-e_0|}{e_0} \times 100\% =$$

2. 动态法测量数据记录及处理（表 4-44—表 4-46）

表 4-44　　　　　　　　　　　　　**1 号油滴测量数据记录**

测量次数	1	2	3	4	5	平均值
平衡电压/V						
下落距离/mm				1.6		
下落时间/s						
上升电压/V						
上升距离/mm				1.6		
上升时间/s						
油滴带电量/C						
最大公约数						
电子电量/C						

表 4-45　　　　　　　　　　　　　**2 号油滴测量数据记录**

测量次数	1	2	3	4	5	平均值
平衡电压/V						
下落距离/mm				1.6		
下落时间/s						
上升电压/V						
上升距离/mm				1.6		

续表

测量次数	1	2	3	4	5	平均值
上升时间/s						
油滴带电量/C						
最大公约数						
电子电量/C						

表 4-46   3 号油滴测量数据记录

测量次数	1	2	3	4	5	平均值
平衡电压/V						
下落距离/mm			1.6			
下落时间/s						
上升电压/V						
上升距离/mm			1.6			
上升时间/s						
油滴带电量/C						
最大公约数						
电子电量/C						

电子电量平均值 $e=$ （C）

实验测量值与理论值相对百分误差 $E_e = \dfrac{|e - e_0|}{e_0} \times 100\% =$

4.12.6　分析与思考

1. 预习思考题

（1）如何判断油滴在电场力和重力的作用下达到平衡？

（2）应选什么样的油滴进行测量？选太小的油滴好不好？选带电太多的油滴好不好？

（3）如何判断油滴盒内两平行极板水平？

（4）喷雾器使用的注意事项有哪些？

2. 实验思考题

（1）对实验结果造成影响的主要因数有哪些？

（2）对选定的油滴进行测量时，为什么有些油滴会逐渐模糊？

4.13 光 栅 衍 射

光栅衍射是光的波动性的一个重要特征.研究光的衍射不仅有助于对光的波动性的理解,还有助于进一步学习近代光学实验技术,如光谱分析、晶体结构分析、全息照相、光学信息处理等.本实验利用光栅衍射测量光栅常数、光波波长以及光栅角色散率.

4.13.1 实验目的

1. 巩固掌握分光计的调节和使用方法;
2. 观察光栅衍射光谱;
3. 测定光栅常数、光波波长以及光栅角色散率.

4.13.2 实验原理

光栅是利用多缝衍射原理制成的一种分光用的光学元件,任何具有空间周期性的衍射屏都可以叫做衍射光栅,由许多等宽、等间距的平行狭缝构成的光栅是最简单的一种光栅.通常光栅分为透射光栅和反射光栅两种,本实验所用的一维平面透射光栅是用全息照相技术在感光玻璃片上制成的,就尤如在玻璃片上刻有大量等间距的平行刻痕,每条刻痕宽度为 b,刻痕处相当于毛玻璃不透光,相邻两刻痕间可透光的缝宽度为 a,通常把 $(a+b)=d$ 称为光栅常数.

如图 4-56 所示,根据夫琅禾费衍射原理,当波长为 λ 的平行光垂直照射到光栅平面上时,在每一狭缝处都将产生衍射,但由于各缝发出的衍射光都是相干光,若在光栅的后面放置一透镜 L,光线通过 L 后汇聚到焦平面处的屏上,形成一系列被相当宽的暗区隔开的亮度大、宽度窄的明条纹,称为谱线.明条纹的位置由下式决定

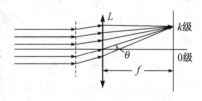

图 4-56 光栅夫琅禾费衍射

$$d \sin\theta = k\lambda \quad k=0, \pm 1, \pm 2, \cdots \tag{4-52}$$

式中,k 为明条纹的级数,θ 为 k 级次明条纹衍射角,λ 为入射光波波长,d 为光栅常量.对于光线角度、级次正负规定:光线法线逆时针转至光线 $\left(转角 < \frac{\pi}{2}\right)$ 时角度为正,对应 $k > 0$;光线法线顺时针转至光线 $\left(转角 < \frac{\pi}{2}\right)$ 时角度为负,对应 $k < 0$.

如果入射光是复色光,由光栅衍射方程式(4-52)可知,除 $k=0$ 的中央零级,有 $\theta=0$,不同波长的零级明纹重叠在一起,仍为复色光.当 k 为其他值时,不同波长的同级明纹由

于有不同的衍射角而相互分开,从而得到按短波向长波自中央零级向两侧依次分开排列的彩色谱线.这种由光栅分光产生的光谱称为光栅光谱.

从光栅衍射方程式(4-52)可知,在光栅常数 d 已知的情况下,测出各种波长的谱线与 k 级相应的衍射角 θ ,即可由光栅方程计算出各谱线的波长;反之,在入射光波长 λ 已知的情况下,测出 k 级衍射角 θ ,即可由光栅方程计算出光栅常数 d.

光栅的基本特性除了用光栅常数 d 来表征外,还考虑它的角色散率 D.角色散率描述了分光元件将光谱散开能力的大小,定义角色散率 D 为同一级次中,两谱线衍射角之差 $\Delta\theta$ 和波长差 $\Delta\lambda$ 之比,即

$$D = \frac{\Delta\theta}{\Delta\lambda} \tag{4-53}$$

从光栅衍射方程可得

$$D = \frac{k}{d\cos\theta} \tag{4-54}$$

由此可知,衍射角越大,光栅常数越小,级数越高,光栅角色散率越大;对某一级光谱,波长越大,衍射角越大,角色散率越大.

本实验利用汞灯照亮分光计平行光管入射狭缝得到线状复色光,经平行光管产生的平行光垂直入射光栅平面,利用望远镜观测光栅光谱,测出不同波长、不同级次谱线的衍射角.从分光计望远镜中观测到的汞灯光栅光谱如图 4-57 所示.

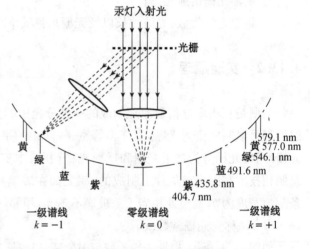

图 4-57 汞灯的光栅光谱

由于光线垂直于光栅平面入射时,对于同一 k 级衍射光左右两侧的衍射角 θ 是相等的,为了提高测量精度,一般是测量零级左右两侧各对应级次衍射光线的夹角 2θ.

4.13.3 实验仪器

JJY—1′型分光计,双平面镜,汞灯,光栅.

4.13.4 实验内容与方法

1. 分光计的调节

实验在分光计上进行,为满足夫琅禾费衍射的条件和保证测量正确,入射到光栅平

面的光应是平行光,又由于衍射光用望远镜观察和测量,所以分光计的调节要求是:望远镜聚焦于无穷远,平行光管产生平行光,望远镜、平行光管光轴垂直于仪器转轴.有关分光计的具体调节方法见 3.8 分光计的调节和使用.

2. 光栅的调节

实验测量中光栅放置在载物台上,为此,光栅平面应垂直于平行光管的光轴,光栅刻痕应与分光计转轴平行.

(1) 调节光栅平面垂直于平行光管光轴.平行光垂直入射光栅平面是公式(4-52)成立的条件,因此应作仔细调节以满足要求.使分光计平行光管对准汞灯,望远镜分划板的竖线与平行光管细狭缝重合,然后将光栅平面以垂直于平行光管光轴方向放置在载物台上,放置的位置如图4-58所示,同时尽可能做到使光栅平面垂直平分 Z_1Z_3.以光栅作为平面镜,转动载物平台并调节 Z_1(或 Z_3),利用自准直法观察光栅平面反射回来的十字与分划板的上十字中心重合,此时"三线重合".如此,光栅平面垂直于平行光管光轴.

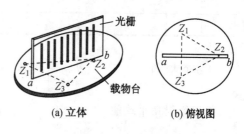

图 4-58 光栅在载物台上的放置

(2) 调节光栅刻痕与分光计转轴平行.调节前先转动望远镜定性观察汞灯的衍射光谱,若光栅刻痕与分光计转轴不平行,则衍射光谱的分布是倾斜的(即正负级谱线不等高),望远镜分划板的叉丝交点也不在各条谱线的中央.如图 4-59 所示,可调节螺丝 Z_2(注意不要再动 Z_1Z_3)予以校正.调好后再回头检查光栅平面是否保持与平行光管光轴垂直.如果有了改变,就要反复多次,直到两个要求都满足为止.

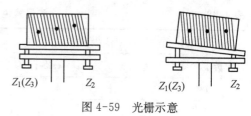

图 4-59 光栅示意

(3) 调节平行光管狭缝的宽度,使得汞灯中的黄双线分开.

3. 实验测量

(1) 测定光栅常数.测出波长 $\lambda=546.1\ nm$ 绿色谱线 1 级衍射角,由式(4-52)计算光栅常数 d 值.

(2) 未知谱线波长的测定.测出 1 级紫、黄双线谱线的衍射角,根据上述求出的光栅常数 d,由式(4-52)计算相应谱线的波长.

(3) 角色散率 D 的测定.分别利用式(4-53)、式(4-54)计算光栅对一级光谱中黄光的角散率.

4.13.5 原始数据记录及处理

1. 光栅常数的测量(表 4-47)

表 4-47   测量光栅常数 d 数据记录 $\lambda = 546.1$ nm

项目 次数	+1 级谱线位置		−1 级谱线位置		1 级衍射角
	左游标 β_1	右游标 β_1'	左游标 β_2	右游标 β_2'	
1					
2					
3					

1 级衍射角 $\qquad\qquad\theta = \frac{1}{4}\left[\,|\beta_1 - \beta_2| + |\beta_1' - \beta_2'|\,\right]$

1 级衍射角平均值 $\qquad\qquad\bar{\theta} = \frac{1}{3}\sum_{i=1}^{3}\theta_i =$

光栅常数 $\qquad\qquad\qquad\qquad d = \frac{k\lambda}{\sin\theta} =$

2. 未知谱线波长的测量(表 4-48—表 4-50)

表 4-48   测量紫色波长数据记录 $d =$ nm

项目 次数	+1 级谱线位置		−1 级谱线位置		1 级衍射角
	左游标 β_1	右游标 β_1'	左游标 β_2	右游标 β_2'	
1					
2					
3					

1 级衍射角平均值 $\qquad\qquad\bar{\theta} = \frac{1}{3}\sum_{i=1}^{3}\theta_i =$

未知谱线波长 $\qquad\qquad\qquad\lambda_{紫} = \frac{d\sin\theta}{k} =$

表 4-49   测量黄色波长(黄 1)数据记录 $d =$ nm

项目 次数	+1 级谱线位置		−1 级谱线位置		1 级衍射角
	左游标 β_1	右游标 β_1'	左游标 β_2	右游标 β_2'	
1					
2					
3					

1 级衍射角平均值 $\qquad \overline{\theta} = \dfrac{1}{3}\sum_{i=1}^{3}\theta_i =$

未知谱线波长 $\qquad \lambda_{黄1} = \dfrac{d\sin\theta}{k} =$

表 4-50　　　　　　　　　　　测量黄色波长（黄 2）数据记录　　　　　　　　$d = \quad$ nm

项目 次数	+1 级谱线位置		-1 级谱线位置		1 级衍射角
	左游标 β_1	右游标 β_1'	左游标 β_2	右游标 β_2'	
1					
2					
3					

1 级衍射角平均值 $\qquad \overline{\theta} = \dfrac{1}{3}\sum_{i=1}^{3}\theta_i =$

未知谱线波长 $\qquad \lambda_{黄2} = \dfrac{d\sin\theta}{k} =$

3. 角色散率 D 的测定

(1) 利用式(4-53)计算

(2) 利用式(4-54)计算

4.13.6　分析与思考

1. 预习思考题

(1) 光栅光谱与棱镜光谱有哪些不同？

(2) 如用钠黄光（$\lambda = 589.3$ nm）垂直照射到 1 mm 内有 500 条刻痕的平面透射光栅上时，试问最多能看到几级光谱？

2. 实验思考题

(1) 公式(4-52)成立的条件是什么？ 实验上是如何满足的？

(2) 从实验的角度考虑，测量衍射角时，是测量 $+k$ 级与 $-k$ 级之间的夹角除以 2 好呢，还是直接测量 0 级与 $+k$ 级或 $-k$ 级之间的夹角好？ 为什么？

(3) 2 级衍射角与 1 级衍射角是简单的 2 倍关系吗？ 请用实验测量数据说明.

4.13.7　附录

附录（表 4-51—表 4-52）

表 4-51 低压汞灯的可见光谱段波长表

波长/nm	404.656	407.783	433.922	434.749	435.833	491.607
颜　色	紫	紫	紫	紫	紫	蓝
相对强度	次强	次强	次强	次强	强	弱
波长/nm	502.564	546.073	576.960	579.066	623.437	
颜　色	绿	绿	黄	黄	红	
相对强度	弱	很强	强	强	很弱	

表 4-52 波长与颜色的对应关系表

波长范围/μm	0.40～0.43	0.43～0.45	0.45～0.50	0.50～0.57
颜　色	紫	蓝	青	绿
波长范围/μm	0.57～0.60	0.60～0.63	0.63～0.76	
颜　色	黄	橙	红	

4.14 等厚干涉及其应用

等厚干涉是分振幅干涉现象,等厚干涉中同一条干涉条纹是由薄膜的厚度相同的点所产生的干涉结果而构成的,条纹的形状取决于薄膜层上等厚点的分布.由于条纹的分布与薄膜层厚度的变化之间关系简单明了,其产生装置及测量过程易于操作,结果便于观测,所以等厚干涉在科学研究和工业技术上有着广泛的应用.如光波波长的测量、微小长度的精确测量、检验工件表面的光洁度、研究机械零件内应力的分布、光学元件所镀膜层厚度以及半导体材料上氧化层厚度的测量等.本实验应用典型的等厚干涉装置——牛顿环和劈尖,实现对透镜曲率半径和微小厚度的测量.

4.14.1 实验目的

1. 熟悉读数显微镜的构造、原理和调节方法;
2. 观察等厚干涉现象,了解等厚干涉的特点;
3. 学习并掌握用干涉法测量透镜曲率半径与微小厚度的原理、装置及方法;
4. 利用逐差法处理数据,减少结果的误差.

4.14.2 实验原理

1. 等厚干涉

等厚干涉如图 4-60 所示,玻璃板 A 和玻璃板 B 二者有一交角叠放起来,中间夹有一层空气.当单色扩展光源近似垂直照射到厚度为 d 的空气薄膜上时,入射光线在 A 板下表面和 B 板上表面即空气薄膜上下表面分别产生反射光线 2 和 $2'$,二者在薄膜表面附近相遇产生干涉.显然光线 $2'$ 比光线 2 多传播了一段距离 $2d$.此外,由于反射光线 $2'$ 是由光密媒质(玻璃)向光疏媒质(空气)反射,会产生半波损失.故总的光程差还应加上半个波长 $\frac{\lambda}{2}$,即 $\Delta = 2d + \frac{\lambda}{2}$.此即光线 2 和 $2'$ 的光程差与空气薄膜厚度的关系.

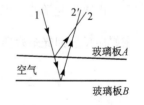

图 4-60 等厚干涉原理

根据干涉条件,当光程差为半波长的偶数倍时相互加强,出现亮纹;为半波长的奇数倍时互相减弱,出现暗纹.因此有

$$\Delta = 2d + \frac{\lambda}{2} = \begin{cases} 2k \cdot \dfrac{\lambda}{2} & k = 1, 2, 3, \cdots \\ (2k+1) \cdot \dfrac{\lambda}{2} & k = 0, 1, 2, \cdots \end{cases}$$

由于相干光束光程差 Δ 取决于产生反射光的薄膜厚度,同一条干涉条纹所对应的薄膜厚度相同,故称为等厚干涉.

2. 牛顿环

如图 4-61 所示,在一块光学平板玻璃上,放一曲率半径 R 较大的平凸透镜,其间形成的环状空气间隙层厚度由中心向外逐渐增加,其等厚线是以凸面镜凸面和平板接触点为中心的一系列同心圆. 当用单色光垂直照向平凸透镜时,这一入射光束在环状空气间隙的上下表面被反射,获得两束相干光,它们在平凸透镜的凸面附近相遇产生干涉图样. 对应于空气间隙层的一定厚度 e_k,产生一个以接触点为中心的圆环,整个干涉图样是一系列以接触点为中心的明暗相间的同心圆,称为牛顿环,如图4-62所示. 从图中可以看出,中心暗环附近同心圆较稀疏,离中心越远越密.

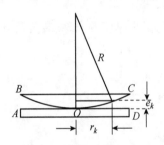

图 4-61 牛顿环干涉原理

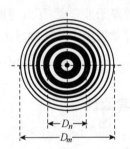

图 4-62 牛顿环干涉图样

由物理光学的知识可知,上下两表面反射光的光程差 $\Delta = 2e_k + \frac{\lambda}{2}$,式中 $\frac{\lambda}{2}$ 是光从光密媒质反射回光疏媒质时产生的半波损失. 根据干涉条件,当

$$\Delta = 2e_k + \frac{\lambda}{2} = 2k\frac{\lambda}{2} \qquad (k=1, 2, 3, \cdots) \text{为明环}$$

$$\Delta = 2e_k + \frac{\lambda}{2} = (2k+1)\frac{\lambda}{2} \qquad (k = 0, 1, 2, \cdots) \text{ 为暗环}$$

可见,任一明环(或暗环)都与一定的空气厚度 e_k 相对应;或者说,同一明环(或暗环)对应的空气厚度处处相同. 因此,牛顿环是一种等厚干涉条纹.

如设透镜的曲率半径为 R,与接触点 O 相距 r_k 处的空气厚度为 e_k,由图 4-61 可知

$$r_k^2 = R^2 - (R - e_k)^2 = 2Re_k - e_k^2$$

由于 $R \gg e_k$,并用暗环条件代入,得

$$R = \frac{r_k^2}{k\lambda} \tag{4-55}$$

式中,k 为暗环的级数,λ 为入射光的波长.可见,只要能测得第 k 级暗环的半径 r_k,就可确定球面透镜的曲率半径 R.

由于组成牛顿环装置的凸面和平面不可能是理想的点接触,使得牛顿环的圆心无法准确确定,从而级数 k 很难确定,r_k 也就难以测定.因此,在实际测量中,可以通过测量两暗环半径(或直径)的平方差来计算 R.这样,避免了准确确定干涉级次 k 的困难.

设第 $k+m$ 级暗环和第 $k+n$ 级暗环的半径分别为 r_m 和 r_n,相应直径为 D_m,D_n,由式 (4-55)可得

$$R = \frac{r_m^2 - r_n^2}{(m-n)\lambda} = \frac{D_m^2 - D_n^2}{4(m-n)\lambda} \tag{4-56}$$

这就是本实验的测量公式,它表明 R 与 k 无关.可见,在实验中不必确定暗纹的级数和环心,只要测出环数差为 $(m-n)$ 的两环的直径 D_m 和 D_n,在已知 λ 的情况下,就可用上式测定平凸透镜的曲率半径 R.而由上式可知,参与运算的是直径的平方差,考虑到直径的平方差等于弦的平方差,这也给测量带来了极大的方便.

3. 劈尖干涉

如图 4-63 所示,两块平板玻璃一端自然接触,另一端夹一厚度为 d 的薄片(或细丝),则在两块玻璃之间形成一个交角为 α 的空气劈尖.

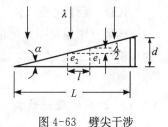

图 4-63　劈尖干涉

当单色光线垂直入射空气劈尖时,这一光线被劈尖中空气层的上下两个表面反射,这些反射光束在空气层上表面附近相遇产生干涉.在劈尖厚度为 e 的地方,上下表面反射光线之间的光程差为

$$\Delta = 2e + \frac{\lambda}{2}$$

上式中 $\frac{\lambda}{2}$ 是光在劈尖空气层下表面反射时产生的半波损失.

从上式可见,在 e 相同的地方光程差相等,形成同一级条纹,条纹取向平行于交角棱线.设相邻两条纹所在处的厚度为 e_1,e_2,它们的光程差应等于一个波长,即

$$\left(2e_1 + \frac{\lambda}{2}\right) - \left(2e_2 + \frac{\lambda}{2}\right) = \lambda \quad 亦即 \quad e_1 - e_2 = \frac{\lambda}{2}$$

上式说明,劈尖干涉形成的是一系列等间距的明暗相间的直条纹.在 $e=0$ 处,即两玻璃片交线处,$\Delta = \frac{\lambda}{2}$ 产生暗条纹;而在第 k 级暗条纹处,对应的空气层厚度为 $e_k = \frac{k\lambda}{2}$.假如劈尖薄片(或细丝)处正好呈现第 N 级暗纹,则薄层厚度(或细丝直径)为

$$d = N\frac{\lambda}{2} \tag{4-57}$$

设相邻两条纹的间距为 l，则

$$l \cdot \alpha = \frac{\lambda}{2} \quad (\alpha \text{ 非常小})$$

如果交角棱线到薄片(或细丝)处的距离为 L，则薄片厚度(或细丝直径)为

$$d = L \cdot \alpha = \frac{L\lambda}{2l} \tag{4-58}$$

由式(4-57)、式(4-58)可见，如果测出劈尖交线到薄片(或细丝)处的暗条纹数，或测出劈尖交线到薄片(或细丝)处距离 L 和相邻条纹间的距离 l，如果已知入射光波波长 λ，就可测知薄片厚度(或细丝直径) d.

4.14.3 实验仪器

牛顿环，劈尖，JCD3 型读数显微镜，低压钠灯($\lambda = 589.3$ nm).

JCD3 型读数显微镜

读数显微镜是用来测量微小长度或微小长度变化的精密仪器，其特点是非接触，最适合测量细缝、小孔等的线度.

1. 读数显微镜结构

读数显微镜结构如图 4-64、4-65 所示，主要由显微镜及其调焦系统、螺旋测微系统及工作平台组成. 显微镜目镜分划板的十字叉丝供对准被测物边缘以确定其位置读数用，旋转测微鼓轮，可带动显微镜镜筒移动. 由于推动丝杠的螺距为 1 mm，测微鼓轮转动一圈，显微镜在读数标尺上移动 1 mm，鼓轮外沿上刻有 100 分格，最小分度值为 0.01 mm，可以估读到 0.001 mm.

图 4-64　JCD3 型读数显微镜体视图

JCD3 型读数显微镜读数标尺范围 0~50 mm，读数标尺和鼓轮读数之和即为十字叉丝位置读数.

工作平台上放置待测物体，其下有一全反镜，通过其反射光线，可将待测物照亮.

2. 读数显微镜调节与使用

(1) 旋转鼓轮使显微镜筒位于读数标尺中部;

(2) 调节目镜螺旋，使十字叉丝清晰. 十字叉丝的竖线应与显微镜镜读数标尺垂直，否则，要松开目镜与套筒的锁紧螺钉，转动整个目镜.

(3) 将待测物置于显微镜物镜下，用合适的光源照明被测物，调节照明方向使显微镜

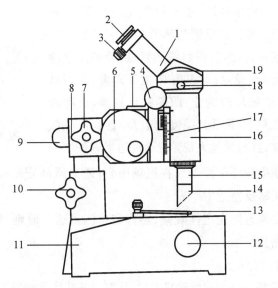

1—目镜接筒；2—目镜；3—锁紧螺钉；4—调焦手轮；5—标尺；6—测微鼓轮；7—锁紧手轮Ⅰ；8—接头轴；9—方轴；10—锁紧手轮Ⅱ；11—底座；12—反光镜旋轮；13—压片；14—半反镜组；15—物镜组；16—镜筒；17—刻尺；18—锁紧螺钉；19—棱镜室

图 4-65　JCD3 型读数显微镜侧视图

视场明亮.

（4）使物镜接近待测物面,然后调节调焦手轮使镜筒缓慢向上提升的同时,在目镜中观察直到待测物完全清晰.再微动物体,使其中心与十字叉丝中心重合,且待测边缘与十字叉丝竖线平行.

（5）同方向旋转测微鼓轮,分别使十字叉丝竖线与待测物的两边缘相切,两次读数之差即为待测物体的线度.

3. 注意事项

（1）严禁用手或其他物体触摸光学表面.

（2）测量时为避免螺纹配合不紧产生的空程误差,必须向一个方向转动测微鼓轮以获取测量数据.

4.14.4　实验内容与方法

1. 牛顿环干涉

牛顿环实验装置如图 4-66 所示,钠光源发光中心正对读数显微镜上 45°分光束片.来自钠光源的光经 45°分光束片反射,垂直照射牛顿环产生干涉,而干涉图样的光则透过 45°分光束片进入显微镜,照亮显微镜视场,以便观测.

（1）目测观察牛顿环.在自然光或钠光源下观察牛顿环上的干涉条纹,然后将牛顿环干涉条纹中心置于读数显微镜物镜下方.

（2）读数显微镜观察牛顿环. 按实验装置图 4-66 摆放并调整有关器件位置. 调节目镜清楚地看到十字叉丝且分别与读数标尺平行或垂直,然后将目镜固紧;旋转调焦手轮使显微镜的镜筒下降(注意:此时从显微镜外面看,而不是从目镜中看)至接近牛顿环时为止;眼睛贴近目镜,旋转调焦手轮使显微镜的镜筒自下而上缓慢地上升,直到从显微镜中看清楚干涉条纹,且与叉丝无视差. 通过适当调整牛顿

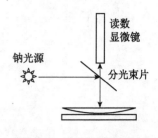

图 4-66　牛顿环实验装置

环或显微镜筒位置使牛顿环干涉条纹在视场中心;适当调整分光束片与光源正对情况,使牛顿环干涉背景明暗反差适中.

按实验操作中必须遵循先定性观察、再作定量测量这一原则,初步观测视场中条纹数目是否满足实验测量要求.

（3）牛顿环直径的测量.

① 旋转读数鼓轮朝一个方向移动显微镜,从第一条暗纹数到第 15 条暗纹以外,然后倒回使十字叉丝竖线与第 15 条暗纹外侧重合,读取相应的读数,接着顺次测出第 14,13,… 直至第 6 条暗纹外侧. 然后,越过环心,从另一侧第 6 条暗环内侧测至第 15 条暗纹内测. 将相应数据记入表中.

② 每隔 5 个暗纹对直径平方进行逐差法处理,算出直径平方差的平均值及其不确定度(只考虑 A 类),由式(4-56)计算平凸透镜曲率半径,完整表示测量结果.

2. 劈尖干涉

取下牛顿环,换上劈尖,图 4-66 即为劈尖干涉实验装置. 调出清晰干涉条纹,并使直线条纹与十字叉丝竖线平行.

（1）利用公式(4-57)测量. 由公式(4-57)可见,在显微镜中数出从劈尖交线到薄片(或细丝)处的干涉暗条纹数 N,即可得相应的薄片厚度(或细丝直径).

一般说 N 值较大,为避免计数出现差错,可先测出某长度 L_k 间的暗条纹数 k,得出单位长度内的干涉条纹数 $n = \dfrac{k}{L_k}$. 若薄片(或细丝)与劈尖棱边的距离为 L,则共出现的干涉暗条纹数 $N = nL$. 代入公式(4-57)可得到薄片的厚度(或细丝直径).

（2）利用公式(4-58)测量. 分别测出第 0,5,10,15,20,25,30,35 条纹的位置,用逐差法处理数据,求条纹间距平均值 l. 用直尺测出 L(三次测量). 将各有关值代入式(4-58)计算薄片厚度(或细丝直径).

注意:

① 牛顿环及劈尖装置不能受力过大,以免使条纹形状发生变化.

② 条纹很细,测量时必须仔细认真,不能数错、读错.

③ 测量过程中要防止实验台震动引起干涉条纹的变化.

④ 严格遵守光学仪器操作规则.

4.14.5 原始数据记录与处理

1. 牛顿环干涉(表 4-53)

表 4-53　　　　　　　　　　　　牛顿环直径测量数据记录

| 环序(m) | 显微镜读数 | | 直径 D_m /mm | 环序 (n) | 显微镜读数 | | 直径 D_n /mm | $(D_m^2-D_n^2)$ / mm² |
	左边	右边			左边	右边		
15				10				
14				9				
13				8				
12				7				
11				6				

曲率半径 R 不确定度计算公式 $u_R=$

$(D_m^2-D_n^2)$ 的平均值 $=$

$(D_m^2-D_n^2)$ 的平均值 A 类不确定度 $=$

牛顿环平凸透镜曲率半径 $R=$

绝对不确定度 $u_R=$

结果表达式

2. 劈尖干涉(表 4-54—表 4-55)

(1) 利用公式(4-57)测量

表 4-54　　　　　　　　　　　　薄片厚度测量数据记录

序数 k_1	显微镜读数	序数 k_2	显微镜读数	条纹数 k	间距 L_k /mm	L /mm

劈尖干涉产生的暗条纹总数 $N=$

薄片厚度 $d=$

(2) 利用公式(4-58)测量

表 4-55　　　　　　　　　　　　薄片厚度测量数据记录

序数 k_1	显微镜读数	序数 k_2	显微镜读数	条纹数 k	间距 L_k /mm	l /mm
0		20				
5		25				
10		30				
15		35				

相邻条纹间距平均值 $l=$

劈尖交线到薄片处距离 $L=$

薄片厚度 $d=$

4.14.6 问题与思考

1. 预习思考题

(1) 牛顿环中心是亮斑而非暗斑；测环直径时，叉丝交点没有通过环心，因而测量的是弦而非直径. 这两种情况对实验结果是否有影响？为什么？

(2) 牛顿环的干涉条纹各环间的间距是否相等？为什么？

(3) 为什么说读数显微镜测量的是牛顿环的直径，而不是显微镜内牛顿环的放大像的直径？如果改变显微镜的放大倍率，是否会影响测量的结果？

2. 实验思考问题

(1) 在劈尖干涉实验中，假如平板玻璃上有微小的变形，导致等厚干涉条纹发生畸变. 是否能根据干涉条纹的形状判断变形是内凹还是外凸？为什么？

(2) 能否用牛顿环或劈尖测量液体的折射率？请推导公式.

第5章 附 录

附录1 中华人民共和国法定计量单位

表1-1   国际单位制的基本单位

量的名称	单位名称	单位符号
长度	米	m
质量	千克(公斤)	kg
时间	秒	s
电流	安[培]	A
热力学温度	开[尔文]	K
物质的量	摩[尔]	mol
发光强度	坎[德拉]	cd

表1-2   国际单位制的辅助单位

量的名称	单位名称	单位符号
[平面]角	弧度	rad
立体角	球面度	sr

表1-3   国际单位制中具有专门名称的导出单位

量的名称	单位名称	单位符号	其他表示式例
频率	赫[兹]	Hz	s^{-1}
力、重力	牛[顿]	N	$kg \cdot m/s^2$
压力、压强、应力	帕[斯卡]	Pa	N/m^2
能[量]、功、热	焦[耳]	J	$N \cdot m$
功率、辐[射]能量	瓦[特]	W	J/s
电荷[量]	库[仑]	C	$A \cdot s$
电位、电压、电动势(电势)	伏[特]	V	W/A

量的名称	单位名称	单位符号	其他表示式例
电容	法[拉]	F	C/V
电阻	欧[姆]	Ω	V/A
电导	西[门子]	S	A/V
磁通[量]	韦[伯]	Wb	V·s
磁通[量]密度、磁感应强度	特[斯拉]	T	Wb/m^2
电感	亨[利]	H	Wb/A
摄氏温度	摄氏度	℃	
光通量	流[明]	lm	cd·sr
[光]照度	勒[克斯]	lx	Lm/m^2
放射性[活度]	贝可[勒尔]	Bq	s^{-1}
吸收剂量	戈[瑞]	Gy	J/kg
剂量当量	希[沃特]	Sv	J/kg

表 1-4   国家选定的非国际单位制单位

量的名称	单位名称	单位符号	换算关系和说明
时间	分 [小]时 天[日]	min h d	1 min=60 s 1 h=60 min=3 600 s 1 d=24 h=86 400 s
平面角	[角]秒 [角]分 度	(″) (′) (°)	$1''=(\pi/64\,800)\text{rad}$ $1'=60''=(\pi/10\,800)\text{rad}$ $1°=60'=(\pi/180)\text{rad}$
旋转速度	转每分	r/min	$1\ r/min=(1/60)s^{-1}$
长度	海里	nmile	1 nmile=1 852 m （只用于航程）
速度	节	kn	1kn=1 nmile/h=(1 852/3 600)m/s （只用于航程）
质量	吨 原子质量单位	t u	$1\ t=10^3\,kg$ $1\ u≈1.660\,565\,5×10^{-27}\ kg$
体积	升	L, (l)	$1\ L=1\ dm^3=10^{-3}\ m^3$
能	电子伏[特]	eV	$1\ eV≈1.602\,189\,2×10^{-19}\ J$
级差	分贝	dB	
线密度	特[克斯]	tex	tex=1g/kg

表 1-5

所表示的因数	词头名称	词头符号	所表示的因数	词头名称	词头符号
10^{18}	艾[可萨]	E	10^{-1}	分	d
10^{15}	拍[它]	P	10^{-2}	厘	c
10^{12}	太[拉]	T	10^{-3}	毫	m
10^{9}	吉[咖]	G	10^{-6}	微	μ
10^{6}	兆	M	10^{-9}	纳[诺]	n
10^{3}	千	k	10^{-12}	皮[可]	p
10^{2}	百	h	10^{-15}	飞[母托]	f
10^{1}	十	da	10^{-18}	阿[托]	a

附录 2　常用物理参数

表 2-1　　　　　　　　　　　　　　　　基本物理常量

量	符号	数　值	单　位	不确定度/ppm
真空中的光速	c	299 792 458	$\mathrm{m \cdot s^{-1}}$	（准确值）
真空磁导率	μ_0	12. 566 370 614	$10^{-7}\mathrm{N \cdot A^{-2}}$	（准确值）
真空介电常数	ε_0	8. 854 187 817	$10^{-12}\mathrm{F \cdot m^{-1}}$	（准确值）
牛顿引力常数	G	6. 672 59(85)	$10^{-11}\mathrm{N \cdot m^2 \cdot kg^{-2}}$	128
普朗克常数	h	6. 626 075 5(40)	$10^{-34}\mathrm{Js}$	0.60
基本电荷	e	1. 602 177 33(49)	$10^{-19}\mathrm{C}$	0.30
里德堡常数	R_∞	10 973 731. 534(13)	$\mathrm{m^{-1}}$	0.001 2
电子(静)质量	m_e	0. 910 938 97(54)	$10^{-30}\mathrm{kg}$	0.59
电子荷质比	$-e/m_e$	$-1. 758 819 62(53)$	$10^{11}\mathrm{C/kg}$	0.30
中子(静)质量	m_n	1. 674 928 6(10)	$10^{-27}\mathrm{kg}$	0.59
质子(静)质量	m_p	1. 672 623 1(10)	$10^{-27}\mathrm{kg}$	0.59
阿伏加德罗常数	N_A, L	6. 022 136 7(36)	$10^{-27}\mathrm{kg}$	0.59
气体常数	R	8. 314 510(70)	$\mathrm{J \cdot mol^{-1} \cdot K^{-1}}$	8.4
玻尔兹曼常数	k	1. 380 658(12)	$10^{-23}\mathrm{J \cdot K^{-1}}$	8.4

表 2-2 不同温度下蓖麻油的黏度系数

温度/℃	黏度系数/(Pa·s)	温度/℃	黏度系数/(Pa·s)
0	5.30	25	0.621
5	3.760	30	0.451
10	2.418	35	0.312
15	1.514	40	0.231
20	0.950	100	0.169

表 2-3 20 ℃时常用物质的密度

物　质	密度/[×10³(kg·m⁻³)]	物　质	密度/[×10³(kg·m⁻³)]
铝	2.698 9	锡	7.298
铜	8.960	锌	7.140
铁	7.874	镍	8.850
银	10.500	水银	13.546 2
金	19.320	甲醇	0.791 3
钨	19.300	乙醇	0.789 4
铂	21.450	乙醚	0.714
铅	11.350	甘油	1.260

表 2-4 标准大气压下不同温度时纯水的密度

温度/℃	密度/[×10³(kg·m⁻³)]	温度/℃	密度/[×10³(kg·m⁻³)]	温度/℃	密度/[×10³(kg·m⁻³)]
0	0.999 841	17	0.998 774	34	0.994 371
1	0.999 900	18	0.998 595	35	0.994 031
2	0.999 941	19	0.998 405	36	0.993 68
3	0.999 965	20	0.998 203	37	0.993 33
4	0.999 973	21	0.997 992	38	0.992 96
5	0.999 965	22	0.997 770	39	0.992 59
6	0.999 941	23	0.997 638	40	0.992 21
7	0.999 902	24	0.997 296	41	0.991 83
8	0.999 849	25	0.997 044	42	0.991 44
9	0.999 781	26	0.996 783		
10	0.999 700	27	0.996 512	50	0.988 04
11	0.999 605	28	0.996 232	60	0.983 21
12	0.999 498	29	0.995 944	70	0.977 78
13	0.999 377	30	0.995 646	80	0.971 80
14	0.999 244	31	0.995 340	90	0.965 31
15	0.999 099	32	0.995 025	100	0.958 35
16	0.998 943	33	0.994 702	3.98	1.000 0

表 2-5　　　　　　　　　　　　　　　　20 ℃时部分金属的拉伸杨氏模量*

金　属	杨氏模量/[$\times 10^{11}$ (N·m^{-2})]	金　属	杨氏模量/[$\times 10^{11}$ (N·m^{-2})]
铝	0.69～0.70	镍	2.03
钨	4.07	铬	2.35～2.45
铁	1.86～2.06	合金钢	2.06～2.16
铜	1.03～1.27	碳 钢	1.96～2.06
金	0.77	康 铜	1.60～1.66
银	0.69～0.80	铸 钢	1.72
锌	0.78	硬铝合金	0.71

* 杨氏模量与材料的结构、化学成分及加工方法密切相关,实际材料可能与表中数值不尽相同.

表 2-6　　　　　　　　　　　　　　　　　物质中的声速

物　　质		声速/(m·s^{-1})	物　　质		声速/(m·s^{-1})
氧气 0 ℃(标准状态)		317.2	NₐCl 14.8% 水溶液	20 ℃	1 542
氩气	0 ℃	319	甘油	20 ℃	1 923
干燥空气	0 ℃	331.45	铅		1 210
	10 ℃	337.46	金		2 030
	20 ℃	343.37	银		2 680
	30 ℃	349.18	锡		2 730
	40 ℃	354.89	铂		2 800
氮气	0 ℃	337	铜		3 750
氢气	0 ℃	1 269.5	锌		3 850
二氧化碳	0 ℃	258.0	钨		4 320
一氧化碳	0 ℃	337.1	镍		4 900
四氯化碳	20 ℃	935	铝		5 000
乙醚	20 ℃	1 006	不锈钢		5 000
乙醇	20 ℃	1 168	重硅钾铅玻璃		3 720
丙酮	20 ℃	1 190	轻铝铜银冕玻璃		4 540
汞	20 ℃	1 451.0	硼硅酸玻璃		5 170
水	20 ℃	1 482.9	熔融石英		5 760

表 2-7 部分物质的比热容

物 质	温度/℃	比热容/ $[\times 10^3 \text{J} \cdot (\text{kg} \cdot ℃)^{-1}]$	物 质	温度/℃	比热容/ $[\times 10^3 \text{J} \cdot (\text{kg} \cdot ℃)^{-1}]$
铝	25	0.905	水	25	4.182
银	25	0.237	乙醇	25	2.421
金	25	0.128	石英玻璃	20～100	0.788
石墨	25	0.708	黄铜	0	0.370
铜	25	0.385 4	康铜	18	0.409
铁	25	0.448	石棉	0～100	0.80
镍	25	0.440	玻璃	20	0.59～0.92
铅	25	0.128	云母	20	0.42
铂	25	0.136 4	橡胶	15～100	1.1～2.0
硅	25	0.713 1	石蜡	0～20	0.291
白锡	25	0.222	木材	20	约 1.26
锌	25	0.389	陶瓷	20～200	0.71～0.88

表 2-8 水和冰在不同温度下的比热容

水		冰	
温度/℃	比热容/ $[\times 10^3 \text{J} \cdot (\text{kg} \cdot ℃)^{-1}]$	温度/℃	比热容/ $[\times 10^3 \text{J} \cdot (\text{kg} \cdot ℃)^{-1}]$
0	4.229 0	0	2.60
10	4.198 0	−20	1.94
14.5～15.5	4.190 0	−40	1.82
20	4.185 0	−60	1.68
30	4.179 5	−80	1.54
40	4.178 7	−100	1.39
50	4.180 8	−150	1.03
60	4.184 6	−200	0.654
70	4.190 0	−250	0.151
80	4.197 1		
90	4.205 1		
100	4.213 9		

表 2-9 我国部分城市的重力加速度

城　市	纬　度	重力加速度/(m·s^{-2})	城　市	纬　度	重力加速度/(m·s^{-2})
北京	39°56′	9.801 22	安庆	30°31′	9.793 57
天津	39°09′	9.800 94	杭州	30°16′	9.793 00
太原	37°47′	9.796 84	重庆	29°34′	9.791 52
济南	36°41′	9.798 58	南昌	28°40′	9.792 08
郑州	34°45′	9.796 65	长沙	28°12′	9.791 63
徐州	34°18′	9.796 64	福州	26°06′	9.791 44
西安	34°16′	9.796 84	厦门	24°27′	9.789 17
南京	32°04′	9.794 42	广州	23°06′	9.788 31
上海	31°12′	9.794 36	南宁	22°48′	9.787 93
汉口	30°33′	9.793 59	香港	22°18′	9.787 69

表 2-10 金属和合金的电阻率及其温度系数

金属或合金	电阻率/[10^{-6}(Ω·m)]	温度系数/℃$^{-1}$	金属或合金	电阻率/[10^{-6}(Ω·m)]	温度系数/℃$^{-1}$
铝	0.028	42×10^{-4}	锡	0.12	44×10^{-4}
铜	0.017 2	43×10^{-4}	水银	0.958	10×10^{-4}
银	0.016	40×10^{-4}	武德合金	0.52	37×10^{-4}
铁	0.098	60×10^{-4}	锌	0.059	42×10^{-4}
金	0.024	40×10^{-4}	钨	0.055	48×10^{-4}
铅	0.205	37×10^{-4}	康铜	0.47~0.51	(−0.04~+0.01)×10^{-3}
铂	0.105	39×10^{-4}	镍铬合金	0.98~1.10	(0.03~0.4)×10^{-3}
钢(0.10~0.15%碳)	0.10~0.14	6×10^{-3}	铜锰镍合金	0.34~1.00	(−0.03~+0.02)×10^{-3}

表 2-11 某些气体的折射率(标准状态下,波长 589.3 nm 的 D 线)

气体	分子式	折射率	气体	分子式	折射率
氦	He	1.000 035	氮	N_2	1.000 298
氖	Ne	1.000 067	一氧化碳	CO	1.000 334
甲烷	CH_4	1.000 144	氨	NH_3	1.000 379
氢	H_2	1.000 232	二氧化碳	CO_2	1.000 451
水蒸气	H_2O	1.000 255	硫化氢	H_2S	1.000 641
氧	O_2	1.000 271	二氧化硫	SO_2	1.000 686
氩	Ar	1.000 281	乙烯	C_2H_4	1.000 719
空气		1.000 292	氯	Cl_2	1.000 768

表 2-12　　　　　　　　某些液体的折射率(相对于空气,波长 589.3 nm 的 D 线)

液　体	温度/℃	折射率	液　体	温度/℃	折射率
二氧化碳	15	1.195	三氯甲烷	20	1.446
盐酸	10.5	1.254	四氯化碳	15	1.463 05
氨水	16.5	1.325	甘油	20	1.474
甲醇	20	1.329 2	甲苯	20	1.495
水	20	1.333 0	苯	20	1.501 1
乙醚	20	1.351 0	加拿大树胶	20	1.530
丙酮	20	1.359 1	二硫化碳	18	1.625 5
乙醇	16.4	1.360 5	溴	20	1.654

表 2-13　　　　　　　　某些固体的折射率(室温,相对于空气,波长 589.3 nm 的 D 线)

固　体	折射率	固　体	折射率
氯化钾	1.490 04	火石玻璃　F_8	1.605 5
冕牌玻璃　K_6	1.511 1	重冕玻璃　ZK_6	1.612 6
冕牌玻璃　K_8	1.515 9	重冕玻璃　ZK_8	1.614 0
冕牌玻璃　K_9	1.516 3	钡火石玻璃	1.625 90
钡冕玻璃	1.539 90	重火石玻璃　ZF_1	1.647 5
氯化钠	1.544 27	重火石玻璃　ZF_6	1.755 0
熔凝石英	1.458 45	金刚石	2.417 5

表 2-14　　　　　　　　实验室常用光源的可见谱线段波长

光　源	波　长/nm	颜　色	相对强度
钠光灯	589.592	黄	强
	588.995	黄	强
低压汞灯	623.437	红	很弱
	579.066	黄	强
	576.960	黄	强
	546.073	绿	很强
	502.564	绿	弱
	491.607	蓝	弱
	435.833	紫	强
	404.749	紫	次强
H_e-N_e激光	632.8	红	很强

表 2-15　　　　　　　　　　　铜—康铜热电偶分度表(参考端为 0 ℃)

T/℃	E/mv	T/℃	E/mv	T/℃	E/mv	T/℃	E/mv
0	0.000 0	40	1.611 4	80	3.356 8	120	5.227 0
1	0.038 8	41	1.653 4	81	3.402 1	121	5.275 3
2	0.077 6	42	1.695 5	82	3.447 5	122	5.323 5
3	0.116 5	43	1.737 6	83	3.492 9	123	5.371 9
4	0.155 5	44	1.779 9	84	3.538 5	124	5.420 3
5	0.194 6	45	1.882 2	85	3.584 1	125	5.468 8
6	0.233 7	46	1.864 6	86	3.629 8	126	5.517 3
7	0.272 9	47	1.907 1	87	3.675 5	127	5.566 0
8	0.312 1	48	1.949 7	88	3.721 4	128	5.614 7
9	0.351 5	49	1.992 4	89	3.767 3	129	5.663 4
10	0.390 9	50	2.035 2	90	3.813 3	130	5.712 2
11	0.430 4	51	2.078 0	91	3.859 4	131	5.761 1
12	0.470 0	52	2.121 0	92	3.905 5	132	5.810 1
13	0.509 6	53	2.164 0	93	3.951 7	133	5.859 1
14	0.549 4	54	2.207 1	94	3.998 0	134	5.908 2
15	0.589 2	55	2.250 3	95	4.044 4	135	5.957 3
16	0.629 1	56	2.293 6	96	4.090 8	136	6.006 5
17	0.669 0	57	2.336 9	97	4.137 4	137	6.055 8
18	0.709 1	58	2.380 4	98	4.183 9	138	6.105 2
19	0.749 2	59	2.423 9	99	4.230 6	139	6.154 6
20	0.789 4	60	2.467 5	100	4.277 3	140	6.204 1
21	0.829 7	61	2.511 2	101	4.324 2	141	6.253 6
22	0.870 1	62	2.555 0	102	4.371 0	142	6.303 2
23	0.910 6	63	2.598 8	103	4.418 0	143	6.352 9
24	0.951 1	64	2.642 8	104	4.465 0	144	6.402 6
25	0.991 7	65	2.686 8	105	4.512 1	145	6.452 4
26	1.032 5	66	2.730 9	106	4.559 3	146	6.502 3
27	1.073 3	67	2.775 1	107	4.606 5	147	6.552 2
28	1.114 1	68	2.819 3	108	4.653 8	148	6.602 2
29	1.155 1	69	2.863 7	109	4.701 2	149	6.652 2
30	1.196 2	70	2.908 1	110	4.748 7	150	6.702 4
31	1.237 3	71	2.952 6	111	4.796 2	151	6.752 5
32	1.278 5	72	2.997 2	112	4.843 8	152	6.802 8
33	1.319 8	73	3.041 9	113	4.891 4	153	6.853 1
34	1.361 2	74	3.086 6	114	4.939 2	154	6.903 5
35	1.402 7	75	3.131 5	115	4.987 0	155	6.953 9
36	1.444 3	76	3.176 4	116	5.034 9	156	7.004 4
37	1.485 9	77	3.221 4	117	5.082 8	157	7.054 9
38	1.527 7	78	3.266 4	118	5.130 8	158	7.105 6
39	1.569 5	79	3.311 6	119	5.178 9	159	7.156 2

附录3 诺贝尔物理学奖获得者及其得奖项目

诺贝尔物理学奖的获奖项目代表了 20 世纪初至今物理学的主要进展,1901—2019 年共发奖 113 次(1916 年,1931 年,1934 年,1940 年,1941 年,1942 年未发奖),得奖人次 213.其中,父子都得奖的有三对,他们是约瑟夫·汤姆逊(1906 年)、乔治·汤姆逊(1937 年);亨利·布拉格(1915 年)、劳伦斯·布拉格(1915 年);尼尔斯·玻尔(1922 年)、阿格·玻尔(1975 年).唯一获得两次物理学奖的是美国人巴丁,居里夫人则获物理学奖和化学奖各一次.获奖时间、获奖者及其研究成果如下表.

表   诺贝尔物理学奖获奖时间、获得者及得奖项目

时间	获奖者	国籍	研 究 成 果
1901	伦琴	德	1895 年研究真空管放电时发现 X 射线
1902	塞曼	荷	1896 年发现磁场对辐射现象的影响即塞曼效应
	洛伦兹	荷	对塞曼效应的理论研究
1903	贝克勒尔	法	1896 年发现天然放射性
	皮埃尔·居里	法	对天然放射性现象的研究
	居里夫人	法籍波	
1904	瑞利	英	气体密度的研究以及与此有关的氩的发现
1905	勒纳德	德	阴极射线研究,1892 年把阴极射线通过金属窗引出
1906	约瑟夫·汤姆逊	英	气体导电理论和实验的研究,1897 年发现电子
1907	迈克耳逊	美	创制光学精密仪器,从事光谱学和精密度量学研究
1908	李普曼	法	发明应用干涉现象的彩色照相法
1909	马可尼	意	发明无线电报和对发展无线电通信的贡献
	布劳恩	德	对天线电报的研究和改进
1910	范德瓦尔斯	荷	气体和液体状态方程的研究
1911	维恩	德	发现热辐射定律
1912	达列	瑞典	发明和燃点航标、浮标联合使用的自动调节装置
1913	昂内斯	荷	研究低温下物质性质,制成液氦,发现超导现象
1914	劳厄	德	1912 年发现 X 射线的晶体衍射
1915	亨利·布拉格	英	利用 X 射线分析晶体结构
	劳伦斯·布拉格	英	

时间	获奖者	国籍	研 究 成 果
1917	巴克拉	英	发现元素的特征 X 射线
1918	普朗克	德	1900 年发现能量子概念,为量子理论奠定基础
1919	斯塔克	德	发现极隧射线的多普勒效应及光谱线在电场作用下的分裂
1920	纪尧姆	法	对精密物理学的贡献和发现镍合金钢的反常性
1921	爱因斯坦	德	在理论物理方面的成就和发现光电效应规律
1922	尼尔斯·玻尔	丹	研究原子结构和原子辐射,1913 年提出氢原子模型
1923	密立根	美	基本电荷和光电效应方面的工作,1909 年油滴实验
1924	曼尼·塞格巴恩	瑞典	X 射线光谱学方面的发现和研究
1925	夫兰克	德	发现电子与原子碰撞时只能传给原子分立能量
	赫兹	德	
1926	佩林	法	对物质不连续结构的研究,发现沉积平衡
1927	康普顿	美	1923 年发现光子与自由电子的非弹性散射作用即康普顿效应
	查尔斯·威尔逊	英	发明一种观测带电粒子径迹的方法——威尔逊云室
1928	里查逊	英	热电子现象方面的工作,发现里查逊定律
1929	德布罗意	法	1925 年提出电子的波动性
1930	喇曼	印	1928 年发现光散射的喇曼效应
1932	海森堡	德	1925 年创立量子力学矩阵力学,1927 年提出不确定关系
1933	薛定谔	奥	1926 年创立量子力学非相对论波动力学即薛定谔方程
	狄拉克	英	1928 年创立量子力学相对论波动力学即狄拉克方程
1935	查德威克	英	1932 年发现中子
1936	赫斯	奥	1911 年发现宇宙射线
	卡尔·安德森	美	1932 年发现正电子
1937	戴维森	美	1927 年各自独立发现电子在晶体中的衍射现象
	乔治·汤姆森	英	
1938	费米	意	证实中子辐射产生新放射性核素及慢中子产生核反应
1939	劳伦斯	美	发明和发展回旋加速器,用加速器取得成果,特别是产生人工放射性元素
1943	斯特恩	美	发展分子束方法,发现质子磁矩
1944	拉比	美	用核磁共振法测原子核磁矩
1945	泡利	奥	1924 年发现不相容原理即泡利原理
1946	布里奇曼	美	高压装置发明及高压物理方面工作

时间	获奖者	国籍	研 究 成 果
1947	阿普顿	英	研究大气高层物理性质,发现无线电短波电离层
1948	布莱克	英	发展威尔孙云室,在粒子和宇宙线方面贡献
1949	汤川秀树	日	从核力理论基础上预言介子的存在
1950	鲍威尔	英	发展核乳胶方法,发现 π 介子
1951	科克罗夫特	英	用人工加速粒子进行核蜕变工作
	瓦尔顿	英	
1952	布洛赫	美	在核磁共振精密测量方法上的发展及有关发现
	珀塞尔	美	
1953	泽尼克	荷	发现相差衬托法并发现相衬显微镜
1954	玻恩	英	量子力学研究,特别是对波函数的统计解释
	博思	德	提出符合法及由此取得的发现
1955	兰姆	美	有关氢光谱精细结构(即兰姆位移)的发现
	库什	美	1947 年精密测定电子磁矩,发现反常磁矩
1956	肖克利	美	半导体方面研究,1947 年发现晶体管放大效应
	巴丁	美	
	布拉顿	美	
1957	杨振宁	美籍中	对宇称定律的深入研究,1956 年提出弱宇称不守恒
	李政道	美籍中	
1958	切伦科夫	苏	1937 年发现切伦科夫效应
	弗兰克	苏	1937 年理论解释切伦科夫效应
	塔姆	苏	
1959	西格里	美籍意	1955 年发现反质子
	张伯伦	美	
1960	格拉泽	美	发明气泡室
1961	霍夫斯塔特	美	研究电子被核散射问题,发现核子结构
	穆斯堡尔	德	1958 年发现无反冲 γ 共振吸收
1962	朗道	苏	物质凝聚态理论的研究,特别是液氦
1963	梅耶夫人	美籍德	1949 年提出核壳层模型
	詹森	德	
	韦格纳	美籍匈	核和基本粒子理论
1964	汤斯	美	在量子电子学方面的基础工作,导致了基于微波激射器和激光原理制成的振荡器和放大器
	巴索夫	苏	
	普罗霍罗夫	苏	

时间	获奖者	国籍	研 究 成 果
1965	费曼	美	量子电动力学方面的研究
	薛温格	美	
	朝永振一郎	日	
1966	卡斯特勒	法	发现和发展了研究原子赫兹共振的光学方法
1967	贝斯	美	核反应理论,恒星能量产生理论
1968	阿尔瓦雷兹	美	发展氢泡室和数据分析系统,发现大量共振态
1969	盖尔曼	美	基本粒子分类和相互作用,1964年提出夸克模型
1970	阿尔芬	瑞典	等离子体物理和磁流体动力学的基本研究和发现
	尼尔	法	反铁磁性和铁氧体磁性的基本研究和发现
1971	伽伯	英籍匈	1948年发明全息照相
1972	巴丁	美	1957年提出 BCS 超导电性理论
	库珀	美	
	施里弗	美	
1973	约瑟夫森	英	理论预言通过隧道阻挡层的超流现象即约瑟夫效应
	贾埃弗	美籍挪	发现超导体中隧道效应
	江崎	日	发现半导体中隧道贯穿,1957年制成隧道二极管
1974	赖尔	英	射电天文物理的开拓工作,射电望远镜的发展
	赫威斯	英	射电天文物理的开拓工作,发现脉冲星
1975	阿格·玻尔	丹	发现核内集体运动和粒子运动的联系
	莫特尔逊	丹	
	雷恩瓦特	美	
1976	里克特	美	各自独立发现 J/Ψ 粒子
	丁肇中	美籍中	
1977	菲利浦·安德逊	美	磁性和无序系统的电子结构的理论研究
	莫特	英	
	范弗莱克	美	
1978	彭齐亚斯	美	发现宇宙微波背景辐射
	罗伯特·威尔逊	美	
	卡皮查	苏	低温物理学方面的发明和发现
1979	温伯格	美	1967年提出电弱统一理论
	萨拉姆	巴基斯坦	
	格拉肖	美	1973年发展了温伯格-萨拉姆理论

时间	获奖者	国籍	研 究 成 果
1980	克罗宁	美	作 K^0 介子衰变实验确定 CP 不守恒
	菲奇	美	
1981	布洛姆伯根	美	非线性光学和激光光谱学的研究
	肖洛	美	激光及激光光谱学的研究
	凯·赛格巴恩	瑞典	发展高分辨电子能谱仪和光电子能谱的研究
1982	肯尼思·威尔逊	美	相变的临界现象理论
1983	钱德拉塞卡		恒星结构的演化过程的研究,特别是白矮星
	福勒	美	宇宙中化学元素的形成的核反应理论和实验研究
1984	鲁比亚	意	1983 年发现中间玻色子 $W^{\pm}$ 和 Z^0
	范德米尔	荷	发明随机冷却方案,使质子-反质子对撞
1985	克里青	德	1980 年发现量子霍尔效应
1986	鲁斯卡	德	1933 年发明电子显微镜
	宾尼希	德	1981 年发明扫描隧道显微镜
	罗雷尔	瑞士	
1987	缪勒	美	1986 年发现高 T_c 氧化物超导
	贝德诺兹	美	
1988	莱德曼	美	1962 年中微子束工作,通过 μ 子中微子,显示轻子的二重态结构
	施瓦茨	美	
	斯坦伯格	美	
1989	拉姆齐	美	发明分离振荡场方法并用于氢微波激射器和原子钟
	德默尔特	美	发展电磁陷阱捕获带电粒子技术,用于高精密测量基本物理常数
	保罗	德	
1990	弗里德曼	美	电子对质子的深度非弹性散射的实验结果证实了强子有结构的理论
	肯得尔	美	
	泰勒	美	
1991	德然纳	法	把研究简单系统中有序现象的方法推广到更复杂的物质形态,特别是液晶和聚合物
1992	夏帕克	法	发明多丝正比室
1993	赫尔斯	美	1974 年发现一种新型的脉冲星,为研究引力开辟了新的可能性
	泰勒	美	
1994	布罗克毫斯	加	发展了中子谱学
	沙尔	美	发展了中子衍射技术

时间	获奖者	国籍	研 究 成 果
1995	佩尔	美	1977 年发现 τ 轻子
	莱因斯	美	1959 年探测到中微子
1996	戴维·李	美	
	奥谢罗夫	美	发现氦-3 种的超流动性
	里查森	美	
1997	朱棣文	美籍中	
	科恩·塔诺季	法	发展了激光冷却陷俘原子的方法
	菲利普斯	美	
1998	劳克林	美	
	施特默	德	分数量子霍尔效应的理论
	崔琦	美籍中	
1999	霍夫特	荷	非阿贝尔规范场重整化的理论
	韦尔特曼	荷	
2000	阿尔费罗夫	俄	各自独立研究半导体异质结构
	克勒莫	美	
	基尔比	美	发明集成电路
2001	埃里克·科内尔	美	
	沃尔夫冈·科特勒	德	碱金属原子稀薄气体的玻色—爱因斯坦凝聚(BEC)
	卡尔·维尔曼	美	
2002	戴维斯	美	宇宙中微子的研究工作
	小柴昌俊	日	
	贾科尼	美	发现宇宙 X 射线源
2003	阿列克谢·阿布里科索夫	俄、美	在超导体和超流体理论上作出的开创性贡献
	维塔利·金茨堡	俄罗斯	
	安东尼·莱格特	英、美	
2004	戴维·格罗斯	美	发现了强相互作用理论中的"渐近自由"现象
	戴维·波利策	美	
	弗兰克·维尔切克	美	
2005	罗伊·格劳伯	美	对光学相干的量子理论的贡献
	约翰·霍尔	美	对基于激光的精密光谱学发展作出的贡献
	特奥多尔·亨施	德	

时间	获奖者	国籍	研 究 成 果
2006	约翰·麦泽尔	美	发现了黑体结构以及宇宙背景辐射的微波各向异性
	乔治·斯穆特	美	
2007	阿尔贝·费尔	法	发现了"巨磁电阻"效应
	彼得·格林贝格尔	德	
2008	南部阳一郎	美	发现次原子物理的对称性自发破缺机制
	小林诚	日	发现对称性破缺的来源
	利川敏英	日	
2009	高锟	英籍华	在光通信领域光在光纤中传输方面所取得的开创性成就
	韦拉德·博伊尔	美	发明了一种成像半导体电路,即CCD(电荷耦合器件)传感器
	乔治·史密斯	美	
2010	安德列·海姆	荷兰	在二维材料石墨烯研究中开创性实验
	康斯坦丁·诺沃肖洛夫	俄	
2011	萨尔·波尔马特	美	透过观测遥远超新星而发现宇宙加速膨胀
	布莱恩·施密特	美、澳	
	亚当·里斯	美	
2012	沙吉·哈罗彻	法	运用突破性的试验方法使测量和操纵单个量子系统成为可能
	大卫·温兰德	美	
2013	朗索瓦·恩格勒特	比利时	描述了粒子物理学的标准模型,其预测的基本粒子——希格斯玻色子被实验发现
	彼得·希格斯	英	
2014	赤崎勇		发明"高亮度蓝色发光二极管"
	天野浩	日	
	中村修二		
2015	梶田隆章	日	发现中微子振荡现象
	阿瑟·麦克唐纳	加	
2016	戴维·索利斯		发现了物质拓扑相,以及在拓扑相变方面作出的理论贡献
	邓肯·霍尔丹	美	
	迈克尔·科斯特利茨		
2017	雷纳·韦斯		LIGO探测器建设以及引力波探测所作出的贡献
	基普·索恩	美	
	巴里·巴里什		
2018	阿瑟·阿什金	美	在激光物理领域的突破性发明
	热拉尔·穆鲁	法	
	唐娜·斯特里克兰	加	

续表

时间	获奖者	国籍	研究成果
2019	詹姆斯·皮布尔斯	美	在物理宇宙学的理论发现
	米歇尔·马约尔	瑞士	发现了一颗围绕类太阳恒星运行的系外行星
	迪迪埃·奎洛兹		

参 考 文 献

［1］吕斯骅,等.新编基础物理实验[M].2版.北京:高等教育出版社,2013.

［2］周殿清.基础物理实验[M].北京:科学出版社,2013.

［3］熊永红,等.大学物理实验[M].北京:科学出版社,2013.

［4］孙晶华.物理实验教程[M].北京:国防工业出版社,2009.

［5］沈元华,等.基础物理实验[M].北京:高等教育出版社,2005.

［6］李恩普,等.大学物理实验[M].北京:国防工业出版社,2004.

［7］成正维,等.大学物理实验[M].北京:北京交通大学出版社,2013.

［8］沙振舜,等.当代物理实验手册[M].南京:南京大学出版社,2012.

［9］耿完桢,等.大学物理实验[M].哈尔滨:哈尔滨工业大学,2012.

［10］蒋达娅,等.大学物理实验教程[M].北京:北京邮电大学出版社,2011.

［11］王红理,等.大学物理实验[M].西安:陕西科学技术出版社,2009.

［12］李健.基础物理实验[M].兰州:兰州大学出版社,2012.

［13］赵建林.光学[M].北京:高等教育出版社,2006.